擦离式碾米机内米粒碾白特性研究

贾富国　韩燕龙　著

科学出版社

北京

内 容 简 介

本书以立式和横式擦离式碾米机为研究对象,总结碾米机及米粒碾白的研究进展,并在此基础上对其现状进行评析;介绍碾米机碾白原理,主要对米粒碾白和破碎特性理论进行归纳,同时分析米粒碾白的试验方法,并对碾米过程中米粒物理属性和破碎参数的变化规律进行研究;在碾米试验基础上,用离散元数值分析法分析碾米机和米粒的关键参数对碾白的影响规律;同时探究碾米机内米粒运动过程,主要分析米粒在入料、输运及碾磨方面的擦离运动特性,为揭示碾白机制提供支持;从单米粒和米粒群角度,明晰米粒碾白破碎的原因,对碾米机降碎设计提供参考;分析评价碾白性能指标,采用组合试验的方法优化碾米机关键操作参数。

本书可供从事农业工程、农业机械化工程、农产品加工及贮藏工程、食品机械与管理及其他相关专业的教学、科研人员借鉴与参考。

图书在版编目(CIP)数据

擦离式碾米机内米粒碾白特性研究/贾富国,韩燕龙著. —北京:科学出版社,2020.7

ISBN 978-7-03-065444-1

Ⅰ. ①擦⋯ Ⅱ. ①贾⋯ ②韩⋯ Ⅲ. ①铁辊碾米机-研究 Ⅳ. ①TS212.3

中国版本图书馆 CIP 数据核字(2020)第 097830 号

责任编辑:孟莹莹 赵朋媛 / 责任校对:樊雅琼
责任印制:吴兆东 / 封面设计:无极书装

科 学 出 版 社 出版

北京东黄城根北街 16 号
邮政编码:100717
http://www.sciencep.com

北京厚诚则铭印刷科技有限公司 印刷
科学出版社发行 各地新华书店经销

*

2020 年 7 月第 一 版 开本:720 × 1000 1/16
2024 年 1 月第二次印刷 印张:14 1/4
字数:285 000

定价:99.00 元
(如有印装质量问题,我社负责调换)

前　　言

　　稻谷是我国主要粮食作物之一，我国稻谷产量约占全球总产量的 19%，并呈现逐年增加的趋势，从 1980 年的 1.4 亿吨增长到 2017 年的 2.075 亿吨。但从长远来看，稻谷生产仍面临诸多严峻挑战，如耕地和水资源数量及质量的下降，耕地劳动力非农化、副业化、兼业化等突出问题，均从源头制约着我国稻谷产量的提高。因此，从稻谷后续生产加工着手，并衔接基础研究和关键技术来确保中国粮食生产安全，符合《国家粮食安全中长期规划纲要（2008—2020 年）》所提出的为提升粮食丰产增效可持续发展能力必须实现产后粮食降损目标的要求。可见，稻谷加工既是我国农业发展的重要基础，也是提高稻谷产量的有效途径，更是关系到我国粮食安全的头等大事。

　　稻谷加工是指利用加工设备实现稻谷转变为商品米的过程，该过程中最主要的环节是碾米过程。碾米是指部分或全部除去糙米皮层表面的糠层和胚芽而获得完整白米的过程。稻谷能否加工出优质足量的大米，主要取决于碾米环节。碾米过程中的碾米品质和碎米问题一直困扰着我国稻谷加工业，而碾米机的性能直接关系到大米的产量和质量。目前，对我国这样一个产稻大国，即使只减少 1% 的碎米，也相当于多产出 15.5 万吨大米，按每人每月 15 公斤（千克）粮食计算，多产出的大米可供约 86 万人食用一年。因此，提升碾米品质，减少碾米过程产生的碎米，与提高稻谷产量一样，对保证我国粮食安全具有重要意义。

　　目前，碾米的方式大致有两类，即化学碾米和机械碾米。化学碾米是利用纤维素酶溶液或木聚糖酶溶液软化糙米皮层，实现不经碾磨或少碾而使糙米表面糠层脱落。化学碾米由于成本高、工艺复杂，在生产实践中并未得到广泛应用。机械碾米采用碾米机对糙米进行擦离碾磨或碾削，直至达到所规定的成品米精度。当前机械碾米采用的碾米机品种繁多，按碾米辊类型可分为砂辊碾削式碾米机和铁辊擦离式碾米机，按碾米辊布置形式可分为立式碾米机和横式碾米机。

　　在碾米加工过程中，原粮质量和加工设备均对碾米品质有显著影响，使得碎米产生的原因较为复杂。现有诸多关于提高原粮碾白质量和优化设计碾米加工设备的研究，如加湿调质技术和蒸谷米技术。尽管对原粮的预处理和对碾米设备结构及操作参数进行优化设计可在一定程度上减少碎米，但相关研究均未能从介观尺度揭示米粒碾白机理及破碎特性，因而无法从根本上解决米粒破碎难题。20 世纪 80～90 年代，曾有学者对碾米机内米粒碾白运动规律及受力特性进行理论分析。但受当时技术手段的限制，诸多理论研究仍依赖于长期碾米经验和理想化的假设，往往与实际情况存在较大偏差。因此，寻求揭示碾米过程中米粒碾白特性的有效方法，可有助于攻克碾米机降碎优化难题。

全书共 6 章，第 1 章介绍碾米机和米粒碾白研究进展及其研究现状评析；第 2 章介绍擦离式碾米机碾白原理，主要概述擦离碾白压力、擦离碾白运动、擦离碾白性能、擦离碾白破碎；第 3 章介绍擦离碾白中米粒特性参数变化规律；第 4 章介绍碾米机参数对米粒碾白的影响规律；第 5 章介绍立式擦离式碾米机内米粒碾白运动和破碎特性；第 6 章介绍立式擦离式碾米机操作参数的优化过程。

本书得到国家自然科学基金面上项目"数值化米粒碾白机理及碾米机降碎设计方法"（51575098）和国家自然科学基金青年基金项目"冲击载荷下谷物籽粒裂碎机理及数值模型构建方法"（11802057）的联合资助。

本书的撰写过程中，作者参阅和借鉴了许多有关碾米工艺、谷物科学和离散元法研究的学术论文及专著。另外，东北农业大学曾勇、曹斌、肖雅文、孟祥祎、陈沛瑀等同志给予了一定的帮助与指导，在此向他们表示衷心的感谢！

由于作者水平有限，书中不足之处在所难免，恳请广大读者批评指正！

贾富国

2019 年 8 月

目　　录

前言
第1章　碾米机及米粒碾白研究进展 ·················· 1
1.1　碾米机及碾米工艺的发展概况 ·················· 1
1.2　碾米机碾白理论的发展 ·················· 3
　　1.2.1　米粒碾白理论 ·················· 3
　　1.2.2　米粒破碎理论 ·················· 6
1.3　碾米机内米粒碾白试验研究 ·················· 6
　　1.3.1　米粒的重要物理力学参数研究 ·················· 6
　　1.3.2　碾米机操作参数及碾米品质研究 ·················· 7
　　1.3.3　米粒破碎试验研究 ·················· 9
1.4　碾米机内米粒碾白和米粒破碎数值模拟研究 ·················· 10
　　1.4.1　米粒碾白离散元数值模拟研究 ·················· 10
　　1.4.2　米粒破碎离散元数值模拟研究 ·················· 11
　　参考文献 ·················· 12
第2章　擦离式碾米机碾白原理 ·················· 17
2.1　擦离碾白压力 ·················· 17
　　2.1.1　擦离碾白综合压力 ·················· 17
　　2.1.2　擦离碾白轴向压力 ·················· 19
　　2.1.3　擦离碾白径向压力 ·················· 20
2.2　擦离碾白运动 ·················· 21
　　2.2.1　擦离碾白运动学分析 ·················· 21
　　2.2.2　擦离碾白力学分析 ·················· 24
2.3　擦离碾白性能 ·················· 26
　　2.3.1　米粒停留时间 ·················· 26
　　2.3.2　米粒碰撞特性 ·················· 27
2.4　擦离碾白米粒破碎临界速度 ·················· 29
　　参考文献 ·················· 32
第3章　擦离碾白米粒特性参数变化 ·················· 34
3.1　材料与设备 ·················· 34

3.2 立式擦离式碾米机碾白试验方法 ···36
　　3.2.1 擦离碾白试验方案 ···36
　　3.2.2 米粒物理属性参数测定方法 ·······································37
　　3.2.3 结果与分析 ···39
参考文献 ···51
第4章 碾米机参数对米粒碾白影响规律分析 ·························53
4.1 碾米过程的离散元模型 ···53
　　4.1.1 米粒的离散元模型 ···53
　　4.1.2 碾米过程离散元接触力学模型 ·····································54
　　4.1.3 碾米过程离散元参数 ···56
4.2 立式擦离式碾米机的离散元模型 ·····································64
　　4.2.1 立式擦离式碾米机碾白模拟过程 ·································66
　　4.2.2 立式擦离式碾米机离散元模型验证 ·······························66
　　4.2.3 出料口开度对米粒运动特性的影响 ·······························69
　　4.2.4 碾米辊转速对米粒运动特性的影响 ·······························77
　　4.2.5 米粒碰撞参数回归关系及讨论 ·····································81
　　4.2.6 米筛截面形状对米粒运动特性的影响 ···························82
　　4.2.7 米筛截面形状和碾米辊转速对颗粒紊乱运动的影响 ···············92
　　4.2.8 碾白室内部的空间形态变化 ·······································104
　　4.2.9 米粒行为特征相似准则的探究 ·····································107
4.3 横式擦离式碾米机的离散元模型 ·····································115
　　4.3.1 横式擦离式碾米机碾白模拟过程 ·································115
　　4.3.2 横式擦离式碾米机离散元模型验证 ·······························117
4.4 碾米辊结构参数的影响 ···119
　　4.4.1 碾米辊凸筋高度的影响 ···121
　　4.4.2 碾米辊凸筋倾角的影响 ···129
　　4.4.3 碾米辊凸筋数量的影响 ···138
参考文献 ···146
第5章 立式擦离式碾米机内米粒碾白运动和破碎特性分析 ·········150
5.1 立式擦离式碾米机内米粒碾白运动特性 ·······························150
　　5.1.1 米粒入料和输送运动特征 ···150
　　5.1.2 米粒入料过程 ···152
　　5.1.3 米粒螺旋输送过程 ···160
　　5.1.4 米粒输送性能参数回归关系及讨论 ·······························167
5.2 单粒米破碎特性分析 ···169

　　5.2.1　分析方法 ·· 169

　　5.2.2　结果与分析 ·· 179

5.3　米粒群破碎特性分析 ·· 188

　　5.3.1　分析方法 ·· 188

　　5.3.2　结果与分析 ·· 196

参考文献 ·· 198

第6章　立式擦离式碾米机操作参数优化 ··· 202

6.1　立式擦离式碾米机优化试验材料与设备 ································· 202

6.2　立式擦离式碾米机优化试验方法 ·· 203

　　6.2.1　试验指标测量方法 ··· 204

　　6.2.2　二次正交旋转组合试验方案 ······································ 205

　　6.2.3　数据分析方法 ·· 206

6.3　立式擦离式碾米机优化试验结果与分析 ································· 206

　　6.3.1　碾米机操作参数对整精米率的影响 ···························· 206

　　6.3.2　碾米机操作参数对碾米能耗的影响 ···························· 210

　　6.3.3　碾米机操作参数对碾后米粒白度的影响 ····················· 213

　　6.3.4　碾米指标间相关关系 ··· 216

　　6.3.5　立式擦离式碾米机最佳操作参数 ································· 217

参考文献 ·· 218

第1章 碾米机及米粒碾白研究进展

1.1 碾米机及碾米工艺的发展概况

碾米机最早起源于欧洲，1860 年，法国首先发明立式砂臼碾米机，同时期横式铁辊和砂辊碾米机率先由英国研发，随后德国研制出立式砂辊碾米机，种类繁多的碾米机使稻谷加工业发生巨大变化[1, 2]。

19 世纪末，日本开始使用铁辊碾米机[3]，且发展速度很快。同期以日本株式会社佐竹制作所、日本株式会社山本制作所和瑞士布勒集团为代表的世界先进稻米加工设备制造企业不断创新设计碾米机机型，生产出多种满足不同品质稻谷加工的横式、立式铁辊碾米机。

20 世纪 40 年代，日本研制出卧式砂辊碾米机，当时该机型占据日本 80%的碾米业市场[4]。在此期间，各类碾米机形成各自特点，按碾米辊的材质分为砂辊碾米机和铁辊碾米机。其中，砂辊碾米机碾后碎米率低，但碾后米粒光泽度差；铁辊碾米机碾白压力大、碎米率高，但碾后米粒光泽度好。按碾米辊的布置形式又可分为横式（卧式）碾米机和立式碾米机。其中，横式碾米机碾白均匀度好，但碾后碎米率、含糠量高；立式碾米机碾白碎米率低，但均匀度差。

20 世纪 60 年代，日本株式会社佐竹制作所研发出铁辊和砂辊并用的碾米机[5]，为碾米新技术奠定基础。我国粮食部于 1963 年正式颁布了《碾米工厂操作规程》，详细规定碾白工艺指标，为我国稻谷加工业科研开发提供了奋斗目标[6]。

进入 20 世纪 70 年代，碾米工业中出现采用辅助设备改善碾米机性能的新型碾米机，如我国在 70 年代末引入喷风碾米机。该型号碾米机采用风机将风引入碾白室，引入的高压冷风围绕碾米辊形成旋转的气体涡流，促进碾白室内米粒的翻滚和碰撞，起到碾白均匀、降低米温和及时排糠的作用，但当时碾白室结构设计差、喷风风阻大、排糠的风量小，所以当时的喷风碾米机没能显著降低碾米米温和碎米率。1975 年，日本株式会社佐竹制作所开发了加湿碾米机[5]，即在米粒碾白过程中将雾化水喷洒在碾白室内，润湿糙米、软化糙米皮层，降低糙米皮层与胚乳的结合力、增大糙米表层摩擦系数，使碾米所需的压力减小。故加湿碾米能起到降低碾米米温、提高出米率及降低碾米能耗的作用。

在 20 世纪 70 年代前，我国使用的碾米机多是从英国引进的横式铁辊碾米机。我国碾米机械的真正发展得益于 1976 年湖南省衡阳市召开的全国碾米设备集中选优试验。参加优选试验的有全国 13 个省（区、市）在本地区范围内优选试验的基础上选送的各类碾米机 20 台，经一系列碾米性能试验，最终将 NS 型砂辊碾米机定为样机。70 年代，我国碾米业发展势头良好，碾米设备及技术接近先进水平。特别是在 1978 年，襄阳市粮油科研所研发单机日产 100t 的成套组合碾米设备，并通过鉴定证明其性能达到要求[6]。但从"六五"时期到"八五"时期的近20 年，国家科技攻关都未涉及稻谷加工，致使我国碾米业一度处于无规划、无措施及无目标的状态[7]，所以我国在碾米机定型后相当一段时间内的进一步研制进展缓慢[8]。

长期以来，横式碾米机性能优于立式碾米机，主要是因为当时立式碾米机未能很好解决机内碾白压力控制和碾后均匀出料两个技术难题。20 世纪 80 年代初，日本株式会社山本制作所研发的新型立式"超级"碾米机攻克了这两个技术难关，并经样机碾米试验发现该碾米机碎米率低，但仍需进一步改进碾白室结构参数，以达到更好的碾米效果[9]。

20 世纪 90 年代初，日本和欧洲同时研制成功立式圆柱砂辊碾米机，也成为碾米设备的一次革新，期间碾米设备性能得到很大提升。我国在 90 年代中期也研制出该类型碾米设备，但由于测试条件及碾米性能不明确，当时得到的试验数据无法和其他机型评比[10]。

至此，包括我国在内的碾米工业基本采用一台碾米机进行碾米作业，俗称"一机碾白"工艺。该工艺所需设备少、工艺链短、占地面积小且操作便捷，但普遍存在碾后米粒表面光洁度差、碾白不均、碎米率高和温升明显，若碾后大米接触湿冷空气，大米增碎也很明显等问题。为解决上述问题，20 世纪 90 年代后，日本、泰国、意大利等国家逐渐采用"多机碾米"工艺[10]，即砂辊与铁辊米机组合使用（常见有"两砂一铁"的三机串联碾白），最大程度降低加工过程中的碎米率。该时期，我国"多机碾米"工艺虽有所发展，但设备仍停留在 70 年代水平，没有对多机碾米机械进行深入研究[8]。就目前情况分析，"多机碾米"工艺涉及的砂铁辊的优化配合、每道米机的碾减率、作用时间等关键参数尚无法定量表达。

进入 21 世纪后，因传统碾米工艺存在很多缺陷，如出米率低、抛光效果差等，已经不能满足碾米工业及市场需求，精确碾米技术逐渐显现其优势，如"在线冷却碾米""有序碾米"，这些新碾米技术能有效地降碎、防大米爆腰、抑制大米霉病虫害发生[11]。

近十来年，碾米工业在碾米技术和碾米工艺方面变化不大，依然以"精确碾米"技术和"多机碾米"工艺为基础，逐渐朝碾米设备大型化和智能化方向发展。就我国而言，随着高性能精碾米机和碾米机组的开发，日处理量在 80～100t 的大米加工厂越来越多。但当前大规模的碾米加工需并联采用碾米设备，各级碾后产品在水平输送过程中出现增碎等问题，因而大型化碾米加工业技术装备的研发将会引起进一步关注；同时基于信息技术的发展，碾米设备的自动化控制、瞬时出米率检测、生产管理计算机控制系统等技术装备的研发也会成为今后碾米工业的发展方向[6]。

综上分析，各类型碾米机实现了由单机结构优化到功能性和智能化完善发展；碾米工艺经历了由一机出米到多机精碾出米的过程，但是实时碾米状态及性能的检测技术还有待进一步发展。

1.2　碾米机碾白理论的发展

1.2.1　米粒碾白理论

没有理论研究作为基础，碾米技术就不可能有长足进步和革新。1940 年，佐竹利彦首次发表碾米理论，至今仍被日本大学视为权威理论[12]。该理论定性分析米粒的两种碾白形式：擦离碾白（压力系）和碾削碾白（速度系）。擦离碾白由铁辊碾米机完成，碾白室内压力大、碾米辊的线速度低；碾削碾白由砂辊碾米机完成，碾白室内压力小、碾米辊的线速度高。佐竹利市研究认为，压力系碾米机线速度在 2.5m/s 以下，碾白压力为 200~250g/cm^2（1g/cm^2 = 98Pa）；速度系碾米机线速度在 10m/s 以下，碾白压力为 30~50g/cm$^{2[1]}$。然而，碾米机结构与上述数值的关系尚不清楚，就连理论制定者也认为：速度系碾白与压力系碾白是为进行比较而假设的名称，因而该理论尚无法应用于指导碾米机设计。

Mulhearn 等曾研究砂辊的有效碾削问题，他们发现在砂辊轮上的谷物只有约 1/8 处于碾削状态，其余谷物存在互相碰撞的摩擦接触[13]。说明碾削式碾米机同时存在擦离碾白和碾削碾白两种碾白机制。

碾米就是在保证米粒完整的前提下，应用一定的外力来破坏胚乳与皮层的连接力，用物理方法将皮层从胚乳籽粒表面除去，其实质属于米粒磨损问题。有研究学者指出，一般的磨损理论应遵守两条总则：一是磨损量应正比于加载载荷和磨损物料的滑移距离；二是磨损量应反比于磨损物料的表面硬度。对应于碾米过程，即糙米在碾白室与碾米辊发生接触碰撞时，其糠层的碾减量与碾白室内压力和糙米粒在碾白室内的运动距离成正比，而与糙米自身的硬度成反比。

我国在 20 世纪 70~80 年代提出了"米粒流体"概念理论，即把碾米机内正处于碾磨中的米粒群近似为物理学中的流体概念。基于这一核心假设，很多学者对米粒的碾白过程进行了理论分析。

顾尧臣对碾米机碾白运动与碾白室设计进行了细致严谨的研究[14]，对我国碾米机发展做出卓越贡献。其研究成果主要有：米粒碾白需要碰撞、碾白压力、翻滚和轴向输送四个条件；米粒碾白压力和米粒脱离碾米辊速度的理论推导；各类型碾米机的设计参考标准为"单位产量碾白运动面积";碾米机的改进方向为碾白室轴向和周向截面面积应有一定收缩率等。上述研究,特别是"单位产量碾白运动面积"这一设计参考标准体现了碾米机辊筒直径、长度、碾米辊转速三个因素与碾米机产量间的综合关系,我国碾米机研究设计有了具体的理论公式。

姚惠源[15]指出,影响碾米性能的两个关键因素是碾白速度和碾白室内碾白压力,而它们也是研究碾米理论问题的本质。为此,他对碾米机内米粒碾白运动参数(包括米粒碾白运动轨迹、速度方向角、速度传递系数、碾白时间、碾白长度等)进行理论计算。研究结果表明,米粒流对碾米辊的相对运动速度是碾米机碾白过程的实质性参数,即不论何种规格的碾米机,只要相对运动速度接近,在相同碾米时间内各碾米机的碾白效果近似。

张光旭研究指出,各类碾米机碾米作业时应具备三个条件[16]:一是碾白室内具有合适的压力;二是碾米辊应有合适的线速度,使米粒群具备理想的碾白运动轨迹;三是碾白室应具有一定的碾白面积。针对第一个条件,分析碾白室内内压(轴向压力、周向压力和径向压力)的来源和传递,并从理论上指导碾白室结构设计,如加装阻力板(今指米刀)、设计米筛存气(今指不同边数的米筛)。针对第二个条件,分析碾米辊的合适线速度,指出增加碾米辊线速度可增强米粒群周向运动,从而使其螺旋前进的导程减小,延长米粒群通过碾白室的时间,增加单位运动碾白面积,增加米粒群研削擦离机会,从而提高碾米加工精度。但过大的碾米辊线速度会增加碎米,因而碾米辊的线速度需要根据所加工的米种品质和所需加工精度综合考虑而定。针对第三个条件,评价前人提出的不同碾米机性能评价的重要指标,即单位产量碾白运动面积 ΔF ,并指出 ΔF 为 3.0~3.5 时比较合适。

许林成运用散体力学原理,揭示了米粒群在砂辊型碾米机碾白室内的受力及运动规律,建立了碾压强度、输送能力和米机功率等理论模型[17],为当时的"快速轻碾"碾米工艺提供了理论依据。

熊兆凡分析了碾米辊的作用,对碾米辊齿形进行理论建模[18],并依据理论对一款简易国产碾米机进行改进优化,证实了理论模型指导碾米实践的可行性。

汪彰辉对铁辊碾米机进行了性能测试及分析[19]。研究表明:米粒进入碾白室后,受到碾米辊、米筛及碾白室内空腔横截面面积变化的作用,形成密度变化并做螺旋状翻滚的米粒流。该研究中建立了米粒的运动及受力方程,且指出米粒流密度变化与碾白压力变化呈正比关系。最终指出,如果要通过控制和改变碾白室内压力的方式改善碾米质量,须控制和改变米粒流密度。

张光旭对构成碾米机碾白室的各种部件(如碾米辊、螺旋输送器、米筛、碾白室间隙、进出料口)进行了详细的理论研究[20],给出了各种部件的结构形式和设计参数。

孙正和等对擦离式横式碾米机碾白室内压力进行了研究,在径向压力和轴向压力理论建模的基础上，实测了筛筒部的径向压力和出口处的轴向压力[21]。结果发现，实测值均小于理论值，间隙压力和出口压力对碾白室内压力影响显著，而碾米辊转速对碾白室内碾白压力影响不显著。

刘协航浅析了横式、立式碾米机内米粒流体压力、密度及分布规律[22]。研究指出，碾米机内的碾白室、进料和出料机构构成封闭碾白系统，若把米粒群视为连续介质，其力的传递符合散体力学规律。在碾米工况中，当米粒流的密度较大时，碾白室内的轴向、周向和径向三个方向的碾白压力变化趋势基本相同，而压力的变化又集中反映在米粒流密度变化上。该研究总结出横式、立式碾米机轴向压力理论微分方程和米粒运动状态。

Mohapatra 等对米粒在碾削式碾米机中碾磨度和米温变化规律进行了理论研究[23, 24]。研究中采用 Holm-Archard 方程建立了米粒在碾磨过程中碾削系数的变化公式，以此理论公式预测米粒碾磨度的变化规律，并得出米粒的碾白依赖于被碾原料的硬度和形态尺寸的结论。同时，Mohapatra 等基于能量守恒定律，建立了米粒在碾削过程中温升及能源利用率的理论模型，并得出碾后整精米率与最终米温呈反比关系；碾米的有效能源利用率只有约 33%。由此可见，单机碾米机设备性能提升还有很大空间。

蔡祖光对碾米机螺旋推进器进行了理论研究[25]。研究确定了螺旋推进器螺旋升角与碾米机的出米率、轴向推米运动与功率消耗之间的函数关系，并综合考虑各方面影响因素，得出螺旋推进器的适宜升角应为 8°～12°。

兰海鹏等研究发现，碾后米粒均有一定程度形变，且随时间的延长，形变量存在无规律波动，当达到一定时间后，米粒形变消除，且断裂米粒形变量较大，形变恢复所需时间也较长[26]。研究表明，米粒的碾白一定程度上伴随着米粒的弹塑性形变。

尹芳等采用转子动力学理论对碾米机主轴进行了临界转速的研究[27]，通过对坎贝尔图分析发现，碾米机工作转速发生变化时，各阶模态频率没有发生明显改变，该研究的意义在于为碾米机内转轴系统提供了一种分析和建模方法。

尹攀进行了薏仁碾皮机的设计和研究[28]，该研究虽非糙米碾白，但原理相同，因为薏仁的去皮属于碾削碾白机制。该研究也将薏仁在碾白室内的运动及碾白压力作为机理研究内容，分析薏仁在碾白室内的运动时，也涉及运动速度、加速度、碾白时间和碾白距离。在碾白压力分析中，该研究采用气体分子在密闭容器中因碰撞产生的压强计算公式来模拟计算碾白压力，这对碾削式碾米机碾白压力计算具有借鉴意义。

综合上述理论研究发现，限于当时的研究条件和技术手段，多数研究没有定量给出碾米机结构与碾米理论指标间的量化关系。同时，碾米作业时，将碾米机内正处于运动状态的米粒群视为一种"流体"，采用宏观连续体力学理论分析米粒物料的运动特性时，容易忽视米粒群具有的散体力学特性。这些散体离散特征往往与均匀、连续等假设冲突，导致理论与实际的偏离。例如，在碾白理论中，推导米粒运动特征值的前提条件是假设米粒不与周边米粒发生碰撞，这与米粒在碾白室内会发生米粒与米粒间的擦离、接触和碰撞的事实不符。故单纯借助碾白运动理论不能准确分析米粒运动规律及碾白机理，但该研究为碾米机的进一步研究提供了理论指导。

1.2.2 米粒破碎理论

截至目前，考虑到与米粒破碎相关的加工过程极为复杂，涉及大量米粒间及米粒与加工部件间的接触碰撞，加之，米粒形状复杂、力学性能呈现出各向异性，均给米粒破碎问题的理论研究带来了巨大挑战，仅有极少数学者对米粒破碎问题进行过理论分析。

在可借鉴的单谷粒冲击碎裂研究方面，2008 年，徐立章等[29]从碰撞的角度建立了稻谷颗粒与脱粒元件接触过程的位移量和最大压力分布方程，并以钉齿脱粒滚筒为例，获得了稻谷产生应力裂纹或破碎时，其与脱粒元件碰撞的临界相对速度，并开展了室内台架验证试验，证实了理论分析的正确性。

2009 年，徐立章等[30]以接触力学为基础，建立了脱粒元件与稻谷对心碰撞时压缩位移和最大压力分布模型，推导了稻谷与脱粒元件冲击损伤时疲劳和脆性断裂临界速度的计算公式，结合室内台架验证试验对不同品种稻谷进行实测，结果表明试验均值与理论计算基本一致。

基于上述理论研究，2017 年，作者所在团队将米粒简化为纯弹性体，依据牛顿第二定律和赫兹接触理论，推导了米粒碾白过程中米粒与碾米辊发生单次及多次冲击碰撞时的相对动能临界条件，该研究为米粒碾白过程的理论分析奠定了基础。

综上所述，现有的关于稻米籽粒破碎的理论研究可以证明从单籽粒角度研究籽粒群破碎力学行为的必要性，且为稻谷损伤机理及加工部件设计提供了理论依据。但理论研究均建立在假设的基础上，因而不可避免地与实际情况存在偏差，故单纯借助理论分析探究米粒破碎问题时无法揭示其破碎特性及破碎机理。

1.3　碾米机内米粒碾白试验研究

1.3.1 米粒的重要物理力学参数研究

碾米过程中米粒受到复杂作用力，其物理力学参数会发生显著变化，近十多年来，国内外学者主要就品种、粒型、含水率等原料特性存在差异的谷物的物理属性参数进行研究。

Reddy 等[31]曾测量五种含水率下稻谷及蒸谷米的物理属性参数，同时分析了这些参数与含水率的关系。

Corrêa 等[32]曾对稻谷、糙米及白米的密度、孔隙率、真密度和动静摩擦系数等物理属性参数和三个米种的最大压缩力等力学参数进行研究，该研究中所采用的测试方法对相关领域的研究具有很大借鉴意义。

Varnamkhasti 等[33]曾测试谷物的一系列物理属性参数，且建立了某些物理属性参数间的回归方程，发现对品种固定的稻谷，其长度与质量呈线性关系。

Liu 等[34]测试了十种糙米在碾米前后物料参数的变化情况，涵盖较全的糙米物理属性参数，如长度、宽度、厚度、等效半径、球形度、表面积、体积、密度、真密度、千粒重等。

Mohapatra 等[35]测试了三种糙米的尺寸方面物理属性参数及碾磨参数，结果发现米粒部分物理属性参数间相关性较大，米粒的碾磨度与碾磨参数间存在回归关系。

Hapsari 等[36]测试了蒸谷米及其米饭制品的尺寸、千粒重、密度、色度和质构值，并得到一些相关结果，例如，蒸谷米工艺可提高米粒硬度，可使米粒长度增加而厚度降低，米粒煮熟后亮度值增大。

在上述研究背景中，碾米特性与米粒物理、力学参数间的关系很少被提及。近年来，刘昆仑等[37]与周显青等[38]对碾米过程中米粒物理力学参数的表征进行了研究。通过他们的研究可初步获悉，影响糙米碾磨度的变量主要分为两类，即长度、宽度、长宽比、球面度等个体特征变量和容重等总体特征变量。碾米时，米粒破碎力随着碾磨度的增加而下降，因此，可根据三点弯曲破碎力的大小指导碾米工艺参数的设定。

米粒受碾时物理属性参数的动态变化数据蕴含着碾米机制信息，挖掘这些信息有利于构建物理属性参数与碾米品质的动态联系，而这可以为将来碾米质量自动化监测技术的开发提供数据与模型支持。同时，上述研究为分析碾白过程中米粒物理属性参数变化提供了测试指标及方法指导。

1.3.2　碾米机操作参数及碾米品质研究

碾米机操作参数是影响碾米品质的重要因素，学者对各式碾米机的碾米过程中的碾米品质进行了大量试验研究。

Roberts 等[39]研究指出，通过适当调整碾米机操作参数能降低碾米能耗和提高出米率。同时发现，降低碾米机内压力虽然能使米粒承受更长的碾米时间而不破碎，但碾磨效率却大大降低，为此提出在碾米过程中添加水或谷壳等添加剂的方法来增加米粒间的摩擦，从而提高碾磨效率。

　　Takai 等[40]采用摩擦型碾米机，研究了间歇性碾米与持续性碾米的差异。结果表明，延长持续性碾米时间虽能提高碾磨度但碎米率显著增加，而间歇性碾米在不增加碎米的情况下允许过碾。同时研究表明，碾磨效率会随碾米时间的延长而降低。

　　万仁和[41]发现碾米机内磨损最严重的部位是输送室与碾白室相连接 60mm 范围内的"过渡段"，为此提出采用平缓过渡的方式降低碎米率，并且该措施可提高螺旋推进器等的使用寿命。

　　罗玉坤等[42]研究了碾米机机型、碾米机压力对整精米率、粒形和碾米时间的影响。研究结果表明，在同一碾磨度下，相比擦离式碾米机，碾削式碾米机的整精米率较高，且其碾出的米粒较为短粗，所需的碾米时间较长；过大的碾米压力会使碾米过程迅速产生高热而产生较多碎米，采用较小碾米压力时碾出的米粒细长，反之碾出的米粒短粗，说明高压下籽粒两端的磨损较为剧烈；同一机型下，碾米压力较小时碾米时间较长，反之碾米时间较短。

　　日本学者村田敏等[43]指出，一般的擦离式碾米机碾后的米粒温升在 15℃左右，碾削式碾米机碾后的米粒温升在 25℃左右，温升会引起米粒表面发生氧化作用而导致其品质劣变。为解决这一问题，他们研发了真空碾米系统，认定其可有效防止米粒温度上升。但真空碾米后米粒迅速干燥硬化，表面会龟裂。

　　姜松等[44]对立式碾削式碾米机进行了结构参数和加工工艺参数寻优研究。一些试验结果表明，随着碾白次数增加，增碎率呈线性升高；而且随着碾米辊转速的增加，这种变化趋势更加明显；碾米辊长度对碾白作用的影响不明显；当采用碾米辊长度为 200mm，碾米辊转速为 874r/min，碾白室间隙为 8mm 和碾白次数为 4 次的工艺参数碾制籼稻时，碎米率能控制在 15%以下，碾白精度能达到标一水平。

　　Gujral 等研究了擦离式碾米机内糙米填充量及碾米机出料口加压载荷对碾磨度、米粒长宽比、整精米率、千粒重和米粒密度的影响[45]。结果表明，碾磨度与填充量成反比、与加压载荷成正比。

　　Yan 等以碾米碎米率为指标，通过试验研究获取了立式碾米机的最优碾米辊转速、砂辊金刚砂粒度、出料口阻力等工艺参数[46]。

　　Pan 等研究了一款擦离式碾米机内碾米压力、碾米时间对整精米率的影响，发现悬臂质量从 2.72kg 增加到 6.36kg 时，整精米率下降 4.6%；通过降低碾米压力、延长碾米时间可以提高整精米率[47]。

　　Lamberts 等[48]分析了糙米在擦离式碾米机内被碾磨时，其碾磨度及表面颜色的变化情况。研究表明，碾米时间与碾磨度间呈非线性关系，这说明糙米各组分的硬度从外到内是不相等的；相比糙米内部胚乳，皮层的糠粉层含有更高的黄色色素和红色色素，且当碾磨度高于 9%后，碾制米的黄色色素值和红色色素值不再变化，说明胚乳的颜色分布较均匀。

　　Yadav 等[49]为追求商品米利益最大化，即碾后白米的整精米率最高且米粒最白，研究了十种糙米在碾米过程中整精米率与白度值的变化规律，并建立碾米品质指标的回归模型，为实际碾米过程中碾米时间的寻优做出指导。

Roy 等[50]研究了摩擦式碾米机加工白米时，不同碾磨度下米粒的整精米率、白度值、彩色亮度和单位能耗的变化规律。最终指出，低碾磨度不仅节能、提高产量，而且能保存较多的米粒营养物质。

Mohapatra 等采用响应面法研究了实验室级碾米机抛光米粒的优化问题[51]。结果表明，当碾米工艺参数组合为初始米粒温度 15℃、碾白室温度 11℃和碾磨时间 180s 时，能获得最好的碾米质量，即碾磨度为 10%、碎米率为 8%和单位能耗为 11kJ/DOM（碾磨度）。

Monks 等开展了碾磨对米粒内部化学指标影响的研究[52]。结果表明，当米粒碾磨度下降至 8%时，其内部的叶酸、灰分和脂肪分别下降了 72.23%、41.6%和675.23%，详细结果表明，米粒营养物质会随碾磨度的增大而严重损失。

Kim 等[53]研究了适宜碾米的糙米水分含量和温度条件，结果指出当水分含量为 11%～13%和温度处在 0～20℃时，碾米质量较高。

Zhong 等[54]研究了米粒在不同碾磨度下的颜色参数与感官评价，采用 Pearson 相关系数法和回归分析法建立两者间关系。结果表明，米粒的感官特征值与米粒的亮度参数呈现显著的正相关关系；可用米饭的口感与米粒表面的颜色特征值建立线性回归方程。

Zareiforoush 等采用机器视觉和模糊逻辑技术开发了米粒碾白过程的智能自动化系统[55]。其主体思想是通过实时捕捉米粒图像，并采集碾磨度和碎米率参数来反馈调节碾米机出料口压力。相比人工操作，该系统效率提高了 31.3%。

Ahmad 等采用日本株式会社佐竹制作所的碾米机研究了轻碾磨度（4.37%）、中碾磨度（7.34%）和重碾磨度（10.19%）对碾后米粒整精米率、碎米率及白度的影响。研究发现，碾磨度越高整精米率越低、碎米率越高；与碾前糙米相比，中碾和重碾能显著地增加米粒的白度值[56]。

综上所述，一直以来，学者们针对碾米过程的试验研究主要集中在碾米工艺参数寻优方面，其中，碾米品质主要通过整精米率和白度值来表征。近年来，碾米过程的自动化控制成为研究热点。值得指出的是，米粒碾米品质指标间的相关关系的研究还较少，这些指标间关系的建立可为碾米自动化控制模型的建立提供翔实的试验数据。上述研究也为碾米指标及碾米品质规律的研究提供了对照依据。

1.3.3　米粒破碎试验研究

目前，国内外学者大都以物理试验为基础，采用传统"黑箱"分析方法来探究米粒物理属性参数（如含水率、尺寸等）、碾米机结构参数（如碾米辊数量、米辊与米筛间隙等）及碾米机操作参数（如碾米辊转速、出料口开度等）对米粒碎米率的影响规律，但均未能从机理层面揭示以上三方面因素如何影响米粒碾白破碎，同时也未能分析米粒破碎特性。考虑到米粒群的冲击试验不利于揭示物料破碎特性，为此，单米粒冲击过程研究因其不仅能用于分析米粒破碎演化过程，还能提供便于明晰米粒破碎机理的统计数据而受到广泛重视。

1964 年，Mitchell 等[57]利用重物自由落体冲击稻谷米粒的方式进行了稻谷米粒破碎研究，结果表明，当稻谷米粒含水率低于 15%时，随着冲击速度的增加，其碎米率相应增大。

1967 年，Louvier 等[58]研究指出，碾后糙米在含水率低于 11%时，其碎米率明显大于含水率为 13%的碾后糙米。

1992 年，Sharma[59]开展了不同含水率稻谷米粒的冲击破碎试验，研究结果表明，稻谷米粒在较高含水率下比在较低含水率下更易破碎。

2018 年，吴中华等[60]从统计学角度对稻米米粒压缩破裂载荷进行试验研究，发现温度和含水率显著影响米粒破裂载荷，且含水率的影响更为显著。

综上所述，由于真实米粒破碎过程及内部应力的演化极为复杂，且限于当时的技术手段，常规物理试验在追踪米粒破碎过程和获取介观尺度信息时存在极大困难，致使以往的有益成果仅集中于冲击碰撞后稻谷米粒是否发生破碎，以及碎后籽粒的粒径分布，而未能揭示稻谷米粒的破碎特性及破碎机理。因而，稻谷米粒的破碎机理尚需深入研究，特别是冲击条件与破碎特性间量化关系的建立，可为碾米过程中米粒破碎机理的揭示奠定基础。

1.4　碾米机内米粒碾白和米粒破碎数值模拟研究

1.4.1　米粒碾白离散元数值模拟研究

离散元法最早是由 Cundall 等[61]于 20 世纪 70 年代借鉴分子动力学原理提出的，主要用于模拟非连续介质（即散粒体物料）力学行为。相较于理论研究和试验研究，借助于离散元法的数值模拟研究，不仅能获得散粒体物料介观尺度的运动信息（如力、速度、姿态、轨迹等），还能以最低成本对设备结构和操作参数进行优化，所以广泛用于模拟岩土、化工、食品、制药等领域中的颗粒碾磨、混合、分离过程[62-66]。谷物颗粒属于散粒体物料的范畴，所以近年来离散元法广泛应用于收获、清选、储运、加工等环节中谷物颗粒运动特性的探究。

2012 年，邱白晶等[67]基于离散单元法模拟水稻颗粒流与收获机械承载板的冲击过程，并分析水稻质量与平均法向冲击力的变化规律。

2013 年，于亚军 [68]采用自主研发的玉米脱粒过程三维离散元仿真分析软件，对玉米脱粒过程进行了仿真模拟，并证实了采用离散元法研究玉米脱粒过程的可行性和有效性。

2014 年，蒋恩臣等[69]对割前摘脱稻麦联合收获机的惯性分离室内谷物的运动进行了离散元法数值模拟研究。

2015 年，贾乐乐[70]基于离散元法对胶辊砻谷机进料系统进行了数值模拟与运动仿真。

2017 年，Zeng 等[71]采用离散元法分析了圆锥料仓内米粒卸料过程中的周期性脉动特征。

2018 年，Zhang 等[72]对米粒群在圆锥料仓内由整体流向漏斗流转变过程中速度、姿态及空隙率的变化进行了分析。

基于上述分析可知，离散元法可有效并准确地分析谷物颗粒在相应工况下的力学行为。因而，离散元法也常用于开展米粒碾磨过程的数值模拟研究。

2006 年，Suzuki 等[73]对擦离式碾米机内米粒碾白过程进行二维离散元模拟，发现其与实际碾米过程中米粒运动相近，证实了离散元仿真的可行性。

2014 年，孙慧男[74]采用离散元法对碾米机碾白铁辊结构参数进行了优化。

2015 年，韩燕龙[75]对米粒在碾白室内的轴向流动特性进行了离散元法分析。

同期，李祖吉等[76, 77]采用离散元法和有限元法对碾米过程中通风状态下的米粒运动特性进行了初探，并发现碾米机中段米筛的应力最大值出现在其中间部位；史艳花等[78]对外碾削立式碾米机内米粒输运过程进行了离散元仿真分析。

2016 年，Han 等[79]采用离散元法探究了碾米辊转速及出料口大小对立式碾米机内米粒速度、姿态及碰撞特性的影响。

同期，庞晓霞等[80]基于离散元法，并以立式砂辊碾米机为例，分析了碾白过程中米粒运动轨迹曲线及受力大小。

2018 年，曹斌[81]利用离散元法探究了立式碾米机内米筛形状及碾米辊转速对米粒的翻滚、内外易位、停留时间、碾磨路程和碰撞强度的影响。

同期，伍毅等[82]基于离散元法探究了糙米单颗粒与群体颗粒系统在碾米机内的动态变化过程。

上述研究成果不仅表明借助于离散元法探究米粒碾白运动特性具有可行性，还为本书关于碾白室内米粒动态运动信息的获取及分析提供了技术支持。但擦离式碾米机内米粒碾白机理的相关问题尚需深入研究，因此，本书拟开展擦离式碾米机中米粒碾白过程研究，以期揭示其碾白机理。

1.4.2　米粒破碎离散元数值模拟研究

近年来，随着基于离散元法的平行键黏结模型（bonded particle model，BPM）

的提出与发展[83]，数值模拟实现了由非连续介质到连续介质的转变过程，换言之，利用所构建的颗粒聚合体可对连续材料进行表征，用微观黏结参数量化连续材料的物理力学特性。因此，BPM 广泛应用于涉及颗粒破碎问题的学科和工程领域，如岩石工程、化学工程、农业工程等[84-88]。

为从介观尺度明晰粮食加工过程中的谷物颗粒破碎机理，少数学者借助于BPM 相继开展了谷物颗粒破碎过程的数值模拟研究。例如，Patwa 等[89]在构建小麦籽粒聚合体的基础上，采用 BPM 对小麦制粉过程进行了离散元数值模拟。该研究为离散元法在分析粮食加工领域中颗粒破碎问题的应用奠定了坚实基础。

值得指出的是，陈德炳等[90]采用 BPM 初步开展碾米机内米粒碾白破碎过程的数值模拟，并通过将试验和仿真所得的糙米动力学属性和碎米率进行比对，证实了离散元模拟米粒破碎现象的可行性。然而，目前仅有少数关于碾米破碎方面的数值模拟研究，但已有成果为本书构建米粒聚合体仿真模型和采用 BPM 分析米粒冲击破碎特性提供了参考和技术支撑。

基于离散元法的 BPM 可有效模拟连续材料的破碎现象，但该模型目前仍存在一些无法规避的局限性，如仿真成本高、计算效率低、计算量大、所需参数标定多且烦琐等。因而，BPM 仅能够研究少量连续材料的破碎问题，而对中试级或工业级颗粒破碎问题不具备适用性。

为解决上述问题，澳大利亚学者 Cleary[91]首次提出可采用结合离散元法的颗粒替换模型模拟连续材料的破碎过程，且该模型得到了广泛应用[92-96]。此后，杨贵等[97]采用颗粒替换模型对粗粒料颗粒破碎进行数值模拟研究，发现所建立的颗粒破碎模型可较为真实地模拟粗粒料的力学行为；Li 等[98]以八面体剪应力为破碎标准，采用颗粒替换模型模拟了圆锥破碎机内矿石颗粒的破碎过程，研究表明，该模型可较为准确地描述矿石颗粒的力学响应。然而，关于采用颗粒替换模型进行碾米机内米粒破碎过程的离散元数值模拟还未见报道，且米粒破碎机理仍需深入研究。因此，本书拟以擦离式碾米机为例，开展碾白室内米粒破碎过程的数值模拟，以期揭示其破碎特性，进而为擦离式碾米机的降碎设计提供参考。

参 考 文 献

[1]　张光旭. 关于碾米机碾白室结构的探讨（一）[J]. 粮食与饲料工业，1989，(3)：9-13.

[2]　蔡祖光. 大米加工过程中增碎的原因及其解决途径[J]. 粮食加工，2005，(4)：21-23，42.

[3]　顾尧臣. 碾米机碾白理论的研究应用和机型[J]. 粮食与饲料工业，2001，(4)：8-11.

[4]　顾尧臣. 世纪之交碾米工业的继承和发展[J]. 粮油食品科技，2000，8 (5)：5-7.

[5]　李爽，徐贤. 日本大米加工工艺及技术——日本大米加工技术考察报告[J]. 粮食流通技术，2012，(3)：37-39.

[6]　王杭，谢健. 我国稻米加工技术装备的发展历程及展望[J]. 粮食与饲料工业，2003，(12)：26-28.

[7]　姚惠源. "九五"我国碾米工业科技发展的机遇和方向[J]. 粮食与饲料工业，1996，(1)：1-6.

[8]　张声俭. 碾米机选型定型集中优选试验回顾与思考[J]. 粮食与饲料工业，1997，(1)：7-12.

[9]　翁邦瑞. 关于新型立式碾米机结构原理和工作参数的探讨[J]. 粮食与食品工业，1996，（1）：1-5.

[10]　吴翠英. 碾米厂采用"多机碾白"技术的探讨[J]. 粮食工业，1984，（3）：12-17.

[11]　孙庆杰，崔先长，何为，等. 精确碾米新技术的研究[J]. 粮食与饲料工业，2003，（5）：1-5.

[12]　江雁. 佐竹——碾米行业的先锋[J]. 粮食加工，2007，（5）：36-38.

[13]　Mulhearn T O，Samuels L E. The abrasion of metals：A model of the process[J]. Wear，1962，5（6）：478-498.

[14]　顾尧臣. 碾米机碾白运动的研究与碾白室设计的探讨[J]. 粮食工业，1980，（3）：1-18.

[15]　姚惠源. 碾米机碾白运动速度的理论计算[J]. 粮食与饲料工业，1981，（4）：1-10.

[16]　张光旭. 关于碾米机碾白室结构的探讨（二）[J]. 粮食与饲料工业，1989，（4）：4-11.

[17]　许林成. 碾米机理论的研究[J]. 粮食工业，1981，（2）：1-30.

[18]　熊兆凡. 碾米辊筒齿形分析与主要参数的选择[J]. 南昌大学学报，1984，（4）：21-27.

[19]　汪彰辉. 6NF-13.2 型分离式铁辊碾米机性能测试及分析[J]. 浙江农业大学学报，1988，14（3）：276-280.

[20]　张光旭. 对米机碾白室几个主要问题的探讨——碾白压力，运动轨迹、碾辊线速和碾白面积对糙米碾白的作用[J]. 粮食工业，1981，（1）：14-22.

[21]　孙正和，吴守一，张兴宇，等. 擦离式碾米机碾白式压力的研究[J]. 农业工程学报，1994，10（3）：133-137.

[22]　刘协航. 碾白室米粒流体状态浅析[J]. 粮食与饲料工业，1996，（10）：8-12.

[23]　Mohapatra D，Bal S. Wear of rice in an abrasive milling operation，part Ⅰ：Prediction of degree of milling[J]. Biosystems Engineering，2004，88（3）：337-342.

[24]　Mohapatra D，Bal S. Wear of rice in an abrasive milling operation，part Ⅱ：Prediction of bulk temperature rise[J]. Biosystems Engineering，2004，89（1）：101-108.

[25]　蔡祖光. 碾米机螺旋推进器螺旋升角的选定[J]. 粮食与饲料工业，1996，（10）：8-12.

[26]　兰海鹏，贾富国，赵宏伟，等. 碾后白米形变消除规律试验[J]. 农业工程学报，2011，27（8）：383-386.

[27]　尹芳，陈德炳，谢健，等. 碾米机主轴系统临界转速的计算[J]. 粮食与饲料工业，2015，（6）：7-10.

[28]　尹攀. 薏仁碾皮机的设计与研究[D]. 武汉：武汉轻工大学，2015.

[29]　徐立章，李耀明，丁林峰. 水稻米粒与脱粒元件碰撞过程的接触力学分析[J]. 农业工程学报，2008，24（6）：146-149.

[30]　徐立章，李耀明. 水稻谷粒冲击损伤临界速度分析[J]. 农业机械学报，2009，40（8）：54-57.

[31]　Reddy B S，Chakraverty A. Physical properties of raw and parboiled paddy[J]. Biosystems Engineering，2004，88（4）：461-466.

[32]　Corrêa P C，da Slilva F S，Jaren C，et al. Physical and mechanical properties in rice processing[J]. Journal of Food Engineering，2007，79（1）：137-142.

[33]　Varnamkhasti M G，Mobli H，Jafari A，et al. Some physical properties of rough rice（Oryza Sativa L.）grain[J]. Journal of Cereal Science，2008，（47）：496-501.

[34]　Liu K L，Cao X H，Bai Q Y，et al. Relationships between physical properties of brown rice and degree of milling and loss of selenium[J]. Journal of Food Engineering，2009，94（1）：69-74.

[35]　Mohapatra D，Bal S. Physical Properties of Indica rice in relation to some novel mechanical properties indicating grain characteristics[J]. Food and Bioprocess Technology，2012，5（6）：2111-2119.

[36]　Hapsari A H，Kim S J，Eun J B. Physical characteristics of parboiled Korean glutinous rice（Olbyeossal）using a modified method[J]. LWT-Food Science and Technology，2016，68：499-505.

[37]　刘昆仑，王丽敏，布冠好. 基于物理特性糙米聚类分析和主成分分析研究[J]. 粮食与油脂，2014，27（1）：56-60.

[38]　周显青，张玉荣，褚洪强，等. 糙米机械破碎力学特征试验与分析[J]. 农业工程学报，2012，28（18）：255-262.

[39] Roberts R L, Wasserman T. Effect of milling conditions on yields, milling time and energy requirements in a pilot scale Engelberg rice mill[J]. Journal of Food Science, 1977, 42（3）: 802-803, 806.

[40] Takai H, Barredo I R. Milling characteristics of a friction laboratory rice mill[J]. Journal of Agricultural Engineering Research, 1981, 26（5）: 441-448.

[41] 万仁和. 米机螺旋推进器和碾米辊的改进[J]. 粮食与饲料工业, 1988,（4）: 18-19.

[42] 罗玉坤, 吴成君, 闵捷, 等. 碾米机机型和压力对整精米率、粒形和碾米时间的影响[J]. 浙江农业科学, 1989,（6）: 294-296.

[43] 村田敏, 田川彰男, 石桥贞人. 关于真空碾米的研究[J]. 粮食与饲料工业, 1990,（3）: 27-30.

[44] 姜松, 田庆国, 孙正和. 立式研削式碾米机降低籼稻碎米率的研究[J]. 粮食与饲料工业, 1997,（6）: 9-11.

[45] Gujral H S, Singh J, Sodhi N S, et al. Effect of milling variables on the degree of milling of unparboiled and parboiled rice[J]. International Journal of Food Properties, 2002, 5（1）: 193-204.

[46] Yan T Y, Hong J H, Chung J H. An improved method for the production of white rice with embryo in a vertical mill[J]. Biosystems Engineering, 2005, 92（3）: 317-323.

[47] Pan Z, Amaratunga K S P, Thompson J F. Relationship between rice sample milling conditions and milling quality[J]. American Society of Agricultural and Biological Engineers, 2007, 50（4）: 1307-1313.

[48] Lamberts L, Bie E D, Vandeputte G E, et al. Effect of milling on colour and nutritional properties of rice[J]. Food Chemistry, 2007, 100（4）: 1496-1503.

[49] Yadav B K, Jindal V K. Changes in head rice yield and whiteness during milling of rough rice（*Oryza sativa* L.）[J]. Journal of Food Engineering, 2008, 86（1）: 113-121.

[50] Roy P, Ijiri T, Okadome H, et al. Effect of processing conditions on overall energy consumption and quality of rice（*Oryza sativa* L.）[J]. Journal of Food Engineering, 2008, 89（3）: 343-348.

[51] Mohapatra D, Bal S. Optimization of polishing conditions for long grain Basmati rice in a laboratory abrasive mill[J]. Food and Bioprocess Technology, 2010, 3: 466-472.

[52] Monks J L F, Vanier N L, Casaril J, et al. Effects of milling on proximate composition, folic acid, fatty acids and technological properties of rice[J]. Journal of Food Composition and Analysis, 2013, 30（2）: 73-79.

[53] Kim S Y, Lee H. Effects of quality characteristics on milled rice produced under different milling conditions[J]. Journal of the Korean Society for Applied Biological Chemistry, 2012, 55（5）: 643-649.

[54] Zhong Y J, Liu W, Xu X F, et al. Correlation analysis between color parameters and sensory characteristics of rice with different milling degrees[J]. Journal of Food Processing and Preservation, 2013, 38（4）: 1890-1897.

[55] Zareiforoush H, Minaei S, Alizadeh M R, et al. Design, development and performance evaluation of an automatic control system for rice whitening machine based on computer vision and fuzzy logic[J]. Computers and Electronics in Agriculture, 2016, 124: 14-22.

[56] Ahmad U, Alfaro L, Awudzi M Y, et al. Influence of milling intensity and storage temperature on the quality of catahoula rice（*Oryza sativa* L.）[J]. LWT-Food Science and Technology, 2017, 75: 386-392.

[57] Mitchell F S, Rounthwaite T E. Resistance of two varieties of wheat to mechanical damage by impact[J]. Journal of Agricultural Engineering Research, 1964, 9（4）: 303-306.

[58] Louvier F J, Calderwood D L. Breakage of milled rice at different free fall heights[C]//Annual Meeting of the Southwest Region of American Society of Agricultural Engineerings, Stillwater, 1967: 27-28.

[59] Sharma A D, Kunze O R, Sarker N N. Impact damage on rough rice[J]. Transactions of the American Society of Agricultural Engineerings, 1992, 35（6）: 1929-1934.

[60] 吴中华, 王珊珊, 董晓林, 等. 不同温度及含水率稻米籽粒加工过程破裂载荷分析[J]. 农业工程学报, 2018,

35（2）：278-283.

[61]　Cundall P A，Strack O D L. A discrete numerical model for granular assemblies[J]. Gèotechnique，1979，29（1）：47-65.

[62]　Zhao L L，Zhao Y M，Bao Y C，et al. Optimisation of a circularly vibrating screen based on DEM simulation and Taguchi orthogonal experimental design[J]. Powder Technology，2017，310：307-317.

[63]　胡励，胡国明，万卉，等. 球磨机工作参数的离散元法分析与改进[J]. 武汉大学学报（工学版），2010，43（6）：762-769.

[64]　de Oliveira，Alessandro L R，Tavares L M. Modeling and simulation of continuous open circuit dry grinding in a pilot-scale ball mill using Austin's and Nomura's models[J]. Powder Technology，2018，340：77-87.

[65]　刘扬，韩燕龙，贾富国，等. 椭球颗粒搅拌运动及混合特性的数值模拟研究[J]. 物理学报，2015，64（11）：114501.

[66]　Halidan M，Chandratilleke G R，Dong K J，et al. Mixing performance of ribbon mixers：Effects of operational parameters [J]. Powder Technology，2017，325：92-106.

[67]　邱白晶，姜国微，杨宁，等. 水稻籽粒流对承载板冲击过程离散元分析[J]. 农业工程学报，2012，28（3）：44-49.

[68]　于亚军. 基于三维离散元法的玉米脱粒过程分析方法研究[D]. 长春：吉林大学，2013.

[69]　蒋恩臣，孙占峰，潘志洋，等. 基于 CFD -DEM 的收获机分离室内谷物运动模拟与试验[J]. 农业机械学报，2014，45（4）：117-122.

[70]　贾乐乐. 胶辊砻谷机进料系统的数值模拟与运动仿真[D]. 郑州：河南工业大学，2015.

[71]　Zeng Y，Jia F G，Zhang Y X，et al. DEM study to determine the relationship between particle velocity fluctuations and contact force disappearance[J]. Powder Technology，2017，313：112-121.

[72]　Zhang Y X，Jia F G，Zeng Y，et al. DEM study in the critical height of flow mechanism transition in a conical silo[J]. Powder Technology，2018，331：98-106.

[73]　Suzuki M，Sakaguchi E，Kawakami S，et al. Discrete element simulation of abrasive type rice milling：Effect of operational conditions on milling conditions[J]. Journal of the Japanese Society of Agricultural Machinery，2006，68：63-68.

[74]　孙慧男. 碾米机碾白铁辊结构优化[D]. 郑州：河南工业大学，2014.

[75]　韩燕龙，贾富国，曾勇，等. 受碾区域内颗粒轴向流动特性的离散元模拟[J]. 物理学报，2015，64（23）：176-184.

[76]　李祖吉，宋少云，李志方，等. 碾米过程中的气固两相流耦合仿真初探[J]. 粮食与饲料工业，2015，（11）：1-4.

[77]　李祖吉，宋少云，陈德炳，等. 基于 EDEM 与 Workbench 的碾米机米筛联合仿真研究[J]. 粮食与饲料工业，2015，（12）：6-8.

[78]　史艳花，张国全，黄志平，等. 基于外碾削立式碾米机的离散元法仿真分析[J]. 农机化研究，2015，37（5）：54-57.

[79]　Han Y L，Jia F G，Zeng Y，et al. Effects of rotation speed and outlet opening on particle flow in a vertical rice mill[J]. Powder Technology，2016，297：153-164.

[80]　庞晓霞，阮竞兰. 基于离散元法砂辊碾米机碾白室内物料运动仿真[J]. 食品与机械，2016，32（4）：106-108.

[81]　曹斌. 筛体结构与转轴转速对米粒动态特性的影响研究[D]. 哈尔滨：东北农业大学，2018.

[82]　伍毅，白晓丽，张双，等. 基于离散元 EDEM 的碾米机内物料运动离散元分析研究[J]. 粮食加工，2018，43（2）：52-55.

[83]　Potyondy D O，Cundall P A. A bonded-particle model for rock[J]. International Journal of Rock Mechanics and

Mining Sciences，2004，41（8）：1329-1364.

[84]　王笑丹，王洪美，韩云秀，等. 基于离散元法的牛肉咀嚼破碎模型构建[J]. 农业工程学报，2016，32（4）：228-234.

[85]　Metzger M J，Glasser B J. Simulation of the breakage of boned agglomerates in a ball mill[J]. Powder Technology，2013，237：286-302.

[86]　Zhou J W，Liu Y，Du C L，et al. Effect of the particle shape and swirling intensity on the breakage of lump coal particle in pneumatic conveying[J]. Powder Technology，2017，317：438-448.

[87]　丁启朔，任骏，Adam B E，等. 湿粘水稻土深松过程离散元分析[J]. 农业机械学报，2017，48（3）：38-48.

[88]　Quist J，Evertsson C M. Cone crusher modelling and simulation using DEM[J]. Minerals Engineering，2016，85：92-105.

[89]　Patwa A，Ambrose R P K，Casada M E. Discrete element method as an approach to model the wheat milling process[J]. Powder Technology，2016，302：350-356.

[90]　陈德炳，李祖吉，张永林，等. 基于离散元法的糙米碾白过程仿真初探[J]. 粮食与饲料工业，2015，（3）：1-4.

[91]　Cleary P. Modelling comminution devices using DEM[J]. International Journal for Numerical and Analytical Methods in Geomechanics，2015，25（1）：83-105.

[92]　徐琨，周伟，马刚，等. 基于离散元法的颗粒破碎模拟研究进展[J]. 岩土工程学报，2018，40（5）：880-889.

[93]　Zhou W，Yang L，Ma G，et al. Macro-micro responses of crushable granular materials in simulated true triaxial tests[J]. Granular Matter，2015，17（4）：497-509.

[94]　楚锡华，李锡夔. 离散颗粒多尺度分级模型与破碎模拟[J]. 大连理工大学学报，2006，46（3）：319-326.

[95]　Delaney G W，Morrison R D，Sinnott M D，et al. DEM modelling of non-spherical particle breakage and flow in an industrial scale cone crusher[J]. Minerals Engineering，2015，74：112-122.

[96]　Barrios G K P，Tavares L M. A preliminary model of high pressure roll grinding using the discrete element method and multi-body dynamics coupling[J]. International Journal of Mineral Processing，2016，156：32-42.

[97]　杨贵，许建宝，刘昆林. 粗粒料颗粒破碎数值模拟研究[J]. 岩土力学，2015，36（11）：3301-3306.

[98]　Li H Q，Mcdowell G，Lowndes I. Discrete element modelling of a rock cone crusher[J]. Powder Technology，2014，263：151-158.

第2章 擦离式碾米机碾白原理

铁辊碾米机碾米作业时以擦离作用为主，具有碾白压力大、碾米辊线速度低的特点。擦离式碾米机又称为压力式碾米机。

碾白室是擦离式碾米机的核心结构单元，糙米粒在碾白室内完成碾白。如图2-1所示，碾米作业时，碾白室内糙米粒间或糙米粒与带碾筋（也可称为凸筋）的碾辊轴间具有相对运动，从而产生摩擦力。当摩擦力扩展到糙米皮层与胚乳的结合处时，便使皮层薄弱处沿着胚乳表面产生相对滑动，而薄弱处皮层将呈现为微片状被拉断、擦除和剥离。如此持续，糙米最终被擦离碾白。

擦离碾白需要的摩擦力应大于糙米皮层的结构强度和皮层与胚乳间的结合力，且必须小于胚乳自身的结构强度，这样才能使糙米皮层沿胚乳表面擦离脱落，同时保持米粒的完整。

擦离碾白所得米粒如图2-2所示，表面留有残余的糊粉层，形成光滑的晶状表面，具有自然光泽并呈半透明。残余的糊粉层保留较多的蛋白质，像一层胚乳淀粉的薄膜。因此，擦离碾白后的白米精度均匀、表面细腻光洁、色泽较好，且碾下的米糠含淀粉少，但由于需用较大的碾白压力，擦离碾白过程中容易产生裂纹或碎米。

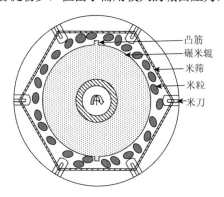

图2-1 擦离式碾米机碾白室结构

图2-2 擦离碾白后米粒

2.1 擦离碾白压力

2.1.1 擦离碾白综合压力

许林成在碾米机理论研究中指出，碾白室内附加凸筋的碾米辊可加强米粒间的相对运动，防止米粒流随同碾米辊打滑[1]。为此，我们从米粒与碾米辊凸筋发生接触入手，分析碾白室内碾白压力。碾白室内米粒运动简图如图 2-3 所示，根据碾白运动理论[2]，单粒米和碾米辊凸筋接触时受到的作用力 F 为

$$F = ma = 2mnv_2 \qquad (2-1)$$

式中，m 为米粒质量；a 为米粒相对凸筋运动产生的葛式加速度；n 为碾米辊转速；v_2 为米粒离开凸筋时的相对速度。

假设碾白室内充满米粒，即碾白室内米粒间密实接触无空隙，则全部米粒受到的作用力形成对碾白室界面的压力，即碾白室密实压力 P_m 为

$$P_m = F\frac{N_t}{V} = 2mnv_2\frac{N_t}{V} \qquad (2\text{-}2)$$

式中，V 为碾白室体积；N_t 为碾白室内全部密实米粒数。

米粒的平均容积密度 γ 为

$$\gamma = \frac{mN_t}{V} \qquad (2\text{-}3)$$

将式（2-3）代入式（2-2），可得碾白室密实压力为

$$P_m = 2\gamma nv_2 \qquad (2\text{-}4)$$

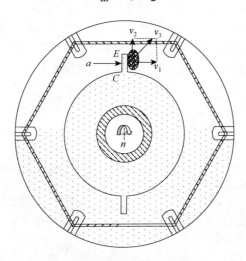

图 2-3　碾白室内米粒运动简图

n 为碾米辊转速；CE 为凸筋高度；v_1 为米粒的切向速度；v_2 为米粒离开凸筋时的相对速度；v_3 为合成速度；a 为米粒相对凸筋运动产生的葛式加速度，$a = 2nv_2$

实际碾米时，碾白室内米粒群并非处于密实状态，米粒与米粒间有一定间隙，故需对碾白室内米粒流平均容积密度进行修正，修正系数为 λ，由于碾白室内压力在三维方向都受 λ 影响，以 λ^3 作为碾白压力修正系数。综上所述，擦离碾白综合压力 P 为

$$P = 2\gamma\lambda^3 nv_2 \qquad (2\text{-}5)$$

式中，米粒离开凸筋时的相对速度 v_2 引用简化公式计算[2]：

$$v_2 = n\sqrt{CE^2\mu_1^2 + 2CE\left(R_0 - \frac{CE}{2}\right)} - CEn\mu_1 \tag{2-6}$$

式中，μ_1 为米粒与碾米辊的摩擦系数；R_0 为碾米辊半径。

2.1.2　擦离碾白轴向压力

碾白综合压力仅能计算碾白室内整体压力，若计算碾白室内局部压力，需分析碾白室内不同碾米辊位置处的压力推导。为此，我们以立式顺向碾米机（米粒流沿重力方向擦离碾白）为例，探讨碾白室内压力随碾轴轴向位置的变化规律。碾白室内轴向压力分析如图 2-4 所示，在碾白室纵截面内，以出口端中心为原点，建立 x-y 直角坐标系。且假设米粒为大小均一的弹性体，采用连续介质理论，在距原点轴向位置 y 处取一个正处于碾白过程的米粒流微元 dy，建立受力平衡方程为

$$S(P_y + dP_y) - SP_y - dP_f + dP_g = 0 \tag{2-7}$$

式中，S 为碾白室横截面面积；P_y 为碾白室内单位轴向压力；$dP_y = (P_r - P_\omega)l_1\mu_1 dy + (P_r + P_\omega)l_2\mu_2 dy$，$P_r$ 为碾白室内单位径向压力，P_ω 为碾白室内沿径向分布的米粒层的单位离心惯性压力，l_1 为碾白室内碾米辊周长，μ_1 为碾白室内米粒与碾米辊的摩擦系数，l_2 为碾白室内米筛周长，μ_2 为碾白室内米粒与米筛的摩擦系数；dP_f 为碾白室内轴向摩擦力合力的增量；dP_g 为碾白室米粒重力的增量，$dP_g = \gamma SP_y$，γ 为米粒的平均容积密度。

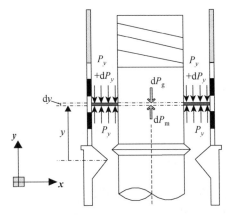

图 2-4　碾白室内轴向压力分析

令 $A = \dfrac{\eta}{S}(l_1\mu_1 + l_2\mu_2)$，其中 η 为侧压系数，$B = \dfrac{P_\omega}{S}(l_2\mu_2 - l_1\mu_1)$，结合 $P_r = \eta P_y$，整理式（2-7），得

$$\frac{1}{\dfrac{B-\gamma}{A}+P_y}dP_y = Ady \tag{2-8}$$

对式（2-8）两边求积分，得

$$\ln\left(P_y + \frac{B-\gamma}{A}\right) = Ay + c \tag{2-9}$$

在碾白室坐标原点处，即 $y=0$，边界单位轴向压力为

$$P_{y0} = c - \frac{B-\gamma}{A} \tag{2-10}$$

联立式（2-9）和式（2-10），则立式顺向碾米机碾白室内轴向压力为

$$P_y = P_{y0}e^{Ay} + \frac{B-\gamma}{A}(e^{Ay}-1) \tag{2-11}$$

源于重力方向差异，立式逆向碾米机（米粒沿逆重力方向流动碾白）轴向压力 P_{y_1} 可采用相似推导方法求取，结果为

$$P_{y_1} = P_{y_1 0}e^{Ay_1} + \frac{B+\gamma}{A}(e^{Ay_1}-1) \tag{2-12}$$

同理，横式擦离式碾米机（米粒沿垂直重力方向流动碾白）轴向压力 P_{y_2} 可表征为

$$P_{y_2} = P_{y_2 0}e^{Ay_2} + \frac{B}{A}(e^{Ay_2}-1) \tag{2-13}$$

2.1.3 擦离碾白径向压力

根据散体理论，米粒在碾白室内轴向受压的情况下，其与轴向垂直的径向上也产生压应力，轴向压力与径向压力存在如下关系[3]：

$$P_r = \eta P_y \tag{2-14}$$

式中，P_r 为碾白室内单位径向压力；η 为侧压系数，与碾米物料摩擦特性有关，$\eta = \tan^2\left(45° - \dfrac{\theta}{2}\right)$，其中 θ 为碾米物料的内摩擦角。

对比分析上述各式，各类擦离式碾米机的轴向压力和径向压力都沿碾辊轴长度方向呈指数函数变化，在同一位置处，立式逆向碾米机轴向压力和径向压力最大，其次为横式碾米机，而立式顺向碾米机压力值最小。这表明，相同规格的各类碾米机在相同碾白时间下，立式逆向碾米机功率消耗最大，而立式顺向碾米机功率消耗最小。这一推断与实际碾米试验相吻合[4]。

2.2 擦离碾白运动

2.2.1 擦离碾白运动学分析

糙米的擦离碾白过程是米粒流在碾白室内元件作用下的受力运动过程。碾白室内米粒运动轨迹如图 2-5 所示，理想情况下，各类碾米机中，在碾米辊与米筛间的空腔内，米粒流绕碾辊轴做半径为 R 的螺旋线运动[5]。

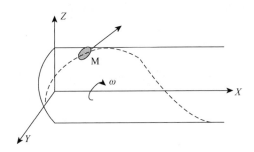

图 2-5 碾白室内米粒运动轨迹

M 表示单粒米；ω 表示米粒运动角速度

其运动方程的参数式为

$$\begin{cases} x = R\cos(\omega t) \\ y = R\omega t \tan\alpha_0 \\ z = R\sin(\omega t) \end{cases} \tag{2-15}$$

将式（2-15）对时间 t 求导，可得米粒流在碾白室空间内三轴方向的速度方程为

$$\begin{cases} v_x = \dfrac{\mathrm{d}x}{\mathrm{d}t} = -R\omega\sin(\omega t) \\ v_y = R\omega\tan\alpha_0 \\ v_z = \dfrac{\mathrm{d}z}{\mathrm{d}t} = R\omega\cos(\omega t) \end{cases} \tag{2-16}$$

则米粒流相对于碾米辊做螺旋线运动的碾白速度 v 为

$$v = \sqrt{v_x^2 + v_y^2 + v_z^2} = R\omega\sec\alpha_0 \tag{2-17}$$

式中，R 为米粒运动半径；ω 为米粒运动角速度；α_0 为米粒运动速度方向角。

由式（2-17）可知，米粒运动速度方向角直接影响运动速度，该值理论上可由式（2-18）获取：

$$\alpha_0 = \arctan\frac{Q}{3600\rho\delta R\omega} \tag{2-18}$$

式中，Q 为碾米机台时产量；ρ 为米粒在碾白室内的平均流体密度；δ 为碾白室间隙。

需指出的是，简单起见，图 2-5 仅给出单粒米 M 的运动轨迹示意图。在螺旋线轨迹的每一点上单粒米均有一定运动速度，且碾白室内各点米粒的运动速度不完全相同，表现为轴向速度的差异和沿径向各层圆周速度的差异，如图 2-6 所示。通常，在碾白室内靠近凸筋处的米粒因直接获得能量而具有较大速度，而靠近米筛处的米粒因依靠米粒间能量传递而具有较小速度，导致沿径向各层间存在显著的速度梯度。然而，米粒间的擦离作用本质上是米粒间的剪切作用，而剪切作用又依赖于速度梯度，因而，米粒间的擦离程度取决于沿径向米粒圆周运动速度差异。

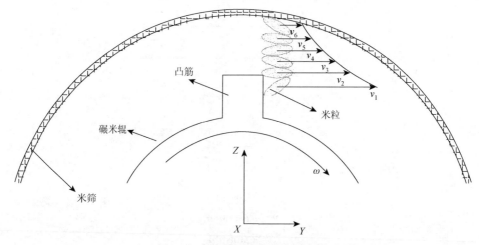

图 2-6　米粒运动速度分布示意图

螺旋线运动可分解为沿轴向的直线运动和绕轴线旋转的圆周运动。加之研究表明，颗粒轴向速度的差异会显著影响其在碾磨系统内的密集程度[6,7]，因此，碾白室内米粒容积密度会因轴向速度的差异而有所不同，宏观上表现为米粒轴向密集程度的差异，且米粒间搓擦剧烈程度会因径向速度梯度的差异亦有所不同，宏观表现为米粒间的碰撞剧烈程度。以上分析表明，米粒碾白运动与碾米压力间存在密切联系。需指出的是，米粒轴向速度梯度的差异本质上就是其轴向运动的不一致性，同理，径向速度梯度的差异本质上就是其圆周运动的不一致性。

1. 米粒轴向运动一致性

研究表明，颗粒轴向运动一致性可用颗粒轴向扩散系数进行量化[8,9]，即颗粒轴向扩散系数越大，表明颗粒轴向运动越分散，其轴向运动一致性越差；反之，颗粒轴向扩散系数越小，表明颗粒轴向运动越集中，其轴向运动一致性越好。基于以上认知，就横式擦离式碾米机而言，米粒轴向运动一致性亦可采用其轴向扩散系数进行表征。具体来说，米粒轴向扩散系数越小，表明碾白室内米粒轴向运动越集中，即轴向运动一致性越高。在已有的轴向扩散理论的基础上，部分学者研究发现，颗粒扩散与停留时间分布密切相关，并建立了两者之间的数学模型[10, 11]。其中，在全开式进出口碾磨系统内的颗粒轴向扩散系数满足以下关系：

$$\frac{\overline{\sigma}_{oo}^2}{\overline{t}_{oo}} = \frac{2}{Pe} + \frac{8}{Pe^2} \tag{2-19}$$

$$D = \frac{L^2}{\overline{t}_{oo} Pe} \tag{2-20}$$

式中，D 为颗粒轴向扩散系数；Pe 为无量纲的佩克莱数；L 为颗粒轴向位移；$\overline{t}_{oo}$ 和 $\overline{\sigma}_{oo}^2$ 分别为全开式进出口碾磨系统中颗粒平均停留时间和停留时间标准差，有关二者的详细说明及相关计算可参见 2.3.1 节，此处不再赘述。

对于横式擦离式碾米机，其本质上也属于全开式进出口碾磨系统，同时碾白室内米粒停留时间分布与上述研究大致相同，表明轴向扩散理论可用于分析碾白室内米粒轴向运动。

2. 米粒圆周运动一致性

研究表明，在碾白运动过程中米粒圆周运动的一致性可采用均匀指数进行量化[9, 12]，即均匀指数越大，表明各层米粒沿径向的圆周速度差异越大，即速度梯度越大，米粒间搓擦作用越剧烈，越有利于表面糠层的擦除和剥离。假设将碾白室沿径向均匀划分为若干层，且各层又均匀划分为若干个网格单元，则均匀指数可通过以下公式计算：

$$v_Y = \frac{\sum_{z=1}^{N_T} v_{Y,z}}{N_T} \tag{2-21}$$

$$v_{ij} = \sqrt{(v_{Y,ij})^2 + (v_{Z,ij})^2} \tag{2-22}$$

$$\overline{v_{ij}'} = \frac{v_{ij} - v_{\min}}{v_{\max} - v_{\min}} \tag{2-23}$$

$$\overline{v'} = \frac{1}{\sum_{i=1}^{N_l} N_{ci}} \sum_{i=1}^{N_l} \sum_{j=1}^{N_{ci}} \overline{v_{ij}'} \tag{2-24}$$

$$SD_i = \sqrt{\dfrac{\sum\limits_{j=1}^{N_{ci}} (\overline{v'_{ij}} - \overline{v})^2}{N_{ci} - 1}} \qquad (2\text{-}25)$$

$$UI = \dfrac{1}{N_i} \sum_{i=1}^{N_1} SD_i \qquad (2\text{-}26)$$

式中，v_Y 为采样时段内所有网格单元中米粒的平均速度；N_T 为总时间步长数；$v_{Y,z}$ 为各网格单元所有米粒在 z 采样时刻的平均速度；$v_{Y,ij}$ 和 $v_{Z,ij}$ 分别为第 i 层第 j 个网格单元内所有米粒沿 Y 轴及 Z 轴的平均速度；$\overline{v'_{ij}}$ 和 v_{ij} 分别为第 i 层第 j 个网格单元内所有米粒的平均速度和归一化速度；v_{min} 和 v_{max} 分别为每层所有米粒中最小和最大平均速度；$\overline{v'}$ 为所有网格单元内所有米粒速度平均值；N_{ci} 为第 i 层总网格单元数；N_1 为总层数；SD_i 为第 i 层内所有米粒圆周速度标准偏差；UI 为米粒均匀指数。

2.2.2　擦离碾白力学分析

米粒流碾白运动实质是米粒流受碾白室内元件作用力下的运动过程，米粒流碾白运动主要受到米粒间、碾米辊和米筛的作用力。假设米粒流相对于碾辊轴以碾白速度 v 做半径为 R 的螺旋线运动。而半径为 R_0 的碾辊轴以角速度 ω_0 绕 y 轴顺时针旋转。以米粒流质心为原点，建立动坐标系 x-y-z，可建立各碾米机在动坐标轴上的受力平衡方程。

图 2-7～图 2-9 分别为横式、立式逆向和立式顺向碾米机内米粒在各动坐标轴上的受力分解图。各类擦离式碾米机内，因米粒流碾白运动重力方向的差异，米粒流在各动坐标轴受力分解存在差异，但米粒流受到的作用力类型一致，表述如下。

G 为米粒流的重力；

N 为米粒流受到的碾米辊的支撑力；

n 为米粒流受到的米筛的支撑力；

F_1 为米粒流做螺旋运动时的离心惯性力，$F_1 = m\dfrac{v^2}{R}$；

F_2 为米粒流相对动坐标运动产生的葛氏力，$F_2 = 2m\omega_0 v$；

F_3 为因碾米辊旋转运动产生的离心惯性力，$F_3 = mR_0\omega_0^2$；

F_4 为碾米辊对米粒流的摩擦力，$F_4 = \mu_1 N$；

F_5 为米筛对米粒流的摩擦力，$F_5 = \mu_2 n$；

P_1 为米粒流受到的轴向推力，其大小与碾米辊端部螺旋输送器结构有关；

P_2 为米粒流受到的轴向阻力，其大小与出料口开度（外部调节压力）有关。

基于以上阐述，横式碾米机中米粒在各动坐标轴上的受力平衡方程为

$$N\mu_1\sin\alpha_0 - n\mu_2\sin\alpha_0 - G\cos(\omega t) = 0 \qquad (2\text{-}27)$$

$$P_1 + N\mu_1\cos\alpha_0 - P_2 - n\mu_2\cos\alpha_0 = 0 \qquad (2\text{-}28)$$

$$mR_0\omega_0^2 + 2mv\omega_0 + m\frac{v^2}{R} + N - n - G\sin(\omega t) = 0 \qquad (2\text{-}29)$$

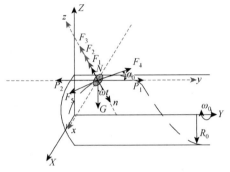

图 2-7　横式碾米机内米粒受力分解

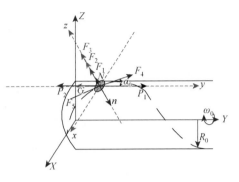

图 2-8　立式逆向碾米机内米粒受力分解

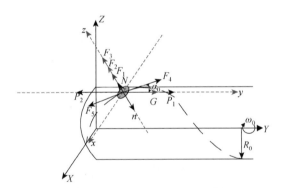

图 2-9　立式顺向碾米机内米粒受力分解

同理，立式逆向碾米机中米粒在各动坐标轴上的受力平衡方程为

$$\begin{cases} N\mu_1\sin\alpha_0 - n\mu_2\sin\alpha_0 = 0 \\ P_1 + N\mu_1\cos\alpha_0 - P_2 - n\mu_2\cos\alpha_0 - G = 0 \\ mR_0\omega_0^2 + 2mv\omega_0 + m\dfrac{v^2}{R} + N - n = 0 \end{cases} \qquad (2\text{-}30)$$

立式顺向碾米机中米粒在各动坐标轴上的受力平衡方程为

$$\begin{cases} N\mu_1\sin\alpha_0 - n\mu_2\sin\alpha_0 = 0 \\ P_1 + N\mu_1\cos\alpha_0 - P_2 - n\mu_2\cos\alpha_0 + G = 0 \\ mR_0\omega_0^2 + 2mv\omega_0 + m\dfrac{v^2}{R} + N - n = 0 \end{cases} \qquad (2\text{-}31)$$

碾米过程中，米粒流的动力来源为碾米辊的旋转运动。一般情况下，碾白室内米粒流的运动与碾米辊存在速度差。碾白运动理论认为，碾米辊的速度与米粒流的运动速度存在传递。

假设碾米辊的角速度与米粒的运动角速度存在如下关系：

$$\omega = \xi_0 \omega_0 \qquad (2\text{-}32)$$

式中，ω 为米粒运动角速度；ξ_0 为碾米辊速度传递系数；ω_0 为碾米辊角速度。

若忽略碾米机碾白室间隙，即认为米粒运动螺旋半径等于碾米辊半径；假设碾米辊与米筛材质相同，即摩擦系统相同。将式（2-32）代入式（2-31），可推导出横式碾米机碾米辊的速度传递系数为

$$\xi_{0h} = \left| \left[\sqrt{\frac{g\mu \sin(\omega t)\sin\alpha_0 - g\cos(\omega t)}{R_0 \omega_0^2 \sin\alpha_0 \mu}} - 1 \right] \cos\alpha_0 \right| \qquad (2\text{-}33)$$

当 $\omega t = \dfrac{\pi}{2}$ 时，横式碾米机的碾米辊速度传递系数取得最大值，故最大速度传递系数为

$$\xi_{0\max} = \left| \left(\sqrt{\frac{g}{R_0 \omega_0^2}} - 1 \right) \cos\alpha_0 \right| \qquad (2\text{-}34)$$

而对立式逆向和顺向碾米机而言，因缺乏碾米辊和米筛对米粒流支撑力间的关系，这两类碾米机碾米辊速度传递系数的非最简表达式均为

$$\xi_{01} = \left| \left(\sqrt{\frac{n-N}{mR_0 \omega_0^2}} - 1 \right) \cos\alpha_0 \right| \qquad (2\text{-}35)$$

从各碾米辊速度传递系数表达式可看出，米粒在碾白室内的运动主要受到碾米辊向心加速度及米粒运动螺旋升角的影响。碾米辊的角速度、半径、米筛形状及碾白室内米粒流流动密度等都会影响米粒的运动速度。除此以外，碾米机出料口等外部压力调节系统也会影响碾白室内米粒流的流动密度，进而影响米粒流的碾白运动。

2.3　擦离碾白性能

2.3.1　米粒停留时间

就碾磨设备而言，受碾时间是影响颗粒碾磨均匀性的重要因素之一。尤其是对连续式喂料碾磨机来说，因颗粒在碾磨机中运动能力的不同而引起其受碾时间的不一致，表现为停留时间分布的差异。停留时间分布（residence time distribution，RTD）

因能定量描述颗粒经过碾磨系统所需时间分布的规律，而被广泛应用于分析颗粒输运和碾磨过程[13]。无一例外，就擦离式碾米机而言，米粒在碾白室内停留时间分布的差异亦可间接反映米粒碾磨均匀性。具体来说，米粒停留时间分布差异越小，表明米粒受碾时间越趋于一致，米粒碾磨越均匀。目前，获取颗粒停留时间大都采用示踪技术[14, 15]，先将示踪颗粒从进料口喂入系统，然后在不同时间间隔内，监测出口处颗粒流中所包含示踪颗粒的浓度，进而获得颗粒停留时间分布为

$$E(t) \approx \frac{C(t_i)}{\sum_{i=1}^{N_s} C(t_i) \Delta t_i} \qquad (2\text{-}36)$$

式中，$C(t_i)$为示踪颗粒浓度；$\Delta t_i (i = 1,2,3,\cdots, N_s)$为监测的时间间隔，$N_s$为监测的时间间隔总数。

通常，采用矩分析量化停留时间分布的差异。其中，一阶矩分析表征颗粒在碾磨系统内的平均停留时间；二阶矩分析表征颗粒停留时间的方差，用于描述颗粒的停留时间偏离平均停留时间的程度，其值越大表明颗粒运动能力差异越大。就米粒碾白而言，方差越大，表明有的米粒发生过碾而有的发生轻碾，即米粒碾磨越不均匀。依据相关停留时间理论[16]，碾白室内米粒一阶矩分析和二阶矩分析的计算公式分别为

$$\overline{t} = \frac{\int_0^\infty t C(t) \mathrm{d}t}{\int_0^\infty C(t) \mathrm{d}t} \approx \frac{\sum_{i=1}^{N_s} t_i C(t_i) \Delta t_i}{\sum_{i=1}^{N_s} C(t_i) \Delta t_i} \qquad (2\text{-}37)$$

$$\sigma^2 = \frac{\int_0^\infty (t - \overline{t})^2 C(t) \mathrm{d}t}{\int_0^\infty C(t) \mathrm{d}t} \approx \frac{\sum_{i=1}^{N_s} t_i^2 C(t_i) \Delta t_i}{\sum_{i=1}^{N_s} C(t_i) \Delta t_i} - \overline{t}^2 \qquad (2\text{-}38)$$

式中，$\overline{t}$ 和 σ^2 分别为米粒平均停留时间和停留时间分布方差。需指出的是，米粒停留时间是指米粒从进入碾白室到离开所经历的时间。

2.3.2　米粒碰撞特性

擦离碾白运动过程中米粒所受到的碰撞作用通常包括米粒间、米粒和碾米辊间及米粒和米筛间的碰撞，如图 2-1 所示。这些施加于米粒的碰撞作用不仅能有效地传递能量，还实现了糠层的移除。需指出的是，在相互碰撞时两者间作用力的大小及作用时间的长短均取决于米粒物理力学属性、碾米辊转速、米筛截面形

状等。因此，需对米粒在碾白室内的碰撞运动进行逐一分析。

1. 米粒间碰撞运动

米粒间碰撞运动本质上是米粒所进行的短距离直线运动，表现为米粒可与其相邻的米粒群发生交替和异位。在此过程中，米粒间接触碰撞不仅满足动量守恒定律，还符合能量守恒定律：

$$mv_t - mv_0 = \int_0^t F_3 \mathrm{d}t \tag{2-39}$$

$$\frac{1}{2}mv_t^2 - \frac{1}{2}mv_0^2 = \int_0^t F_3 \mathrm{d}x \tag{2-40}$$

式中，m 为单粒米的质量；v_t 为经过 $\mathrm{d}t$ 时间和运动 $\mathrm{d}x$ 距离后米粒的速度；v_0 为米粒的初始速度；F_3 为米粒间碰撞时的作用力。

为简化米粒间碰撞问题，可将二者间的碰撞视为完全弹性，故在接触碰撞过程中，接触点处的作用力和作用反力始终大小相等且方向相反。假设 v_A 和 v_B 分别为米粒 A 和米粒 B 接触碰撞前的速度，v_A' 和 v_B' 分别为米粒 A 和米粒 B 接触碰撞后的绝对速度，则由式（2-39）和式（2-40）可得

$$m_A v_A + m_B v_B = m_A v_A' + m_B v_B' \tag{2-41}$$

$$m_A v_A^2 + m_B v_B^2 = m_A v_A'^2 + m_B v_B'^2 \tag{2-42}$$

式中，m_A 和 m_B 分别为米粒 A 和米粒 B 的质量。

若不考虑能量损失，则式（2-41）和式（2-42）可分别简化为

$$m_A(v_A - v_A') = m_B(v_B' - v_B) \tag{2-43}$$

$$m_A(v_A^2 - v_A'^2) = m_B(v_B'^2 - v_B^2) \tag{2-44}$$

将式（2-44）除以式（2-43）可得

$$v_A + v_A' = v_B' + v_B \tag{2-45}$$

联立式（2-43）和式（2-45）可得到碰撞后两粒米各自的绝对速度分别为

$$v_A' = \frac{2m_B v_B + (m_A - m_B)v_A}{m_A + m_B} \tag{2-46}$$

$$v_B' = \frac{2m_A v_A - (m_A - m_B)v_B}{m_A + m_B} \tag{2-47}$$

此外，通常颗粒碰撞能采用相对动能进行定义[17, 18]，则在碾白过程中当两粒米接触碰撞且质量相等时，各自因碰撞所产生的碰撞能分别为

$$E_{A,1} = \frac{1}{2}m_A(v_A^2 - v_B^2) \tag{2-48}$$

$$E_{B,1} = \frac{1}{2} m_B (v_A - v_B)^2 \tag{2-49}$$

式中，$E_{A,1}$ 为米粒 A 产生的碰撞能；$E_{B,1}$ 为米粒 B 产生的碰撞能。

2. 米粒与米筛间碰撞运动

当米粒与米筛发生碰撞时，考虑到米筛质量远大于单粒米的质量，且米筛碰撞前后均保持静止，故 $v_B = v'_B = 0$。因此，由式（2-48）可得米粒 A 与米筛碰撞后产生的碰撞能 $E_{A,2}$ 为

$$E_{A,2} = \frac{1}{2} m_A v_A^2 \tag{2-50}$$

3. 米粒与碾米辊间碰撞运动

假设碾米辊线速度为 v_S，当米粒与碾米辊发生碰撞后，碾米辊速度可视为近似不变。加之，碾米辊质量远大于单粒米的质量。因此，由式（2-48）可得米粒 A 与碾米辊碰撞后产生的碰撞能 $E_{A,3}$ 为

$$E_{A,3} = \frac{1}{2} m_A (v_S^2 - v_A^2) \tag{2-51}$$

2.4　擦离碾白米粒破碎临界速度

在碾白室内，当米粒与米粒、米筛或碾米辊发生冲击碰撞时，其形变将在短时间内随接触点处应力的不断增大而增加。当米粒形变量达到最大时，接触点处应力亦最大。若此时最大接触应力超过米粒自身的极限抗拉强度，则依据脆性材料断裂时所遵循的最大正应力准则[19]或塑性材料断裂时所遵循的 von Mises 准则，米粒在接触点处可能会因应力裂纹的出现而发生断裂。

基于以上认识，当米粒间、米粒与米筛间或米粒与碾米辊间发生碰撞时，米粒运动轨迹如图 2-5 所示，并依据牛顿第二定律，相互接触的两者间（图 2-10）将会产生接触力 $F_{contact}$，其计算公式为

$$F_{contact} = -m_{relative} \frac{\mathrm{d}}{\mathrm{d}t}(v_A - v_B) = -m_{relative} \frac{\mathrm{d}\varDelta^2}{\mathrm{d}t^2} \tag{2-52}$$

式中，v_A 为碰撞时米粒运动速度；v_B 为与米粒发生碰撞的物体的运动速度；$\varDelta$ 为米粒因碰撞所产生弹性形变量（图 2-10）；$m_{relative}$ 为相对质量。

$m_{relative}$ 的计算公式为

$$m_{relative} = \frac{m_A m_B}{m_B + m_A} \tag{2-53}$$

式中，m_A 为米粒质量；m_B 为与米粒发生碰撞的物体质量。

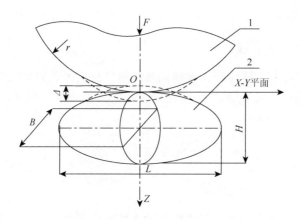

图 2-10　米粒发生接触碰撞的示意图

1 为与米粒发生接触碰撞的物体；2 为米粒；L、B、H 分别为米粒的长度、宽度和厚度；r 为接触表面曲率半径；$F_{contact}$ 为接触力

此外，由赫兹接触理论可知，米粒因碰撞所产生的弹性形变量为

$$\varDelta = \left(\frac{9F_{contact}^2}{16E_{relative}^2 R_{relative}} \right)^{\frac{1}{3}} \chi \qquad (2\text{-}54)$$

式中，$E_{relative}$ 为等效杨氏模量；χ 为修正系数，依据曲率半径的比值，米粒的 χ 取值通常为 1[20]。

$E_{relative}$ 的计算公式为

$$\frac{1}{E_{relative}} = \frac{1-\mu_A^2}{E_A} + \frac{1-\mu_B^2}{E_B} \qquad (2\text{-}55)$$

式中，E_A 为米粒的杨氏模量；E_B 为与米粒发生碰撞的物体的杨氏模量；μ_A 为米粒的泊松比；μ_B 为与米粒发生碰撞的物体的泊松比。

$R_{relative}$ 为等效曲率半径，其计算公式为

$$R_{relative} = (R'R'')^{\frac{1}{2}} \qquad (2\text{-}56)$$

式中，$\dfrac{1}{R'} = \dfrac{1}{R_A} + \dfrac{1}{R_B}$；$\dfrac{1}{R''} = \dfrac{1}{R_A'} + \dfrac{1}{R_B'}$，$R_A$、$R_A'$ 分别为米粒在接触点处的法向最大、最小曲率半径，R_B、R_B' 分别为与米粒发生碰撞的物体在接触点处的法向最大、最小曲率半径。

将式（2-54）代入式（2-52），可推出米粒因碰撞而在接触点处所产生的接触力为

$$F_{\text{contact}} = \frac{4}{3} R_{\text{relative}}^{\frac{1}{2}} E_{\text{relative}} \chi^{\frac{3}{2}} \Delta^{\frac{3}{2}} \tag{2-57}$$

令式（2-52）与式（2-57）相等，再对弹性形变量 Δ 进行积分，并代入初始条件，即米粒发生接触碰撞的初始时刻（$t=0$），两者间的相对速度为 v_{relative}，可得

$$\frac{1}{2}\left[v_{\text{relative}}^2 - \left(\frac{\mathrm{d}\Delta}{\mathrm{d}t} \right)^2 \right] = \frac{8}{15 m_{\text{relative}}} R_{\text{relative}}^{\frac{1}{2}} E_{\text{relative}} \chi^{\frac{3}{2}} \Delta^{\frac{5}{2}} \tag{2-58}$$

当米粒与碾米辊碰撞接触，其弹性形变量达到最大时，$\dfrac{\mathrm{d}\Delta}{\mathrm{d}t}=0$，将其代入式（2-58），可得最大弹性形变量 Δ^* 为

$$\Delta^* = \left(\frac{15 m_{\text{relative}} v_{\text{relative}}^2 \chi^{\frac{3}{2}}}{16 R_{\text{relative}}^{\frac{1}{2}} E_{\text{relative}}} \right)^{\frac{2}{5}} \tag{2-59}$$

将式（2-59）代入式（2-57），可得到米粒因发生接触碰撞而受到的最大接触力为

$$F_{\text{contact}}^* = \frac{4}{3} R_{\text{relative}}^{\frac{1}{2}} E_{\text{relative}} \chi^{\frac{3}{2}} \Delta^{*\frac{3}{2}} \tag{2-60}$$

当接触力达到最大时，依据式（2-59）和式（2-60），可得出米粒的最大接触应力 P_{contact}^* 为

$$P_{\text{contact}}^* = \frac{3}{2\pi} \left(\frac{4 E_{\text{relative}}}{3 R_{\text{relative}}} \right)^{\frac{4}{5}} \left(\frac{5}{4} m_{\text{relative}} v_{\text{relative}}^2 \right)^{\frac{1}{5}} \tag{2-61}$$

假设米粒力学属性表现为塑性，则当米粒处于在最大的形变时发生疲劳断裂，依据 von Mises 准则，有

$$P_{\text{contact}}^* = 1.6 \sigma_{\text{s}} \tag{2-62}$$

式中，σ_{s} 为米粒在单轴压缩时的屈服应力。

显然，联立式（2-61）和式（2-62）可得，当米粒与相邻米粒、米筛、碾米辊冲击碰撞且发生疲劳断裂时的相对临界冲击速度可由式（2-63）计算得出：

$$v_{\text{k}}^2 = 106.69 \frac{\sigma_{\text{s}}^5 R_{\text{relative}}^3}{m_{\text{relative}} E_{\text{relative}}^4} \tag{2-63}$$

式中，v_{k} 为米粒发生疲劳断裂时相对临界冲击速度。

假设米粒力学属性表现为脆性，则当米粒处于最大形变时将发生脆性断裂，依据正应力准则，有

$$P^*_{\text{contact}} = \sigma_s \tag{2-64}$$

显然，联立式（2-61）和式（2-64）可得，当米粒与相邻米粒、米筛、碾米辊冲击碰撞且发生脆性断裂时的相对临界冲击速度由可式（2-65）计算得出：

$$v_b^2 = 10.17 \frac{\sigma_s^5 R_{\text{relative}}^3}{m_{\text{relative}} E_{\text{relative}}^4} \tag{2-65}$$

式中，v_b 为米粒发生脆性断裂时相对临界冲击速度。

由上述理论推导可知，在实际米粒碾白破碎过程的离散元数值模拟中，当米粒与相邻米粒、米筛或碾米辊发生接触碰撞时，可依据式（2-63）和式（2-65）所确定的相对临界冲击速度判定米粒的断裂方式。

参 考 文 献

[1]   许林成. 碾米机理论的研究[J]. 粮食工业，1981，（2）：1-30.

[2]   庞晓霞，阮竞兰. 基于离散元法砂辊碾米机碾白室内物料运动仿真[J]. 食品与机械，2016，32（4）：106-108.

[3]   孙正和，吴守一，张兴宇，等. 擦离式碾米机碾白室压力的研究[J]. 农业工程学报，1994，10（3）：138-142.

[4]   刘协航. 碾白室米粒流体状态浅析[J]. 粮食与饲料工业，1996，（10）：10-14.

[5]   姚惠源. 碾米机碾白运动速度的理论计算[J]. 粮食与饲料工业，1981，（4）：1-10.

[6]   韩燕龙，贾富国，曾勇，等. 受碾区域内颗粒轴向流动特性的离散元模拟[J]. 物理学报，2015，64（23）：168-176.

[7]   Potyondy D O，Cundal P A. A bonded-particle model for rock[J]. International Journal of Rock Mechanics and Mining Sciences，2004，41（8）：1329-1364.

[8]   Zeng Y，Jia F G，Meng X Y，et al. The effects of friction characteristic of particle on milling process in a horizontal rice mill[J]. Advance Powder Technology，2018，29（5）：1280-1291.

[9]   Zeng Y，Jia F G，Chen P Y，et al. Effects of convex rib height on spherical particle milling in a lab-scale horizontal rice mill[J]. Powder Technology，2019，342：1-10.

[10] Sherritt R G，Chaouki J，Mehrotra A K，et al. Axial dispersion in the three dimensional mixing of particles in a rotating drum reactor[J]. Chemical Engineering Science，2003，58（2）：401-415.

[11] Martin A D. Interpretation of residence time distribution data[J]. Chemical Engineering Science，2000，55（23）：5907-5917.

[12] Han Y L，Jia F G，Zeng Y，et al. DEM study of particle conveying in a feed screw section of vertical rice mill[J]. Powder Technology，2017，311：213-225.

[13] Bongo-Njeng A S，Vitua S，Clausse M，et al. Effect of lifter shape and operating parameters on the flow of materials in a pilot rotary kiln：Part I. Experimental RTD and axial dispersion study[J]. Powder Technology，2015，269：554-565.

[14] Gao Y，Muzzio F J，Ierapetritou M G. A review of the residence time distribution（RTD）applications in solid unit operations[J]. Powder Technology，2012，228：416-423.

[15] Bongo-Njeng A S，Vitua S，Clausse M，et al. Effect of lifter shape and operating parameters on the flow of materials in a pilot rotary kiln：Part II. Experimental hold-up and mean residence time modeling[J]. Powder Technology，2015，269：566-576.

[16]　Deng X L，Scicolone J，Han X，et al. Discrete element method simulation of a conical screen mill：A continous dry coating device[J]. Chemical Engineering Science，2015，125：58-74.

[17]　Nakamura H，Fujii H，Watano S. Scale-up of high shear mixer-granulator based on the discrete element analysis[J]. Powder Technology，2013，236：149-156.

[18]　Han Y L，Jia F G，Zeng Y，et al. Effects of rotation speed and outlet opening on particle flow in a vertical rice mill[J]. Powder Technology，2016，297：153-164.

[19]　伍颖. 断裂与疲劳[M]. 武汉：中国地质大学出版社，2008：12-17.

[20]　徐立章，李耀明. 水稻谷粒冲击损伤临界速度分析[J]. 农业机械学报，2009，40（8）：54-57.

第3章　擦离碾白米粒特性参数变化

擦离碾白过程中，米粒皮层表面淡棕色的糠层和胚芽逐渐被剥离，期间米粒的物理属性参数发生显著变化。本章采用实验室级立式擦离式碾米机进行碾米试验，并结合多种数理统计方法探究擦离碾白过程中米粒物理属性参数的动态变化规律。

3.1　材料与设备

试验选取的稻谷品种为粳稻东农 429（东北农业大学水稻研究所提供），收获时间为 2016 年 10 月，试验前粳稻经砻谷机砻谷，剔除碎米和不成熟、有病害、有垩白的米粒后获得糙米，试验所用的仪器设备如表 3-1 所示。

表 3-1　仪器设备

仪器设备	生产厂家
オータケ FC2K 型砻谷机（图 3-1）	日本株式会社大竹制作所
SY95-PC＋PAE5 型实验室级立式擦离式碾米机（图 3-2）	韩国双龙机械产业社
WNFZ-1 型实验室级横式擦离式碾米机（图 3-3）	上海青浦绿洲检测仪器有限公司
FZ102 型微型植物试样粉碎机	天津泰斯特仪器有限公司（用于含水率测量）
DGH-9053A 型鼓风干燥箱	上海益恒试验仪器有限公司（用于含水率测量）
CTHI-150（A）B 型恒温恒湿箱	施都凯仪器设备（上海）有限公司（用于糙米加湿调质）
糙米尺寸采集装置（图 3-4）	东北农业大学材料力学实验室自制
静摩擦系数测量装置（图 3-5）	东北农业大学农产品加工实验室自制
AB204-S 型电子分析天平（精度为 0.0001g）	梅特勒-托利多国际贸易（上海）有限公司
铝盒（直径 35mm，高度约 30mm）	天津大茂化学试剂有限公司

前期研究发现，含水率为 15.5%（湿基）的糙米最适宜进行碾米试验[1-3]。经检测，砻谷除杂后的糙米样品含水率为 14.1%±0.1%。因此，碾米试验前需对糙米物料进行加湿调质处理。将糙米样品置于 30℃的恒温恒湿箱中，以喷雾加湿的

方式向样品表面均匀喷施去离子水，其后进行均匀搅拌，并置于该温度条件下密闭处理一定时间。加湿调质过程中，采用 105℃恒重法监测样品含水率，直至达到最适宜碾米的含水率，并将含水率误差控制在±0.5%。加湿调质结束后，为避免糙米在环境中吸湿或解吸，将调质后的糙米样品放入双层 PP（聚丙烯）自封袋后置于 5℃低温环境中，完成碾白前米样制备。

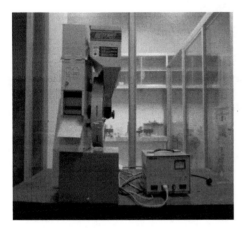

图 3-1　砻谷机

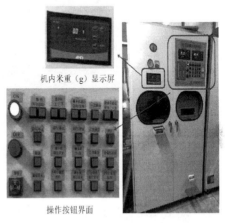

图 3-2　实验室级立式擦离式碾米机

图 3-3　实验室级横式擦离式碾米机

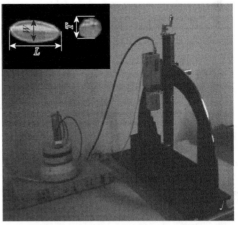

图 3-4　糙米尺寸采集装置

L 表示米粒长度；W 表示米粒宽度；T 表示米粒厚度

图 3-5　静摩擦系数测量装置

3.2　立式擦离式碾米机碾白试验方法

3.2.1　擦离碾白试验方案

在碾白过程中，碾米机内糙米重量会随着糠层的剥离不断降低，立式擦离式碾米机（图 3-2）内置重力传感器，可实时监测碾米机内物料质量变化，如图 3-2 所示的"机内米重（g）显示屏"，当屏幕显示数值达到目标重量数值时，即刻按动"停止"按钮，取出米样。用相同碾白方法，制取不同碾磨度的米样。米粒的碾磨度（degree of milling，DOM）按照如下公式计算：

$$\text{DOM} = \left(1 - \frac{M_a}{M_b}\right) \times 100\% \qquad (3\text{-}1)$$

式中，DOM 为碾磨度（%）；M_a 为碾后白米样品质量（g）；M_b 为碾前糙米样品质量（g）。

每次试验选用质量为 100g、初始含水率为 15.5% 的糙米样品，采用擦离碾白方法，分别制备碾磨度为 1%～10% 的十种精度米样，并将糙米原料及各碾磨度下的米样通过 12 目标准筛筛选，剔除碎米。碾米试验后，主要研究以下内容。

（1）测量糙米原料及十种精度米样的物理特性参数。

（2）采用单因素方差、多重比较及聚类方法，分析不同碾磨度下米粒物理属性参数变化。

（3）分析米粒物理属性参数间及米粒物理属性参数与碾磨度间的相关性。

（4）采用因子分析法建立碾磨度与米粒的典型特征物理属性参数间的关系。

3.2.2　米粒物理属性参数测定方法

根据农业物料学[4]，米粒的物理属性参数主要包括长度、宽度、厚度、长宽比、球心度、当量直径、表面积、体积、容积密度、真密度、孔隙率、千粒重和静摩擦系数。

1. 米粒几何形状参数的确定

为避免人工测量米粒形状尺寸时产生的误差，本节采用图像测量方法[5]，将米粒视为类椭球体，利用米粒三维尺寸采集系统（图 3-4）获取米粒三个相互垂直方向的尺寸，分别为长度 L、宽度 W、厚度 T。长度为平面投影图中最大的尺寸，宽度为垂直于长度方向的最大尺寸，厚度为垂直于长宽方向的尺寸。基于此方法，在原始糙米和不同碾磨度的每个米粒中，均随机取 100 个米粒，获取每个样品的 100 粒米粒三轴尺寸，以均值±标准差的方式表征各碾磨度下米粒的长度 L、宽度 W、厚度 T。然后，各样本米粒的其他几何形状参数计算公式如下。

长宽比为米粒长度与宽度的比值，计算公式为

$$R_a = \frac{L}{W} \tag{3-2}$$

式中，R_a 为米粒的长宽比；L 为米粒的长度（mm）；W 为米粒的宽度（mm）。

各碾磨度下米粒的体积和表面积按 Jain 等的方法[6]计算：

$$V = \frac{1}{4}\left[\left(\frac{\pi}{6}\right)L(W+T)^2\right] \tag{3-3}$$

$$S = \frac{\pi(WT)^{1/2}L}{2L-(WT)^{1/2}} \tag{3-4}$$

式中，V 为米粒的体积（mm³）；S 为米粒的表面积（mm²）。

当量直径是米粒粒径的一种表达形式，是指米粒样品沿长度方向投影所形成类圆形的直径，其计算公式为[7]

$$D_p = \left[L\frac{(W+T)^2}{4}\right]^{1/3} \tag{3-5}$$

式中，D_p 为米粒当量直径（mm）。

球心度表征类椭球体米粒与球体之间的接近程度，计算公式为[7]

$$\varphi = \frac{(LWT)^{1/3}}{L} \tag{3-6}$$

式中，φ 为米粒的球心度。

2. 米粒密度和质量属性参数的确定

糙米和碾后米粒均属于散粒体物料，根据农业物料学，散粒体物料的密度分为容积密度和真密度两类。

容积密度是指固定体积容器所能容纳的米粒样品的质量与该容器体积的比值。本节采用 100mL 的量筒作为固定体积容器，对各碾磨度下的米粒，均沿量筒边缘缓慢均匀填充，每填充 20mL 用 200g 砝码压实，直至填充米粒的水平线与量筒 100mL 刻度线平齐，将量筒内所填充的米粒进行称量得到样品质量，并计算米粒样品的容积密度。每种米粒容积密度的测定重复 5 次，数据以均值±标准差的方式表征米粒的容积密度，计算公式为

$$\rho = \frac{m_a}{V_a} \tag{3-7}$$

式中，ρ 为米粒的容积密度（kg/m³）；m_a 为米粒的压实质量（kg）；V_a 为量筒的体积（m³）。

真密度指米粒质量与米粒体积的比值。本节采用甲苯液浸法[4]测定各碾磨度下米粒的真密度。将 50mL 的甲苯溶液倒入量筒中，同时称取 20g 米粒（忽略单粒米粒组织内部孔隙）迅速倒入甲苯溶液中，待液面稳定后读出此时溶液体积，计算出体积增量和样品的真密度。每组试验重复 5 次，数据以均值±标准差的方式表征米粒的真密度，计算公式为

$$\rho_t = \frac{m_b}{V_b} \tag{3-8}$$

式中，ρ_t 为米粒的真密度（kg/m³）；m_b 为米粒的质量（kg）；V_b 为米粒的体积（m³）。

基于米样容积密度和真密度的测量，米粒的孔隙率由式（3-9）计算[6]：

$$\phi = \frac{\rho_t - \rho}{\rho_t} \times 100\% \tag{3-9}$$

式中，ϕ 为米粒的孔隙率（%）。

米粒的千粒重 m_q 是检验米样质量、大小及饱满程度的指标。对每种碾磨度米样随机数出 1000 粒米粒，采用分析天平称量质量。每组试验重复 5 次，数据以均值±标准差的方式表征米粒的千粒重。

3. 米粒摩擦特性参数的确定

各碾磨度米粒与碾米机（不锈钢）接触面的静摩擦系数采用斜面法测量[8]。初始时刻，将米粒均匀摆放于静摩擦系数测量装置（图 3-5）顶端的刻度线处（与米粒接触的装置表面为不锈钢材质），然后缓慢提升设备，使其与水平面的倾角逐

渐增大，直至米粒开始滑落时停止提升设备，记录倾角 θ。每组试验重复 5 次，米粒静摩擦系数的计算公式为

$$\mu_s = \tan\theta \tag{3-10}$$

式中，μ_s 为米粒的静摩擦系数；θ 为米粒开始滑动时的倾角（°）。

3.2.3　结果与分析

使用 SPSS20.0 统计软件中单因素方差分析来分析碾磨度对米粒各物理属性参数指标的显著性（显著性水平 $P<0.05$）；采用 Tukey 检验进行米粒各物理属性参数间的多重比较（显著性水平 $P<0.05$）；不同碾磨度间米粒类别采用系统聚类法分析，方法为"组间连接"，度量标准为"二元欧氏距离的平方"；采用 Pearson 相关系数，双侧检验（t）法进行米粒物理属性参数间相关性分析；采用主成分因子分析法进行米粒碾磨度表征因子的筛选，因子旋转方法为最大方差法。

1. 米粒的擦离碾白特性

初始含水率为 15.5%的糙米原料擦离碾白成不同碾磨度的米粒，图 3-6 为米粒碾磨度随碾磨时间的变化图。

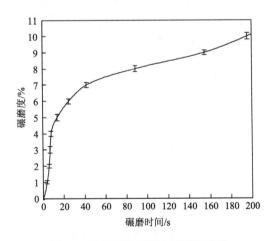

图 3-6　米粒碾磨度随碾磨时间变化

由图 3-6 可见，随着碾磨时间的进行，碾米曲线呈现非线性变化趋势，糙米原料碾磨程度的变化速率是不同的。当碾磨度小于 5%时，米粒皮层擦离程度剧烈，碾磨度变化速率呈线性增加，而当碾磨度大于 5%后，碾磨度增大速率减缓。米粒

皮层由外到内，其硬度和组织结构存在差异，而碾磨速率的变化源于米粒碾磨过程中米粒物理属性参数的改变[9]。碾磨度较小时，糙米表面被破坏，皮层变得粗糙、摩擦系数增加、摩擦力也相应增大，加之米粒皮层硬度降低，故擦离作用急剧增强，表现为碾磨度增大速率显著增加。而碾磨度较大时，米粒接近碾白，米粒表面较光滑、摩擦力较低、硬度的降低幅度也不明显，故擦离作用减弱，表现为米粒碾磨度增大速率减缓。

Wadsworth 曾指出，当米粒的碾磨度小于 10%时，多数籽粒仅存在皮层（糠层）的碾磨，而碾磨度大于 10%后，米粒将经历内部胚乳（淀粉层）的碾磨[10]。碾米是为实现糙米原料的去皮除糠，因而大于 10%的碾磨度既不利于出米，也会因过分碾磨而增大碾后碎米率。

图 3-7 为初始糙米原料及十种不同碾磨度下的米粒样品。随着碾磨程度的增加，米粒淡黄色皮层逐渐被擦离，米粒逐步被碾白。除颜色差异外，从米粒形态上未能直观看出碾白前后明显差异。从图中 3%碾磨度下的米粒样品可见，虽然大部分籽粒皮层仅被轻微擦离，但部分籽粒已经被碾白。这说明，碾米过程中，同一时刻下的米粒群中各米粒的碾磨程度是不均匀的，部分米粒可能会被"过碾"。

图 3-7　初始糙米原料及十种不同碾磨度下的米粒样品

同时从图 3-7 中也可以看出，米粒的碾磨度大于 5%之后，米粒的颜色差异很明显。这表明在 5%碾磨度前，米粒群中大部分米粒的糠层已被擦离去除，当碾磨度大于 5%后，米粒碾磨增大速率会减缓，这与图 3-6 中米粒碾磨度变化趋势一致。

2. 不同碾磨度下米粒的物理特性

不同碾磨度下米粒的物理特性参数如表 3-2 所示。由表可知，除真密度外，米粒的其他物理属性参数指标在碾米过程中均产生极显著变化（$P < 0.01$）。

具体而言，在几何形状参数方面，米粒的长度、宽度和厚度三个基本尺寸值均随碾磨度的增大呈减小趋势。当碾磨度达到 10%时，米粒的长度值减小约 6.6%，宽度值减小约 7.6%，厚度值减小达到 14.1%。这表明碾米作业时，米粒在厚度方向受到的碾白作用最剧烈，米粒碾白程度不均的部位可能会产生于背脊部。同时由多重比较可知，碾后米粒（尤其是高碾磨度下米粒）与糙米原料的三轴尺寸值间的差异均达到显著性水平（$P<0.05$）。米粒长宽比值在碾磨过程中随碾磨度的增大未呈现出明显变化趋势，这主要因为碾米过程中，米粒在长度和宽度两方向上受到的碾白作用相差不大。因而，不同碾磨度下米粒的长宽比值间的多重比较也未能呈现明显规律。由于米粒皮层的逐渐剥落，米粒的体积和表面积值随碾磨度的增加呈减小趋势，碾磨后的米粒与糙米原料的体积和表面积值间的差异显著，高碾磨度与低碾磨度下米粒的体积和表面积值间的差异也达到显著性水平。碾米过程中，米粒的轮廓和外形改变程度不大，表现为不同碾磨度下米粒的当量直径和球心度值变化幅度较小。Mohsenin 的研究表明，大多数农业散体物料的球心度值处于 $0.32\sim1^{[7]}$。本试验供试原料中，无论是糙米还是碾后白米制品，其球心度值均落入该范围内。部分碾磨度间米粒的当量直径和球心度值差异显著，但不同碾磨度下米粒的当量直径和球心度值的多重比较未能呈现明显规律。

表 3-2　碾米过程中米粒物理特性参数变化

指标	碾磨度（DOM）										
	0%	1%	2%	3%	4%	5%	6%	7%	8%	9%	10%
L^{**}/mm	5.932^{a} ±0.381	5.710^{b} ±0.227	5.708^{b} ±0.267	5.680^{bc} ±0.272	5.590^{bcd} ±0.276	5.700^{b} ±0.330	5.629^{bcd} ±0.285	5.509^{d} ±0.249	5.616^{bcd} ±0.290	5.552^{cd} ±0.262	5.542^{d} ±0.230
W^{**}/mm	2.398^{a} ±0.394	2.393^{a} ±0.119	2.392^{a} ±0.122	2.346^{ab} ±0.123	2.316^{abc} ±0.108	2.302^{abc} ±0.131	2.286^{bcd} ±0.130	2.305^{bcd} ±0.323	2.257^{cde} ±0.109	2.229^{de} ±0.102	2.215^{e} ±0.100
T^{**}/mm	1.754^{a} ±0.075	1.692^{ab} ±0.413	1.670^{b} ±0.076	1.651^{b} ±0.087	1.640^{bc} ±0.077	1.584^{cd} ±0.082	1.568^{abc} ±0.084	1.533^{de} ±0.088	1.528^{de} ±0.069	1.527^{de} ±0.082	1.506^{e} ±0.070
R_a^{**}	2.509^{b} ±0.291	2.386^{d} ±0.134	2.386^{d} ±0.140	2.421^{abcd} ±0.160	2.414^{acd} ±0.168	2.476^{acd} ±0.195	2.463^{abcd} ±0.175	2.390^{cd} ±0.190	2.488^{abd} ±0.186	2.491^{ab} ±0.170	2.502^{b} ±0.160
V^{**}/mm³	13.47^{a} ±3.68	12.47^{ab} ±4.34	12.32^{bc} ±1.28	11.87^{bcd} ±1.17	11.44^{cde} ±0.94	11.26^{de} ±1.18	10.94^{def} ±1.27	10.62^{ef} ±2.92	10.53^{ef} ±0.99	10.25^{f} ±0.85	10.04^{f} ±0.80
S^{**}/mm²	36.49^{a} ±4.39	34.48^{b} ±4.42	34.30^{b} ±2.45	33.62^{bc} ±2.28	32.72^{cd} ±2.04	32.92^{cd} ±2.57	32.23^{de} ±2.49	31.36^{ef} ±3.59	31.64^{def} ±2.23	31.02^{ef} ±1.89	30.70^{f} ±1.74
D_p^{**}/mm	2.94^{a} ±0.20	2.88^{b} ±0.21	2.87^{b} ±0.10	2.83^{bc} ±0.09	2.80^{cd} ±0.08	2.78^{cde} ±0.10	2.75^{def} ±0.11	2.73^{efg} ±0.17	2.72^{fg} ±0.08	2.70^{g} ±0.07	2.68^{g} ±0.07
φ^{**}	0.492^{ab} ±0.029	0.499^{a} ±0.029	0.497^{a} ±0.017	0.493^{a} ±0.019	0.495^{a} ±0.019	0.482^{bcd} ±0.022	0.484^{bcd} ±0.019	0.488^{abc} ±0.021	0.478^{cd} ±0.017	0.480^{cd} ±0.018	0.477^{d} ±0.017
ρ_t^{N}/(kg/m³)	1333.33^{a} ±0.01	1333.34^{a} ±0.01	1333.31^{a} ±0.00	1333.33^{a} ±0.02	1333.34^{a} ±0.00	1333.30^{a} ±0.00	1333.56^{a} ±0.01	1333.21^{a} ±0.05	1333.67^{a} ±0.00	1333.32^{a} ±0.00	1333.32^{a} ±0.00
ρ^{**}/(kg/m³)	761.27^{f} ±1.96	779.10^{e} ±0.92	783.69^{de} ±2.97	784.25^{d} ±3.99	810.16^{c} ±2.05	812.28^{c} ±0.06	814.35^{bc} ±1.07	819.5^{ab} ±2.75	822.39^{a} ±0.25	822.47^{a} ±1.20	824.45^{a} ±0.28
ϕ^{**}/%	42.90^{a} ±0.15	41.57^{b} ±0.07	41.22^{bc} ±0.22	41.18^{c} ±0.30	39.24^{d} ±0.16	39.08^{d} ±0.00	38.93^{de} ±0.08	38.53^{ef} ±0.21	38.34^{f} ±0.02	38.31^{f} ±0.09	38.16^{f} ±0.02

续表

指标	碾磨度（DOM）										
	0%	1%	2%	3%	4%	5%	6%	7%	8%	9%	10%
μ_S [**]	0.30^a ±0.01	0.29^a ±0.01	0.27^a ±0.01	0.27^a ±0.00	0.27^a ±0.01	0.26^a ±0.02	0.18^b ±0.04	0.18^b ±0.00	0.17^b ±0.02	0.16^b ±0.00	0.15^b ±0.01
m_q [**]/g	21.01^a ±0.07	20.98^a ±0.05	20.30^b ±0.03	20.03^c ±0.03	19.94^c ±0.01	19.53^d ±0.09	19.26^e ±0.04	19.14^{ef} ±0.06	19.00^f ±0.08	18.40^g ±0.13	18.25^g ±0.02

注：表中数据均用平均值±标准差表示；指标列右肩上**和 N 分别表示显著性差异极显著（$P<0.01$）和不显著($P>0.05$)；表格中同行数据间右肩小写字母含相同字母时表示组间差异不显著（$P>0.05$），字母不同时表示组间差异显著（$P<0.05$）。

　　在密度和质量属性参数方面，米粒的真密度值在碾米过程中变化不显著，这与刘昆仑等[11]的研究结果相同，同时不同碾磨度下米粒间的真密度值也未达到显著性差异水平。Varnamkhasti 等[12]比较过两种不同品种米粒间的物理属性参数，结果表明，不同品种米粒间的真密度值变化也不显著。米粒的容积密度是非常实用的参数，Nalladulai 等[13]指出，容积密度是设计料仓结构的依据，在精准农业中，容积密度常用来计算料仓内米粒的体积。碾米过程中，米粒的容积密度随碾磨度的增加而逐渐增大。由多重比较可知，高碾磨度与低碾磨度下米粒间的容积密度值达到显著性差异水平。由于容积密度的变化，碾米过程中，米粒的孔隙率值随碾磨度的增大呈现逐渐减小的趋势，高碾磨度与低碾磨度下米粒间的孔隙率值也达到显著性差异水平。Wratten 等测量得出含水率为 12%的米粒的孔隙率接近 60%[14]，本供试糙米原料（含水率为 15.5%）的孔隙率均值为 42.9%，而 10%碾磨度下白米的孔隙率均值仅为 38.16%，这表明相较于传统的稻谷储藏，白米储藏可很大程度地节省仓容。碾磨度越大，米粒的千粒重值越小，表明在不考虑碾米质量的条件下，碾磨度会影响碾米出米率，而且不同碾磨度下米粒间的千粒重值达到显著性差异水平。

　　在摩擦特性参数方面，碾米过程中米粒与不锈钢表面间的静摩擦系数随碾磨度的增大而逐渐降低，表明米粒皮层表面比米粒胚乳层粗糙，碾米过程中随着米粒表面摩擦系数的降低，擦离碾白作用会减弱，皮层的剥离难度增加。因而，高碾磨度下，米粒碾磨速率会减缓。本节中，米粒与不锈钢表面间的静摩擦系数处于 0.15～0.3，这与 Corrêa 等的研究结果基本一致[15]。由多重比较可知，5%碾磨度前米粒和 5%碾磨度后米粒的静摩擦系数值间存在显著性差异，这也肯定了图 3-6 中 5%碾磨度是米粒碾磨速率出现差异的转折点。

　　3. 米粒物理属性参数间及物理属性参数与碾磨度间相关性分析

　　碾米造成米粒众多物理属性参数的显著变化，物理属性参数间及物理属性参数与碾磨度间存在不同程度的相互关系。本试验根据碾米过程中米粒物理特性估算的米粒物理属性参数间及物理属性参数与碾磨度间的相关性系数如表 3-3 所示。

表 3-3 碾米过程中米粒物理属性参数间及物理属性参数与碾磨度间的相关性系数

指标	DOM	L	W	T	R_a	V	S	D_p	φ	ρ_t	ρ	ϕ	μ_s	m_q
DOM	1													
L	−0.817**	1												
W	−0.975**	0.743**	1											
T	−0.979**	0.845**	0.932**	1										
R_a	0.419	0.155	−0.542	−0.310**	1									
V	−0.977**	0.900**	0.946**	0.985**	−0.261	1								
S	−0.979**	0.903**	0.943**	0.987**	0.256	0.999**	1							
D_p	−0.988**	0.882**	0.959**	0.987**	−0.307	0.998**	0.999**	1						
φ	−0.871**	0.448	0.899**	0.844**	−0.757**	0.790**	0.788**	0.815**	1					
ρ_t	0.216	−0.004	−0.270	−0.226	0.353	−0.203	−0.187	−0.203	−0.374	1				
ρ	0.937**	−0.873**	−0.915**	−0.959**	0.247	−0.973**	−0.972**	−0.969**	−0.769**	0.234	1			
ϕ	−0.915**	0.830**	0.909**	0.935**	−0.295	0.947**	0.946**	0.946**	0.777**	−0.240	−0.993**	1		
μ_s	−0.965**	0.776**	0.918**	0.954**	−0.396	0.933**	0.939**	0.947**	0.842**	−0.311	−0.888**	0.866**	1	
m_q	−0.985**	0.785**	0.973**	0.961**	−0.450	0.962**	0.961**	0.971**	0.875**	−0.205	−0.917**	0.896**	0.950**	1

**表示两变量间极显著相关（$P < 0.01$）；其余表示两变量间相关性不显著（$P > 0.05$）。

由表 3-3 可知，除长宽比、真密度外，碾磨度与米粒其他物理属性参数间均呈极显著相关。其中，碾磨度与米粒几何形状参数呈极显著性负相关，即米粒几何形状参数值随碾磨度的增加而减小，碾磨度对米粒几何形状参数影响最大的是当量直径，其次是表面积和厚度。碾磨度与米粒密度和质量属性参数间，碾磨度与容积密度呈极显著正相关，与孔隙率和千粒重呈极显著负相关。碾磨度对米粒密度和质量属性参数影响最大的是千粒重，起到负相关效应，其次是容积密度，起到正相关效应。碾磨度与米粒静摩擦系数呈极显著负相关。

在碾米过程中，米粒的长度、宽度和厚度三个基本尺寸值两两之间呈极显著正相关。宽度和厚度间的相关性最大，两者相关性系数达到 0.932。其他几何形状参数均由该三个基本尺寸计算所得，因而多数参数间也呈现两两极显著正相关。值得注意的是，长宽比除了与厚度呈极显著负相关外，与其他几何形状参数不相关。这也说明碾米过程中，米粒的长度和宽度变化幅度差异小，两者的比值未能呈现一定规律性。

米粒的密度与质量参数中，真密度和其他密度与质量参数指标间均不相关，容积密度与孔隙率和千粒重均呈极显著负相关，孔隙率与千粒重间呈极显著正相关。容积密度和孔隙率的负相关性最大，达到−0.993，说明容积密度越大，单位质量米粒占有的实际体积越小。

整体而言，碾米过程中，米粒物理属性参数之间，长度与表面积正相关性最大，达到 0.903；宽度与千粒重正相关性最大，达到 0.973；厚度与当量直径或表面积正相关性最大，达到 0.987；长宽比与球心度负相关性最大，达到−0.757；体积与表面积正相关性最大，达到 0.999；表面积与体积或当量直径正相关性最大，达到 0.999；球心度与宽度正相关性最大，达到 0.899；真密度与其他参数均不相关，这也说明真密度为米粒的稳定遗传因素，与米粒生长环境及成熟度、饱满度有关，与米粒加工程度无关；容积密度与孔隙率负相关性最大，达到−0.993；孔隙率与体积正相关性最大，达到 0.947；静摩擦系数与厚度正相关性最大，达到 0.954；千粒重与当量直径正相关性最大，达到 0.971。

4. 米粒物理属性参数主成分分析

米粒的加工精度是隐性变量，可以通过长度、宽度、厚度等显性表征因子表述。为分析哪些表征因子直接由碾磨度决定，并构造米粒碾磨度这个隐性变量的表达式，本节采用主成分分析法将具有相关性的众多物理属性参数变量进行转化，尽可能提取原始物理属性参数的数据结构特征，得到的几个互相正交的新变量为原始物理属性参数变量的线性组合。

共同度占基础信息变量的比例统计如表 3-4 所示。首先采用主成分分析法对米粒物理属性参数变量的共同度进行统计分析，以揭示各变量中所含原始信息能被公因子所表示的程度。除长宽比和真密度外，其他物理属性参数指标共同度均大于 90%，这表明提取的公因子对各个物理属性参数变量的解释能力较强，即这些指标对碾磨度的变化影响较大。

表 3-4 共同度占基础信息变量的比例统计表

基础信息	共同度占基础信息变量的比例	基础信息	共同度占基础信息变量的比例
长度	0.972	球心度	0.949
宽度	0.966	容积密度	0.957
厚度	0.978	真密度	0.417
长宽比	0.878	孔隙率	0.918
当量直径	0.997	静摩擦系数	0.919
体积	0.996	千粒重	0.959
表面积	0.998		

接着，对物理属性参数指标进行主成分特征值分布统计，如表 3-5 所示。前两个主成分解释了原 13 个变量总方差的 91.571%，原变量信息丢失少，分析效果理想。在初始解中提取了 13 个主成分，因此原有变量的总方差均被解释，累积方差贡献率达 100%。

表 3-5　主成分特征值分布统计表

主成分	初始特征值			提取平方和载入			旋转平方和载入		
	合计	方差贡献率/%	累积方差贡献率/%	合计	方差贡献率/%	累积方差贡献率/%	合计	方差贡献率/%	累积方差贡献率/%
1	10.250	78.845	78.845	10.250	78.845	78.845	9.432	72.551	72.551
2	1.654	12.726	91.571	1.654	12.726	91.571	2.473	19.020	91.571
3	0.761	5.858	97.429						
4	0.175	1.343	98.772						
5	0.090	0.695	99.467						
6	0.048	0.370	99.837						
7	0.020	0.150	99.987						
8	0.001	0.008	99.995						
9	0.001	0.005	100.000						
10	1.2×10^{-5}	9.4×10^{-5}	100.000						
11	2.2×10^{-16}	1.7×10^{-15}	100.000						
12	-1.3×10^{-16}	-9.7×10^{-16}	100.000						
13	-3.9×10^{-16}	-3.0×10^{-15}	100.000						

同时，由主成分特征值分布图（图 3-8）可知，前两个主成分特征值较大，对解释原有变量的贡献大，之后各因子特征值都很小，对解释原有变量的贡献小，可忽略。根据确定主成分个数的一般原则，选取特征值大于 1 的特征值个数或选取累积方差贡献率大于 80% 时的特征个数为主成分个数。因此，提取前两个主成分最合适，并假定米粒碾磨度的变化主要由前两个主成分表征。

为突出两主成分代表的各物理属性参数指标，对前两个主成分的载荷矩阵进行最大方差法旋转，旋转后的因子载荷图和因子载荷矩阵表分别如图 3-9 和表 3-6 所示。

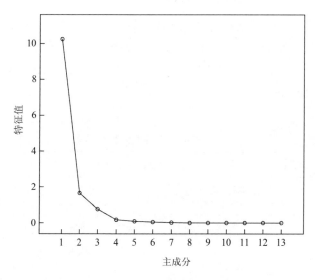

图 3-8　主成分的特征值分布图

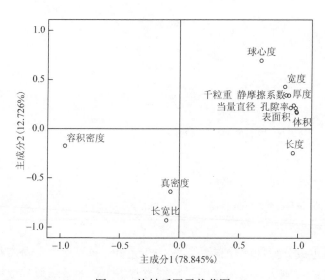

图 3-9　旋转后因子载荷图

表 3-6　旋转后因子载荷矩阵

物理属性参数	主成分 1	主成分 2
表面积	0.985	0.164
体积	0.983	0.174
当量直径	0.976	0.212
容积密度	−0.963	−0.173
厚度	0.960	0.239

续表

物理属性参数	主成分 1	主成分 2
长度	0.954	−0.247
孔隙率	0.934	0.214
千粒重	0.919	0.340
静摩擦系数	0.895	0.343
宽度	0.884	0.429
长宽比	−0.109	−0.931
球心度	0.684	0.694
真密度	−0.075	−0.642

由图 3-9 可以看出，主成分 1 提取了米粒几何形状、密度与质量及摩擦系数参数三方面的多个物理属性参数，其方差贡献率为 78.845%。而主成分 2 主要反映了米粒的真密度和长宽比的物理属性参数特征，其方差贡献率为 12.726%。由表 3-3 可知，碾磨度与真密度和长宽比间的相关性均不显著，由此判断在碾米过程中，米粒碾磨度的变化主要由除真密度与长宽比外的其他物理属性参数引起。为了分析后续碾米过程中碾磨度与物理属性参数综合指标间的变化状态，需对提取的两个主成分与物理属性参数建立联系，以构造出能代表众多物理属性参数的综合评价指标，为此首先采用回归法估计两个主成分的得分系数矩阵，如表 3-7 所示。

表 3-7　物理属性参数指标在两个主成分中的得分系数矩阵

物理属性参数	主成分 1	主成分 2
长度	0.176	−0.279
宽度	0.065	0.107
厚度	0.104	−0.010
长宽比	0.123	−0.501
当量直径	0.111	−0.027
体积	0.117	−0.049
表面积	0.119	−0.055
球心度	−0.004	0.284
容积密度	−0.115	0.047
真密度	0.085	−0.346
孔隙率	0.104	−0.020
静摩擦系数	0.080	0.058
千粒重	0.083	0.052

根据表 3-7,可以构建各主成分得分值与米粒物理属性参数间的线性关系表达式，有

$$F_1 = 0.176 f_1 + 0.065 f_2 + 0.104 f_3 + 0.123 f_4 + 0.111 f_5 + 0.117 f_6 + 0.119 f_7$$
$$- 0.004 f_8 - 0.115 f_9 + 0.085 f_{10} + 0.104 f_{11} + 0.080 f_{12} + 0.083 f_{13} \tag{3-11}$$

$$F_2 = -0.279 f_1 + 0.107 f_2 - 0.010 f_3 - 0.501 f_4 - 0.027 f_5 - 0.049 f_6 - 0.055 f_7$$
$$+ 0.284 f_8 + 0.047 f_9 - 0.346 f_{10} - 0.020 f_{11} + 0.058 f_{12} + 0.052 f_{13} \tag{3-12}$$

式中，f_i（$i=1,2,\cdots,13$）代表标准化的物理属性参数变量，$f_i = (X_i - \bar{X}_i)/\sigma_i$，其中，$X_i$ 表示物理属性参数变量，$\bar{X}_i$ 表示物理属性参数变量的均值，σ_i 表示物理属性参数变量的标准差。

根据式（3-11）和式（3-12）的分析与计算，可构建不同碾磨度下对应的变量主成分 1 与主成分 2 得分值统计量，如图 3-10 及表 3-8 所示。

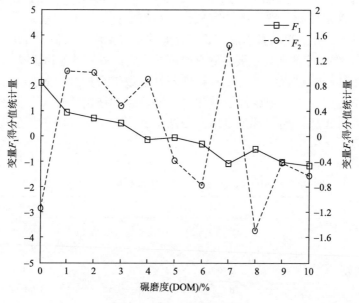

图 3-10　新构造变量变化图

表 3-8　新构造变量得分值统计量

碾磨度（DOM）/%	F_1（主成分 1）	F_2（主成分 2）
0	2.10772	−1.14222
1	0.93053	1.02214
2	0.70587	1.00308
3	0.51358	0.47513
4	−0.1334	0.90552

续表

碾磨度（DOM）/%	F_1（主成分 1）	F_2（主成分 2）
5	−0.04292	−0.38731
6	−0.31204	−0.77301
7	−1.08015	1.4366
8	−0.50886	−1.48727
9	−1.01939	−0.42325
10	−1.16094	−0.62942

如图 3-10 或表 3-8 所示，碾磨度在 0%～10%的变化过程中，主成分 1 综合指标 F_1 的得分值一直呈下降趋势，而主成分 2 综合指标 F_2 的得分值一直在−1.5～1.5 波动。

由图 3-10 也可看出，碾磨度与综合指标主成分 1 之间存在一定的非线性关系，为此采用最小二乘法建立两者间的三次多项式为

$$DOM \times 100 = 0.426F_1^3 + 0.044F_1^2 - 4.215F_1 + 4.704 \tag{3-13}$$

式（3-13）以碾磨度为因变量的回归模型拟合情况如表 3-9 所示，结果表明，回归模型显著，拟合情况良好（$R^2 = 0.931$）。

表 3-9　碾磨度回归模型拟合情况

	平方和	自由度	均方	F	P
模型	102.443	3	34.148	31.629	0.000
残差	7.557	7	1.080		
总变异	110.000	10			

5. 米粒破碎特性

为揭示米粒经擦离碾白后的破碎规律及特征，图 3-11 给出了碎米率随碾磨时间的变化情况。需要指出的是，本节仅关注米粒因所受机械应力超过其自身强度而引起的断裂。相关研究表明，随碾磨时间的延长，因米粒温度升高而使其受到的热应力超过其自身极限强度时，同样会造成米粒断裂[16, 17]。因此，为避免热应力引起米粒断裂，本节所选取的米粒碾磨时间为 150s。由图 3-11 可知，碎米率随碾磨时间的延长呈现出先快速增加后缓慢增加的趋势，在前 90s 就已接近 25%，表明米粒断裂大多数产生于碾白初期，该结果与前人的研究结果一致[18, 19]。

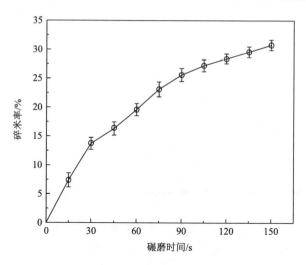

图 3-11　碎米率随碾磨时间的变化情况

　　为进一步明晰米粒破碎特性，同时考虑到破碎后米粒形态复杂且长短不一，故利用图像处理技术获取碎米长度[20]，以此对其形态进行定量表征。图 3-12 给出了基于图像处理方法的碎米长度测量过程。需注意的是，本试验对碾后所有碎米的特征尺寸均进行了测量，但为示意图像处理方法，仅显示了部分破碎后的米粒。首先，利用 MATLAB 软件读取碎米原始图像，如图 3-12（a）所示；然后进行灰度化处理，并得到碎米灰度图，如图 3-12（b）所示；将所获碎米灰度图像再进行二值化处理后得到碎米二值图，如图 3-12（c）所示；最后采用顶点链码与离散格林理论相结合的方法[21]，提取图像中目标的最小外接矩形，进而获取碎米特征尺寸用以确定其长度，如图 3-12（c）所示，图中虚线框即为该粒碎米的最小外接矩形，矩形的长度 L_B 即视为碎米长度。

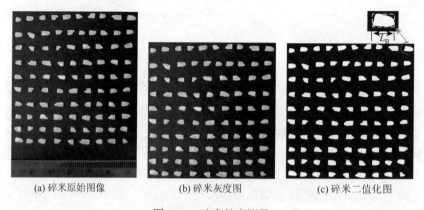

(a) 碎米原始图像　　　　　　　(b) 碎米灰度图　　　　　　　(c) 碎米二值化图

图 3-12　碎米长度测量

图 3-13 给出了碾后所有碎米的特征尺寸分布。需要指出的是，这里统计的是碾磨 150s 后米粒的破碎情况，与之相应的碾磨度为 10%。由图可知，该分布符合典型单峰分布特征，换言之，就所选取的糙米品种及碾米机类型而言，米粒破碎形态以断裂成两半为主（米粒的初始平均长度为 6.6mm），表明米粒在碾白过程中的破碎主要归因于中值裂纹的形成。此外，从图中还可看出，小于完整米粒平均长度的碎米所占的比例要比大于完整米粒平均长度的碎米所占比例多，这可能是由于大于完整米粒平均长度的碎米在碾白过程中发生二次及二次以上的断裂，但这部分断裂仅占有相对较小的比例。因此，基于以上分析可知，完整米粒在横式擦离式碾米机内大部分是单次破碎且断裂形式以两半为主。

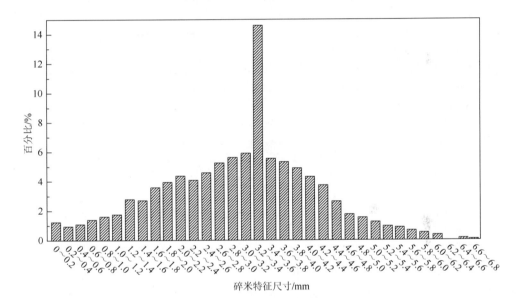

图 3-13　碎米特征尺寸分布

参 考 文 献

[1] 贾富国，邓华玲，郑先哲，等. 糙米加湿调质对其碾米性能影响的试验研究[J]. 农业工程学报，2006，22（5）：180-183.

[2] 白士刚，贾富国. 糙米加湿调质参数对整精米率影响的研究[J]. 中国粮油学报，2008，23（3）：1-3.

[3] 白士刚，贾富国. 糙米加湿调质参数对糙出白率的影响[J]. 中国粮油学报，2010，25（11）：1-4.

[4] 周祖锷. 农业物料学[M]. 北京：中国农业出版社，1994：5-106.

[5] 张洪霞. 稻米及米饭的力学流变学特性的研究及其应用探讨[D]. 哈尔滨：东北农业大学，2004.

[6] Jain R K, Bal S. Properties of pearl millet[J]. Journal of Agricultural Engineering Research, 1997, 66（2）：85-91.

[7] Mohsenin N N. Physical Properties of Plant and Animal Materials[M]. New York: Gordon and Breach Science Publishers, 1986.

[8]　Razavi S，Milani E. Some physical properties of the watermelon seeds[J]. African Journal of Agricultural Engineering Research，2006，13：65-69.

[9]　Lamberts L，Bie E D，Vandeputte G E，et al. Effect of milling on colour and nutritional properties of rice[J]. Food Chemistry，2007，100（4）：1496-1503.

[10]　Wadsworth J I. Rice：Science and Technology[M]. New York：Marcel Dekker Incorporated，1994.

[11]　刘昆仑，王丽敏，布冠好. 基于物理特性糙米聚类分析和主成分分析研究[J]. 粮食与油脂，2014，27（1）：56-60.

[12]　Varnamkhasti M G，Mobli H，Jafari A，et al. Some physical properties of rough rice（*Oryza Sativa* L.）[J]. Journal of Cereal Science，2008，47：496-501.

[13]　Nalladulai K，Alagusundaram K，Gayathri P. Airflow resistance of paddy and its byproducts[J]. Biosystems Engineering，2002，831：67-75.

[14]　Wratten F T，Poole W D，Chesness J L，et al. Physical and thermal properties of rough rice[J]. Transaction of the ASAE，1969，12（6）：801-803.

[15]　Corrêa P C，da Slilva F S，Jaren C，et al. Physical and mechanical properties in rice processing[J]. Journal of Food Engineering，2007，79（1）：137-142.

[16]　Liang J F，Li Z，Tsuji K，et al. Milling characteristics and distribution of phytic acid and zinc in long-，medium- and short-grain rice[J]. Journal of Cereal Science，2008，48（1）：83-91.

[17]　Rao R S N，Narayana M N，Desikachar H S R. Studies on some comparative milling properties of raw and parboiled rice[J]. Journal of Food Science Technology，1967，4：150-155.

[18]　Bhattacharya K R. Breakage of rice during milling，and effect of parboiling[J]. Cereal Chemistry，1969，46：478-485.

[19]　Matthews J，Abadie T J，Deobald H J，et al. Relation between head rice yields and defective kernels in rough rice[J]. Rice Journal，1970，73：6-12.

[20]　Swamy Y M I，Bhattacharya K R. Breakage of rice during milling：Effect of kernel defects and grain dimensions[J]. Journal of Food Process Engineering，1979，3：29-42.

[21]　Takai H，Barredo I R. Milling characteristics of a friction laboratory rice mill[J]. Journal of Agricultural Engineering Research，1981，26（5）：441-448.

第4章 碾米机参数对米粒碾白影响规律分析

本章采用离散元法数值模拟技术分析碾米机参数对米粒碾白的影响规律。为此，本章主要对离散元模拟碾米的前处理过程进行探究，对擦离式碾米机的核心参数进行分析。

4.1 碾米过程的离散元模型

4.1.1 米粒的离散元模型

在散体物料离散元建模中，虽有学者采用数字图像、CT（计算机断层扫描）等技术[1, 2]对物料轮廓进行精准测绘，但就农业散体物料而言，因其米粒间差异性大、外形轮廓复杂，一般采用圆颗粒聚合体的方法[3]来近似真实物料形状。

碾米前米粒几何特征可用长度（L, mm）、宽度（W, mm）、厚度（T, mm）表征，但为简化模型，可将米粒的外形视为轴对称的椭球体[4-8]，并以椭球体的长轴和短轴参数作为米粒几何特征值。基于此，采用 Markauskas 对米粒建模的方法[9]，米粒建模简图如图 4-1 所示，米粒的宽度 W、厚度 T 一般不相等，即 $W \neq T$。为了匹配椭球模型，利用第 3 章提及的图像采集方法，在选取的 100 粒粒径均匀的米粒中，测量其几何特征参数 L、W、T。

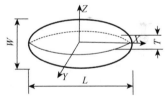

图 4-1 米粒建模简图

供试米样中米粒长度 L 为 4.9～6.8mm，平均值为 6mm，用该值作为简化后米粒椭球模型的长轴特征值。而短轴特征值可表示为

$$\beta = (W + T) / 2 \tag{4-1}$$

据式（4-1）计算，供试米样椭球模型的短轴为 1.8～2.4mm，平均值为 2mm，标准偏差为 0.04mm。

在离散元法中，常采用基本圆球进行多球填充建立米粒椭球模型，如图 4-2 所示，本节选取多球填充来近似米粒外形轮廓。多球多面构型完成后的米粒离散元三维模型如图 4-3 所示，多球聚合后的米粒简化模型已较为接近真实物料外形。

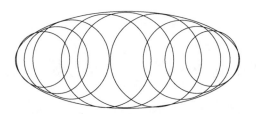

图 4-2　米粒椭球模型

图 4-3　米粒离散元三维模型

多球填充中，基本圆球间不产生接触内力，且各圆球体间体积和质量重叠量不进行重复计算。但仍可看出，采用多球多面构型后的米粒椭球模型不能与真实米粒轮廓完全贴合，仍会存在误差。即使在圆球填充前，采用类似数字图像、CT等先进技术获取米粒的真实外形轮廓，但因多球多面构型方法存在的误差，建立的米粒离散元模型也不可能完全与真实物料外形一致。原理上，通过提高基本圆球的填充数量能进一步逼近物料真实外形，但会显著降低后续模拟计算效率，因而考虑误差精度和模拟计算成本，填球数量需要灵活控制。

4.1.2　碾米过程离散元接触力学模型

碾米过程中，碾白室内米粒与米粒、米粒与碾米机部件间会有大量的接触碰撞产生。离散元接触模型的选取对碾米过程模拟结果的准确性有很大影响。常见的离散元接触力学模型有 Hertz-Mindlin、Hertz-Mindlin with RVD Rolling Friction、Hertz-Mindlin with JKR、Hertz-Mindlin with bonding、Linear Cohesion 等，且它们的适用范围各不相同。

考虑到碾米加工前米粒的含水率较低，一般低于 15%（湿基），米粒间的黏附力可忽略，可视为理想颗粒体，同时考虑模拟计算效率，本节选择 Hertz-Mindlin 接触力学模型[5, 6]作为计算碾米过程米粒接触力与力矩的离散元接触力学模型。该接触力学模型将米粒在空间受到的作用力分解至接触点的法向和切向两个方向，且基于 Hertz 接触理论计算法向力，基于 Mindlin 的无滑移模型计算切向力[10]。Hertz-Mindlin 接触力学模型如图 4-4 所示。

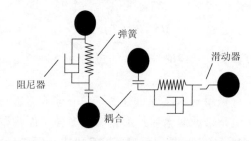

图 4-4　Hertz-Mindlin 接触力学模型

基于该接触力学模型，碾米过程中，米粒 i 主要受自身重力 $m_i g$ 和颗粒间法向碰撞力 F_n、法向阻尼力 F_d^n、切向碰撞力 F_t、切向阻尼力 F_d^t 的作用。根据牛顿第二定律，每个米粒的平动运动方程为

$$m_i \frac{\mathrm{d}v_i}{\mathrm{d}t} = m_i g + \sum_{j=1}^{n_i}(F_n + F_d^n + F_t + F_d^t) \tag{4-2}$$

式中，v_i 表示米粒 i 的移动速度；m_i 表示质量惯量；n_i 表示与米粒 i 接触的其他米粒数。

此外，颗粒还受到切向力矩 $\boldsymbol{T}_t$ 和滚动摩擦力矩 $\boldsymbol{T}_r$ 的作用，故每个米粒的转动运动方程为

$$I_i \frac{\mathrm{d}\omega_i}{\mathrm{d}t} = \sum_{j=1}^{n_i}(\boldsymbol{T}_t + \boldsymbol{T}_r) \tag{4-3}$$

式中，I_i 表示转动惯量；ω_i 表示米粒 i 的角速度。

接触力学模型采用弹簧-阻尼模型使米粒的受力同时具有弹性和非弹性接触的特征[11]。接触力犹如弹簧，作用是给两个正处于碰撞接触的米粒间提供一个相反的排斥作用力，而阻尼力犹如减振器，作用是消耗两个正处于碰撞接触的米粒间的一部分相对动能。

在接触点的法向方向，米粒受到的法向碰撞力 F_n 与法向阻尼力 F_d^n 共同决定了米粒的法向合力 F_{ntotal}，计算公式为

$$F_{\mathrm{ntotal}} = F_n + F_d^n = \frac{4}{3}E^*\sqrt{R^*\alpha^3} - 2\sqrt{\frac{5}{6}}\frac{\ln\varepsilon}{\sqrt{\ln^2\varepsilon+\pi^2}}\sqrt{S_n m^*}\,v_n^{\mathrm{rel}} \tag{4-4}$$

式中，E^* 为等效杨氏模量；R^* 为等效半径；α 为米粒的法向形变重叠量；ε 为恢复系数；S_n 为法向刚度；m^* 为等效质量；v_n^{rel} 为米粒间法向相对速度。

在接触点的切向方向，正处于碰撞的米粒间的切向运动造成了米粒具有切向相对速度，从而米粒在切向接触面产生了弹性切向形变，而阻尼器消耗一部分因切向运动产生的能量，以此模拟米粒在切向接触面的塑性切向形变。切向碰撞力 F_t 与切向阻尼力 F_d^t 共同决定了米粒的切向合力。但米粒的切向合力除考虑弹性力及阻尼力外，还需兼顾库伦摩擦力的限制。因而，切向合力 F_{ttotal} 的计算公式如下：

$$F_{\mathrm{ttotal}} = \begin{cases} F_t + F_d^t = -S_t\delta - 2\sqrt{\dfrac{5}{6}}\dfrac{\ln\varepsilon}{\sqrt{\ln^2\varepsilon+\pi^2}}\sqrt{S_t m^*}\,v_t^{\mathrm{rel}}, & \|F_t + F_d^t\| \leqslant \|F_c\| \\ F_c = \mu_s F_n, & \|F_t + F_d^t\| > \|F_c\| \end{cases} \tag{4-5}$$

式中，S_t 为切向刚度；δ 为米粒的切向形变重叠量；v_t^{rel} 为米粒间切向相对速度；F_c 为库伦摩擦力；μ_s 为静摩擦系数。

上述米粒的法向合力和切向合力计算公式中，涉及的其他参量表达式详见表4-1。

表 4-1　用于接触力学模型中的参量表达式

名称	符号	表达式
法向刚度	S_n	$2E^*\sqrt{R^*\alpha}$
切向刚度	S_t	$8G^*\sqrt{R^*\delta}$
等效杨氏模量	E^*	$\dfrac{1}{R^*}=\dfrac{1}{R_i}+\dfrac{1}{R_j}$
等效半径	R^*	$\dfrac{1}{E^*}=\dfrac{1-\upsilon_i^2}{E_i}+\dfrac{1-\upsilon_j^2}{E_j}$

注：G^* 为等效剪切模量；υ_i 和 υ_j 为接触的两颗粒的泊松比；R_i 和 R_j 为接触的两颗粒的半径。

米粒在碾米机内的旋转是由米粒受到的切向力矩和滚动摩擦力矩共同决定的。其中，切向力矩 T_t 是由米粒在碰撞接触点处的切向力造成的；而滚动摩擦力矩 T_r 是由米粒受到的摩擦力引起的，且在涉及颗粒流由静态向动态转变的模拟研究中，滚动摩擦力矩可起到的作用不可忽视[12]。

两个力矩的计算公式如下：

$$T_t = R_i \times (F_t + F_d^t) \tag{4-6}$$

$$T_r = -\mu_r F_n R_i \frac{\omega_i}{\|\omega_i\|} \tag{4-7}$$

式中，R_i 为颗粒 i 质心到接触点的距离矢量；μ_r 为滚动摩擦系数。

4.1.3　碾米过程离散元参数

由 4.1.2 节的离散元接触力学模型分析可知，模拟碾米过程时，需要确定米粒与碾米机（不锈钢）的泊松比、剪切模量和密度等力学参数，同时需要确定米粒间和米粒与碾米机间的恢复系数、静摩擦系数、滚动摩擦系数等接触参数。这些离散元模拟中所需的物理力学特性参数如表 4-2 所示。

表 4-2　离散元模拟中所需的物理力学特性参数

参数	数值
米粒泊松比	0.25
碾米机（不锈钢）泊松比	0.29
米粒剪切模量/MPa	375

续表

参数	数值
碾米机（不锈钢）弹性模量/MPa	75000
米粒密度/(kg/m³)	1350
碾米机（不锈钢）密度/(kg/m³)	8000
米粒间恢复系数	0.6
米粒与碾米机间恢复系数	0.5
米粒间静摩擦系数	0.43
米粒与碾米机间静摩擦系数	0.3
米粒间滚动摩擦系数	0.023
米粒与碾米机间滚动摩擦系数	0.02

需说明的是，上述参数中，米粒间静摩擦系数及米粒间滚动摩擦系数为较难确定的参数。为此，本节将重点分析这两个参数的确定过程。其他参数为农业物料中常见且常规的易测量物理力学参数，本节主要借鉴涉及米粒离散元参数的文献[13]和[14]及第 3 章的测量方法来确定这些参数。

1. 米粒间静摩擦系数

本节采取自制静摩擦系数测量装置（图 3-5）测定米粒间的静摩擦系数，具体测量过程如下：首先水平安放该装置，并在装置顶端平面上采用黏结剂均匀粘一层米粒（注意黏结剂不能渗到米粒表面，不影响米粒表面黏附性）；然后将待测椭球形米粒样品放置在粘后的米粒板上，同时缓慢提升装置的顶端平面，当米粒刚好下滑时，停止提升装置，并记录提升倾角 θ，故米粒间的静摩擦系数为 $\mu_s = \tan\theta$。对测定结果取平均值，可得出供试米粒间的静摩擦系数为 0.43。

2. 米粒间滚动摩擦系数

目前还没有成熟的测量设备来测量米粒间的滚动摩擦系数，故拟采用系数标定方法来测量米粒间的滚动摩擦系数，即通过调节待测系数的取值，基于离散元法来模拟米粒群的一个简单流动系统，当模拟结果与试验结果接近时，可认为该组取值为待测系数的标定值。

图 4-5 为米粒间滚动摩擦系数标定的离散元模拟平台，该平台由两部分构成，底端为直径 150mm、高 30mm 的圆柱盘，上端为直径 16mm、高 160mm 的圆柱管。

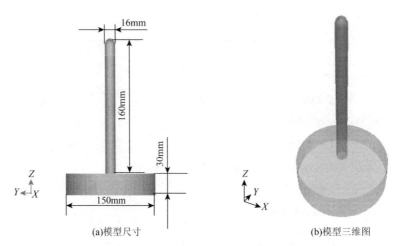

(a)模型尺寸　　　　　　　　　　　　　(b)模型三维图

图 4-5　米粒堆积过程模拟模型

　　模拟开始前，先在底端圆柱盘静态生成椭球米粒（约 4600 粒），并且调整上端圆柱管 Z 轴方向上的位置，使圆柱管刚好与盘内生成的米粒接触，接着在管内生成 20g 米粒（约 520 粒）。待两部分米粒生成完毕后，让圆柱管以 0.05m/s 的速度向 Z 轴正方向移动。管内颗粒将在重力作用下与盘内颗粒接触，这个过程主要存在米粒间的接触作用，应避免因不同接触面材质、粗糙度带来的堆积体的变化，在达到稳定状态时，最终形成的圆锥形米粒堆能综合反映米粒间的力学参数。圆锥形堆体高度为 Z 轴正方向，整个过程属于"点源式"堆积接触，米粒堆积模拟过程如图 4-6 所示。如图 4-6（c）所示，堆积角 θ_d 定义为米粒堆侧边轮廓与盘内颗粒水平面间的夹角，堆积角是研究颗粒物理属性，尤其是研究颗粒摩擦系数时常用的测量参数[15-17]。

  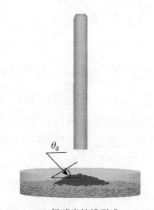

(a) 圆柱盘及圆柱管内米粒生成　　(b) 圆柱管与圆柱盘内米粒产生接触　　(c) 椭球米粒堆形成

图 4-6　米粒堆积模拟过程

标定米粒间滚动摩擦系数时，首先使其他离散元所需值取表 4-2 中固定值，然后通过调节米粒间的滚动摩擦系数，模拟多组米粒堆积成堆的过程，获取模拟中米粒堆的堆积角，当堆积角模拟值与试验值误差不超过 5%时，该预设滚动摩擦系数即为离散元所需参数值，为此需要进一步研究滚动摩擦系数对米粒堆积特性的影响。

值得注意的是，米粒堆积成堆过程中，圆柱管的提升速度也会对堆积形态产生影响。从不同提升速度下的米粒堆积形态图（图 4-7）可以看出，随着提升速度从 0.03m/s 增加到 0.07m/s，颗粒堆中心堆体轮廓基本一致，在速度较高时，中心轮廓出现扰动，圆形状形态被打破。在速度逐渐增加的同时，米粒堆的边缘颗粒逐渐扩散，从图 4-7（c）和图 4-7（d）可以看出，当提升速度为 0.07～0.09m/s 时，米粒堆体边缘扩散现象已经很明显。

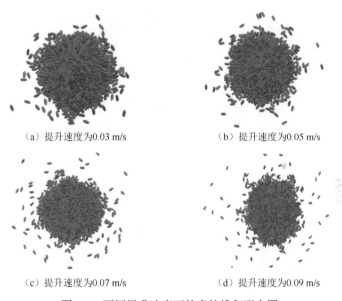

（a）提升速度为0.03 m/s　　　　　　　　（b）提升速度为0.05 m/s

（c）提升速度为0.07 m/s　　　　　　　　（d）提升速度为0.09 m/s

图 4-7　不同提升速度下的米粒堆积形态图

基于上述现象，为避免米粒堆积体发生过大扩散，影响后续堆积角的测量，进而影响米粒间滚动摩擦系数的标定精确性，必须使圆柱管提升速度小于 0.07m/s。虽然较小的提升速度可以保证堆积后米粒堆体的稳定性，但在离散元仿真中，过小的速度会延长模拟时间，增加模拟计算量，当模拟系统较大时，不宜采用过小的提升速度。因此，采用李勤良[18]提出的几何体提升速度，即 0.05m/s。从图 4-7（b）可以看出，该速度下米粒堆体边缘扩散较小、形态结构较完整。

如图 4-8 所示，在获取各滚动摩擦系数下的米粒堆后，堆积角的测量采用图像处理技术，具体方法如下。

（1）将圆盘中米粒堆图像对称分为左右两侧，采用 MATLAB 软件读取米粒堆单侧图像，并以灰度图显示，如图 4-8（a）所示。

（2）将米粒堆单侧图像二值化，并搜索图像边界，如图 4-8（b）所示。

（3）选取米粒堆坡度边界，并对选取的米粒堆单侧轮廓边界进行最小二乘法线性拟合，获取拟合方程，得到方程斜率 k，如图 4-8（c）所示，方程中 x、y 代表的分别是图像的水平、垂直像素点，不具有实际量纲，但采取图像像素点为坐标系，该方程能描述图像轮廓的线性趋势，而方程的斜率通过公式推导，恰能反映具有实际意义的堆积角大小。最终堆积角计算公式如下[18]：

$$\theta_{\mathrm{d}} = \frac{\arctan|k| \times 180°}{\pi} \tag{4-8}$$

式中，θ_{d} 为米粒堆积角（°）；k 为斜率。

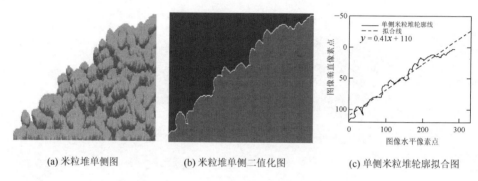

(a) 米粒堆单侧图　　　　(b) 米粒堆单侧二值化图　　　　(c) 单侧米粒堆轮廓拟合图

图 4-8　米粒堆积角数值测量

为重点分析米粒间滚动摩擦系数对堆积特性的影响，将米粒间的滚动摩擦系数 μ_{r} 分别设置为 0.0005、0.001、0.01、0.015、0.02，其他参数参照表 4-2，基于离散元法，采用图 4-6 所示方法，得到五种不同的米粒堆。结果表明，随着米粒间滚动摩擦系数的增大，堆积角也逐渐增大，这与文献[19]中采用圆球谷粒形成的谷粒堆的变化趋势相同。

由于米粒堆积的过程具有一定的随机性，为了保证堆积角测量的精确性，分 4 个方向利用图像处理技术测定不同方向和米粒间滚动摩擦系数条件下米粒堆积角，结果如表 4-3 所示。

表 4-3　不同方向和米粒间滚动摩擦系数条件下堆积角测量值

米粒间滚动摩擦系数 μ_{r}	X 轴正方向/(°)	X 轴负方向/(°)	Y 轴正方向/(°)	Y 轴负方向/(°)	平均值/(°)
0.0005	17.12	17.11	18.02	18.26	17.63
0.001	17.62	19.36	18.14	20.07	18.80

续表

米粒间滚动摩擦系数 μ_r	X轴正方向/(°)	X轴负方向/(°)	Y轴正方向/(°)	Y轴负方向/(°)	平均值/(°)
0.01	18.73	19.59	20.68	21.44	20.11
0.015	20.08	20.06	24.74	24.39	22.32
0.02	22.16	22.64	23.62	22.49	22.84

由表 4-3 可以看出，随着米粒间滚动摩擦系数的增加，堆积角呈线性增大趋势。这与 Nakashima 等[20]的研究结果相同。将表 4-3 中堆积角平均值与米粒间滚动摩擦系数进行线性拟合，得到拟合直线方程为

$$\theta_d = 239.69\mu_r + 17.987 \tag{4-9}$$

式中，θ_d 为米粒堆积角（°）；μ_r 为米粒间滚动摩擦系数。

以堆积角为因变量的回归模型拟合情况见表 4-4，结果表明，预测回归模型显著，拟合情况良好（$R^2 = 0.961$）。

表 4-4　堆积角回归模型拟合情况

	平方和	自由度	均方	F	P
模型	16.879	1	16.879	73.871	0.003
残差	0.685	3	0.228		
总变异	17.565	4			

上述分析可以看出，米粒间摩擦系数对米粒堆积角影响较明显，为此，有必要分析米粒的堆积特性。每组模拟中，圆柱管中米粒从 0.4s 开始与圆盘内米粒接触，到 1.3s 时圆盘内米粒堆达到稳定状态。

图 4-9（a）为稳定状态时米粒堆的俯视图，可以看出，堆体俯视投影面不是连续的圆面，在堆体边缘的米粒比较分散，而靠近边缘区域是连续的圆面。若将包含 95%堆体米粒数目的圆作为堆体俯视图的边界圆，将密相区域的圆作为堆体俯视图的连续圆，两圆之间将存在间隙 ς。

图 4-9（b）为米粒间滚动摩擦系数与间隙 ς 的关系，可以看出，随着米粒间滚动摩擦系数的增大，两圆间的间隙呈减小趋势。表明滚动摩擦系数较低时，在堆积过程中，边界米粒受到中心米粒的排挤作用，边界米粒扩散更明显。相比而言，较大的滚动摩擦系数不利于边界米粒的扩散，米粒会向 Z 轴方向即米粒堆的高度方向堆积。这也解释了为什么堆积角会随米粒间滚动摩擦系数的增大而增大。

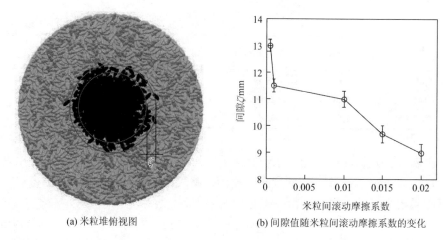

(a) 米粒堆俯视图　　　　　(b) 间隙值随米粒间滚动摩擦系数的变化

图 4-9　米粒间滚动摩擦系数对堆积特性的影响

为了进一步阐释上述规律，选取米粒间滚动摩擦系数为 0.001、0.015 和 0.02 这三种情况，分别给出堆积过程中圆柱管内米粒旋转动能随堆积时间的变化曲线，如图 4-10 所示。

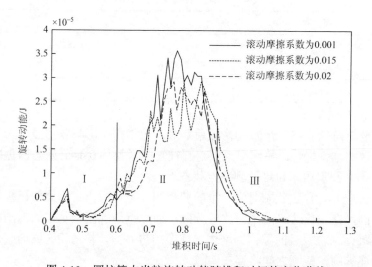

图 4-10　圆柱管内米粒旋转动能随堆积时间的变化曲线

从图 4-10 及米粒堆积模拟过程分析，米粒的堆积过程分为三个阶段：阶段 I（0.4～0.6s），管内米粒处于初始落料阶段，米粒间的滚动摩擦系数对米粒转动影响不大，并且米粒流的运动是由滑动和滚动共同作用的，对椭球米粒而言，在长轴方向以滑动为主，在短轴方向以滚动为主。在落料堆积初始阶段，受自平衡及管状几何体的限制，大部分米粒处于长轴方向，因而堆积开始时，米粒间的滑动起主要作用，旋转动能变化不明显，微小差异源于落料形式及米粒接触碰撞的随机性。阶段Ⅱ（0.6～0.9s），米粒开始脱离圆管，处于成堆阶段，米粒间接触作用剧烈，中心米粒对边界米粒排挤，故此阶段不同滚动摩擦系数下米粒的旋转动能变化明显，即滚动摩擦系数较小时，米粒具有较大的旋转动能，而且边界米粒的扩散能力明显增大。阶段Ⅲ（0.9～1.3s），米粒堆形成，米粒处于稳态阶段，此阶段主要以堆体上米粒姿态调整运动为主，不会出现堆体的扩散，故不同滚动摩擦系数下米粒的旋转动能变化不明显，并且随堆积时间延伸，米粒的旋转动能消失，形成稳定堆体。

如前所述，已模拟五种不同滚动摩擦系数下米粒的小规模堆积过程，建立了堆积角与滚动摩擦系数的关系，分析了米粒堆积特性。为完成滚动摩擦系数的标定，进行了供试糙米物料的堆积试验，试验操作与模拟过程一致。堆积试验后测定真实米粒的堆积角为23.49°，根据式（4-9）计算出模拟中椭球米粒间滚动摩擦系数为0.023。

为对标定的米粒间滚动摩擦系数进行验证，采取该滚动摩擦系数值再次进行堆积模拟试验，米粒经筛分挑选，确保粒径与模拟过程中米粒模型外观接近。图 4-11为米粒堆积试验与模拟对比，从堆积的形态上来看，二者较为接近，但模拟图较真实米粒堆积图在坡面的平滑性上有细微差别，这源于模拟过程中米粒都为同一粒径，而试验中米粒虽经筛分，但粒径仍具有一定的分散性。表 4-5 列出试验与模拟堆积角 θ 及间隙 ς 对比，可以看出，采取标定后的米粒间滚动摩擦系数后，模拟结果接近试验值，堆积角及间隙值误差均小于5%，说明了拟合模型建立的有效性，也证明了通过离散元模拟进行参数标定的方法对米粒物料不易测量参数确定的可行性。

(a)试验

(b)模拟

图 4-11　米粒堆积试验与模拟对比

表 4-5　试验与模拟参数对比

对比参数	方式	
	试验	模拟
堆积角/(°)	23.49	23.59
间隙/mm	8.72	8.49

米粒间滚动摩擦系数标定测量方法适用于表面无游离水（低含水率）、粒径均匀的米粒物料。随着计算能力的提升和接触力学模型的改进，该方法将用于含湿且不规则的米粒物料难测量系数的标定。

4.2　立式擦离式碾米机的离散元模型

立式碾米机模型是参照实验室级立式擦离式碾米机（SY95-PC＋PAE5）测绘后建立的。图 4-12（a）为立式碾米机模型的结构示意图，由图可知，立式碾米机模型主要由转轴、套筒、料仓和米筛四部分构成，其中，转轴包含下部的螺旋喂料部分和上部的凸筋碾磨部分，米筛与转轴的上部构造出了米粒的碾磨空间，即碾磨区。碾磨区的颗粒微观运动、动力特性不仅关系到米粒的碾磨质量，而且影响碾米机的功耗和部件寿命等性能参数。由此可见，碾磨区是碾米机中最为核心的区域。

为了适应各类碾米机的需要，碾米机械领域已经发展出了各式各样的米筛设计样式，这些米筛通过改变筛筒的长度、内径和截面形状等来满足碾白室的各种功能需求。本节以米筛的截面形状为切入点，主要关注米筛截面形状对碾白室内米粒的各种动态行为特性的影响。为此，数值模拟试验中的立式碾磨设备模型配置了不同截面形状的米筛，包括正多边形米筛（边数是 5~12）和圆形米筛等 9 种米筛，图 4-12（b）是正八边形米筛和圆形米筛的俯视图。另外，为了使不同截面形状米筛条件下的数值模拟试验具有可比性，配置不同截面形状米筛的碾白室的空腔体积应当保持一致。因此，在转轴结构不变的条件下，不同截面形状米筛的筛筒长度和横截面面积应当保持一致。为了确保不同截面形状的米筛具有相同的横截面面积，根据正多边形的几何属性，正多边形米筛的外接圆半径 R_s（图 4-12（c））应当满足以下公式：

$$R_s = \left(\frac{2A}{\xi \sin \frac{2\pi}{\xi}} \right)^{\frac{1}{2}} \tag{4-10}$$

式中，A 和 ξ 分别为基准截面面积和正多边形米筛的边数，其中，基准截面面积参考了实验室级立式碾米机（SY95-PC＋PAE5）的正八边形米筛截面面积。此外，圆形米筛的情况在运用式（4-10）时可视为有无数条边的正多边形米筛。

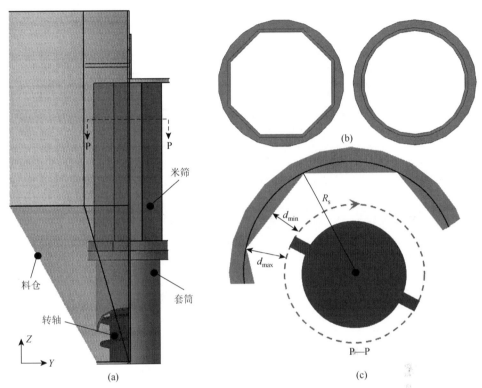

图 4-12　立式碾米机模型结构示意图

d_{min} 为凸筋与米筋间的最小间隙；d_{max} 为凸筋与米筋间的最大间隙

模拟仿真中使用的立式碾米机模型的几何结构参数见表 4-6。其中，各类米筛的外接圆半径是在已知基准截面面积和米筛边数的情况下，根据式（4-10）进行计算的。其他的结构参数参考了前面提及的实验室级立式碾米机。本节使用的设备几何模型首先采用 CATIA 进行绘制和装配，并导入 EDEM。

表 4-6　立式碾米机模型中的几何结构参数

结构	参数	数值
料仓	直径 D_b/mm	82
	高度 L_b/mm	180
	基准截面面积 A/mm^2	946.18
米筛	外接圆半径 R_s/mm	19.9487（正五边形米筛）
		19.0836（正六边形米筛）

续表

结构	参数	数值
米筛	外接圆半径 R_s/mm	18.5950（正七边形米筛）
		18.2900（正八边形米筛）
		18.0862（正九边形米筛）
		17.9429（正十边形米筛）
		17.8382（正十一边形米筛）
		17.7593（正十二边形米筛）
		17.3545（圆形米筛）
转轴	螺距 L_{sc}/mm	12
	螺杆直径 D_{sc}/mm	30
	光轴半径 r_g/mm	10
	轴高 L_{sh}/mm	140
	凸筋高度 H_r×宽度 D_r×厚度 L_r	80mm×3.5mm×4.2mm
出料口	出料口开度 L_o/mm	8
套筒	套筒内径 D_c/mm	32.2
	套筒高度 L_c/mm	58

4.2.1　立式擦离式碾米机碾白模拟过程

在碾米加工的模拟过程中，颗粒工厂设置在料仓内的中上部（$h=120$mm），颗粒在重力的作用下开始落料。为了节约计算和存储资源，并加快模拟进程，设置下落的颗粒具有 1m/s 的竖直向下的初速度。经过一段时间后落料完毕，6000 颗椭球颗粒在料仓内形成了稳定的堆积层（图 4-13（a）），随后转轴以设定的碾米辊转速开始转动，转轴下部的螺旋喂料结构将椭球颗粒带入套筒，颗粒在螺旋作用下进入碾白室，在碾白室经历一段时间的碾磨后由上端的出料口排出，最终进入碾白室的颗粒数和排出碾白室的颗粒数近似相等，此时颗粒流在碾白室内形成宏观的动态平衡状态（图 4-13（b））。整个模拟过程中，EDEM 通常每隔 0.01s 自动记录每个颗粒的位置、受力、速度等信息。在计算机配置 Intel 2.4GHz Xeon PC 的情况下，完成 1s 模拟过程的求解时间大约为 6h CPU 时间。

4.2.2　立式擦离式碾米机离散元模型验证

在进行具体工况下的碾米模拟试验前，首先需验证离散元碾米过程的有效性。为此，本节采取在一致条件下实时比较碾米试验及模拟过程中碾米机消耗功率的方法来验证离散元模型。用功率比较来验证离散元模型是一种便捷通用的方法。

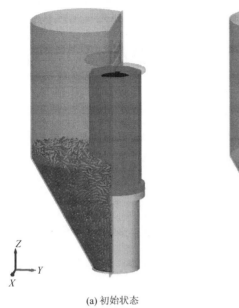

(a) 初始状态　　　　　　　　　　(b) 工作状态

图 4-13　碾米加工过程的米粒流演变

在模拟中，功率的计算根据 Jayasundara 等的方法[21]实现，米粒与碾米辊每次发生接触碰撞时都会在碾米辊上产生力矩，在单个时间步长内，所有力矩的叠加即为碾米辊在特定时刻下受到的总力矩，将总力矩与碾米辊的转速相乘即为碾米机在特定时间步长下的功率值。

在碾米试验中，碾米机的实时功率值通过功率计（PM001 型功率计量仪，显示范围为 0.5～2200W，宁波华顶电子科技有限公司）获取。采样的实时功率值要减去碾米机空载运行时电机消耗的平均功率值。由于功率计采样频率的限制，试验中每间隔 1s 实时提取一次碾米机消耗功率值。

图 4-14 为两种出料口开度下，在 7s 碾米时间内，碾米机实时消耗功率的模拟值与试验值对比。从图中可以看出，3s 后，无论是试验值还是模拟值，碾米机消耗功率在数值上均达到稳定，这也表明米粒已经在碾米机内进行周期性碾白运动。当出料口开度处于 8mm（出料口完全打开）时，碾米机实时消耗功率的模拟值与试验值具有较好的一致性。但是当出料口开度处于 0mm（出料口完全关闭）时，碾米机实时消耗功率的试验值始终高于模拟值，可能是因为模拟中一些能耗未被考虑，如碾米噪声、碾米产生的热能及米粒去皮和破碎时消耗的能量。

在真实碾米试验时，上述猜测原因会被明显观测到，尤其是当碾米过程在较小出料口开度条件进行时，碾米机会产生剧烈振动。因此，这些未在模拟中计算的能耗可能是造成模拟与试验差异的主要原因。然而，碾米机实时消耗功率的模拟值与

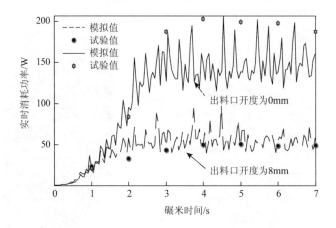

图 4-14　两种出料口开度下碾米机实时消耗功率的模拟值与试验值对比（碾米辊转速为 1400r/min）

试验值在整体变化趋势上具有一致性，这也间接证实了离散元模拟碾米过程的有效性及可行性。

　　为了进一步验证所用模型的可靠性，本节比较了一致条件下仿真试验和实际碾米试验的无量纲停留时间分布。颗粒停留时间的无量纲处理方式为 $\theta = t / \bar{t}$ [22]，这是一种较为便捷的模型验证方式。

　　在碾米试验中，所用设备是前面已提及的立式碾米机（SY95-PC + PAE5），它与仿真试验的设置一样，配置了正八边形米筛，碾米辊转速为 1400r/min，出料口开度设定为 8mm。在碾米机开始运行前，约 60 颗染色米粒均匀地分布在普通米粒堆积层的表面（图 4-15（a）），随后转轴开始转动并开始计时，一段时间后，这些染色米粒会被送入碾白室，然后从立式碾米机上端的出料口排出，染色米粒重新落到米粒层表面（图 4-15（b））的时刻将会被记录下来。为了避免流转较快的

(a) 初始状态

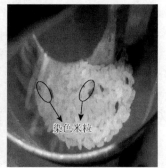

(b) 工作状态

图 4-15　料仓内的染色米粒

染色米粒出现重复记录的情况,试验中仅记录较早排出的 40 颗染色米粒的数据。整个碾米试验过程用频率为 30Hz 的摄影机进行了录像,所拍摄的影像经逐帧分析,最终获得各染色米粒在碾米机内的停留时间。另外,仿真试验数据也在对应的条件下获取,且仿真试验中有条件选取数量较多的示踪米粒。

图 4-16 是碾米试验和仿真试验的米粒无量纲停留时间分布的对比,图中结果表明,仿真试验和碾米试验的无量纲停留时间分布曲线在整体趋势上较符合,峰值都出现在无量纲停留时间约为 0.75 的位置,且仿真试验的峰值更大。尽管两个系统在很多方面采用了相同的配置和参数,但是它们并非完全一样。两个停留时间分布曲线间出现的一些差异也许可以归咎于两个系统在米粒外形上的差异及仿真试验中无法模拟声和热等能量消耗。然而,碾米试验和仿真试验的无量纲停留时间分布曲线在整体变化趋势上的一致性证实了离散元模型的有效性。

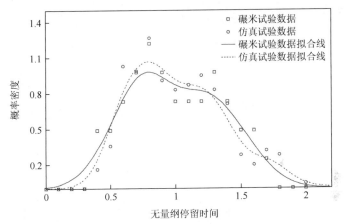

图 4-16　碾米试验和仿真试验的米粒无量纲停留时间分布

比较无量纲停留时间分布的验证方法是一种间接的验证方式。本节主要关注碾白室内的颗粒运动、动力学规律,然而由于碾白室的不透明性和碾磨环境的复杂性,目前仍然很难直接观测碾白室内的颗粒行为。因此,一种折中的方法是比较一些易于测量的宏观参数(如卸料率[23]、功率消耗[24]和停留时间等)来间接地验证仿真模型。未来的研究工作应当在模型的直接验证方式方法上有更多的尝试,例如,通过仅观测碾磨设备内一个切片区域的方式来实现设备的降维简化,从而直接观测到颗粒流型等微观信息。

4.2.3　出料口开度对米粒运动特性的影响

本节主要分析出料口开度对米粒运动特性的影响。如图 4-17 所示,当碾米腔内的米粒流稳定后,提取不同出料口开度下碾米腔内米粒速度与总力的空间分布,图中米粒的颜色深浅表征速度值或总力值的大小。为了对比分析，各出料口开度下的速度或力限定了相同的图例尺寸范围，速度取值为 0～3m/s，总力取值为 0～0.14N。

比较图 4-17 可发现，无论是在速度还是总力上，具有峰值的米粒数目随出料口开度的不同而变化。随着出料口开度的增加，具有速度峰值或是总力峰值的米粒数目均逐渐减少。

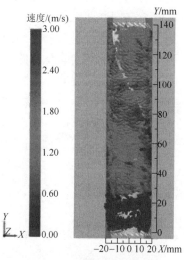

(a) 2.2mm出料口开度下米粒速度分布

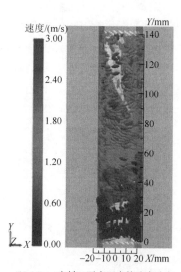

(b) 4.4mm出料口开度下米粒速度分布

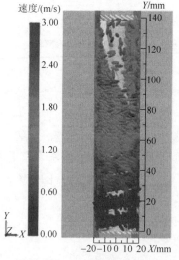

(c) 8mm出料口开度下米粒速度分布

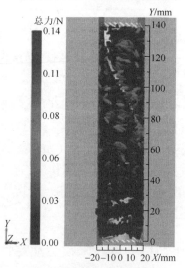

(d) 2.2mm出料口开度下米粒总力分布

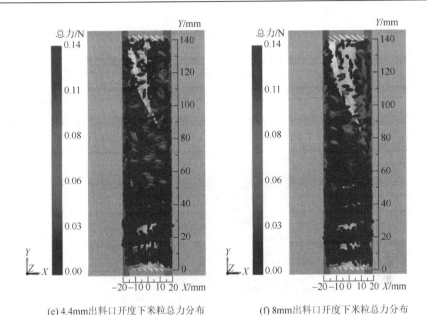

(e) 4.4mm出料口开度下米粒总力分布　　　(f) 8mm出料口开度下米粒总力分布

图 4-17　不同出料口开度下碾米腔内米粒速度与总力的空间分布（碾米辊转速为 1400r/min，
正六边形米筛）（彩图见封底二维码）

　　为了阐述该变化趋势，在稳定流动阶段，给出米粒平均速度及平均总力随出料口开度的变化图，如图 4-18 所示。由图可以看出，米粒的平均速度和平均总力均随出料口开度的增大而减小，当出料口开度大于 6mm（3 倍于米粒短轴）后，平均速度值或平均受力值变化幅度减小。这表明，出料口开度较小时，米粒间运动及碰撞作用加剧，导致较大的能量在米粒间传递，因此具有速度峰值或总力峰值的米粒数目增多。

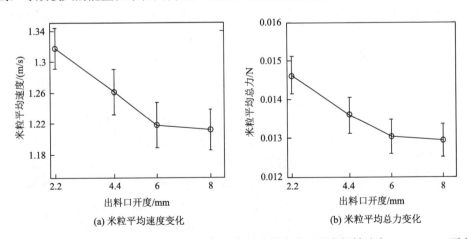

(a) 米粒平均速度变化　　　　　　　　　　(b) 米粒平均总力变化

图 4-18　不同出料口开度下米粒平均速度与平均总力的变化（碾米辊转速为 1400r/min，正六边形米筛）

从图 4-17 还可以发现，在凸筋段内米粒的速度值或总力值都较螺旋输送段内的值大，实际上，螺旋输送器主要起将料斗内米粒逆重力推送的作用，而米粒的碾白主要是在凸筋与米筛空腔内完成的。因此，为详细分析米粒碾白，后续内容将主要探究凸筋段内米粒碾白运动特征。故如图 4-19 所示，将凸筋段内空腔碾白区域沿轴向等分为十部分，并分别命名为 A~J 子区域。每个子区域的厚度为 8mm，子区域空间能容纳约 270 个米粒。

图 4-19　碾米试验后碾白区域内米糠分布（出料口开度为 4.4mm，碾米辊转速为 1400r/min）

左边为背面图，右边为内部图

基于上述碾白区域子区域的划分及定义，结合图 4-17 各分图可知，具有速度峰值或总力峰值的米粒主要出现在靠近凸筋底部的 C~E 子区域内。这实际上说明刚脱离螺旋输送器进入碾白区域内的米粒群将受到剧烈压缩及碰撞。因此可推断，这些区域内米粒的碾白速率较其他区域内更大，实际碾米作业中，将螺旋输送器与凸筋过渡段的这些区域称为米粒的"开糙段"。同时由图 4-18 可以看出，增大出料口开度后碾白区域内米粒流量降低，整体受力降低，而实际碾米业中，也常采用调节出料口阻力（出料口开度大小）调整碾米机内部碾白压力的方式来控制碾米品质。

立式碾米机内米粒在碾白区域内的姿态分布可为碾米机制提供有用信息。为分析碾白区域内米粒的空间方向角，在碾白区域内全局坐标系 XYZ 内建立每粒米粒的局部坐标系 $X_L Y_L Z_L$，该局部坐标系采取动态笛卡儿坐标，坐标系原点为米粒质心 O_L，米粒端点为 A，如图 4-20 所示。采用方向余弦矩阵法可计算出米粒各动坐标轴（X_L、Y_L、Z_L）与全局坐标轴（X、Y、Z）间的夹角。

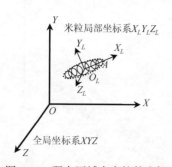

图 4-20　碾白区域内米粒的坐标

基于上述定义，为获取米粒的空间方向，需获取椭球形米粒长半轴矢量 $\overrightarrow{OA}$。为此需计算米粒动坐标系内端点 A 在全局坐标系内的对应坐标。Zhou 等在椭球颗粒的流化床研究中也采用了类似方法[25]，故米粒动坐标系内端点 A 在全局坐标系的三轴分量计算公式分别为

$$X_A = X_{OL} + \frac{L}{2}\cos(\hat{X_L X}) \tag{4-11}$$

$$Y_A = Y_{OL} + \frac{L}{2}\cos(\hat{Y_L Y}) \tag{4-12}$$

$$Z_A = Z_{OL} + \frac{L}{2}\cos(\hat{Z_L Z}) \tag{4-13}$$

式中，X_A、Y_A 和 Z_A 分别为米粒端点 A 在全局坐标系内的三轴分量；X_{OL}、Y_{OL} 和 Z_{OL} 分别为米粒质心点 O_L 在局部坐标系内的三轴分量；L 为椭球米粒的长轴；$\hat{X_L X}$、$\hat{Y_L Y}$ 和 $\hat{Z_L Z}$ 分别为米粒局部坐标轴与对应全局坐标轴的夹角。

矢量 $\overrightarrow{OA}$ 分布可表征米粒在碾白区域内的空间姿态分布，规定逆时针为正方向，在特定时刻下碾白区域 X-Y 平面内，米粒矢量 $\overrightarrow{OA}$ 与全局坐标系 X 轴的夹角 $\theta_{\overrightarrow{OA}}$（$\overrightarrow{OA}$ 方向角）在 0°～360° 内分布。但考虑米粒模型为轴对称的椭球颗粒，可将 0°～360° 内米粒矢量 $\overrightarrow{OA}$ 方向角转换成在 0°～180° 内分布。例如，碾白区域 X-Y 平面内，方向角为 225° 的米粒在姿态上与方向角为 45° 的米粒完全一致。因此，当米粒方向角 $\theta_{\overrightarrow{OA}}$ 在 180°～360° 时，需将方向角 $\theta_{\overrightarrow{OA}}$ 减去 180°。

基于上述定义，不同出料口开度下米粒在 X-Y 平面内方向角的分布如图 4-21 所示。

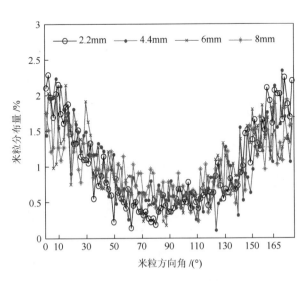

图 4-21　碾白区域 X-Y 平面内米粒方向角的分布（碾米辊转速为 1400r/min，正六边形米筛）

从图 4-21 可知，米粒在碾白区域 X-Y 平面内的方向角以 U 形波动分布。且随着出料口开度的增加，波动趋势略微增大。这主要因为随出料口开度的增大，碾白区域内的米粒流量减小（图 4-17），米粒空间运动范围加大，增强了米粒方向角分布的随机性，故米粒波动趋势相应增大。

整体而言，米粒方向角在 90° 的米粒分布最少，即处于垂直状态的米粒最少，而处于 0° 或 180° 水平状态的米粒分布最多。实际上，碾白区域内处于水平状态的米粒容易受到来自其他米粒或碾米辊的弯扭组合作用力，若组合作用力超过米粒抗弯扭极限，则米粒容易破碎。

通过比较各出料口开度下米粒方向角分布可发现，随着出料口开度的增加，处于水平状态（0° 或 180°）的米粒逐渐减小而处于其他角度的米粒比例略微增加。此特征存在的原因可能是随着出料口开度的增加，米粒的方向角逐渐朝着受到弯扭作用力小的方向演变，因此米粒的姿态会朝着倾斜态转变，而处于水平状态的米粒比例下降。在出料口开度较大时，倾斜态的转变引起米粒碾磨程度减弱、碾磨效率下降，需要碾制更长时间才能达到预期碾米精度。

前面曾提及出料口开度影响碾白区域内米粒流量，图 4-22 为碾白区域内米粒填充率随出料口开度的变化图。由图可知，出料口开度显著影响碾白区域内米粒填充率，随着出料口开度的增加，米粒填充率相应降低，并且当出料口开度小于 6mm（3 倍于米粒短轴）时米粒填充率具有明显的变化趋势。米粒填充率减小的原因是在较大的出料口开度下，米粒卸料速率增大，导致碾白区域内米粒流密度变得稀疏，填充率降低。

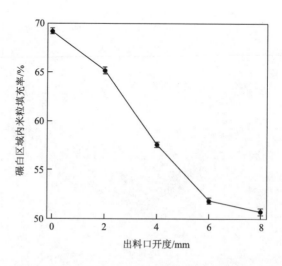

图 4-22　碾白区域内米粒填充率随出料口开度的变化（碾米辊转速为 1400r/min，正六边形米筛）

在不同出料口开度下碾白区域内米粒填充率的差异可能会影响米粒的动态运动特征，从而引起米粒间碰撞特性的差异。图 4-23 为不同出料口开度下各碾白子区域内米粒的碰撞数及平均碰撞能分布。为消除碰撞能数据波动，本节在米粒稳定碾白运动内，提取 100 个时间步长内的米粒碰撞能，并对这些碰撞能数据做时间-均值处理。各碾白子区域内米粒碰撞能的计算公式为

$$E_i = \frac{1}{2}mv_{ri}^2 \; (v_{ri}^2 = v_{ni}^2 + v_{ti}^2) \tag{4-14}$$

$$E_{ave} = \frac{1}{N}\sum_{i=1}^{N} E_i \tag{4-15}$$

式中，E_i 表示第 i 次碰撞时的碰撞能；m 为各碾白子区域内米粒质量；v_{ri} 为米粒与碰撞接触单元（其他米粒、米筛或碾米辊）间的相对速度；v_{ni} 和 v_{ti} 分别代表相对碰撞速度的法向和切向分量；E_{ave} 表示平均碰撞能，表征碾白区域内碾米速率；N 为碾白各子区域内米粒碰撞数。

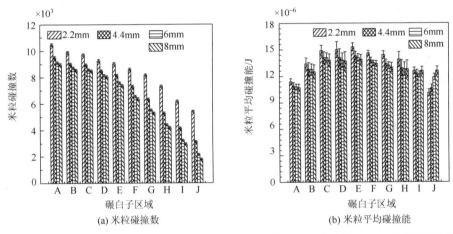

图 4-23　不同出料口开度下各碾白子区域内米粒碰撞数及平均碰撞能分布（碾米辊转速为 1400r/min，正六边形米筛）

在凸筋段内，由于米粒逆重力及凸筋的逆向抑制作用，故沿碾白子区域 A～J 米粒流密度或米粒数量应逐渐减少。因此，如图 4-23（a）所示，在每个出料口开度下，碾白区域内沿着出料口方向，米粒碰撞数近似呈线性减少，并且米粒的碰撞数随着出料口开度增加而减少。如图 4-23（b）所示，在每个出料口开度下，米粒平均碰撞能的最大值均出现在碾白子区域 E 内，表明碾米过程中，该区域内米粒将经历较为剧烈的碰撞擦离作用，且碾磨率也最大。为证实此猜测，在立式擦离式碾米机中进行几组碾米试验后，拆除其一般结构，观测其碾白区域内的米糠黏附情况，如图 4-19 所示。

从图 4-19 可看出，碾米后米粒皮层（米糠）在碾白区域中段残留最多，表明该区域内米粒曾经历较剧烈的碰撞摩擦；同时也间接阐明通过米粒微观动态特征（如米粒碰撞能）的研究能提供米粒的宏观碾白机制信息。

在各碾白子区域内，米粒的平均碰撞能从子区域 A 到子区域 E 逐渐增大，而从子区域 E 到子区域 J 却逐渐减小。但是当出料口开度大于 6mm（3 倍于米粒短轴值）后，子区域 E～J 内米粒平均碰撞能下降趋势降低。在同一子区域内，随着出料口开度的增加，米粒的平均碰撞能降低，但顶端子区域 J 趋势相反。随出料口开度增大，顶端碾白区域内米粒的平均碰撞能也有增大趋势，换句话说，在较大出料口开度下，顶端出料口附近的米粒单次碰撞时的擦离作用较小出料口开度下更剧烈。

米粒碰撞数及平均碰撞能的空间分布能表征碾白区域内米粒碾磨速率。米粒从进入碾白区域到卸料过程中，由于碰撞能量的累积，米粒碾磨强度经历先快速增强到逐渐减弱的过程。同时，米粒碾磨强度随着出料口开度的增大而减弱，但是当出料口开度大于 6mm（3 倍于米粒短轴值）时，米粒碾磨强度变化将不显著。

图 4-24 为碾白区域内碰撞能及碰撞能效率随出料口开度的变化图。碾白区域内碰撞能为单个模拟时间步长内十个子区域内的平均碰撞能累和；而碰撞能效率（E/P）为碾白区域内碰撞能与凸筋单个时间步长内能耗的比值。碾白区域内米粒的碾白运动的能量来源于凸筋的回转运动，而 E/P 值可表征凸筋的输入能被用于米粒碰撞的能源利用率。

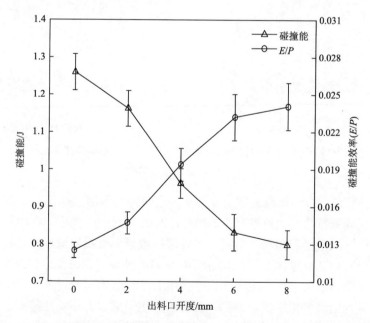

图 4-24　碾白区域内碰撞能及碰撞能效率随出料口开度的变化（碾米辊转速为 1400r/min，正六边形米筛）

从图 4-24 可以看出，碾白区域内米粒碰撞能随出料口开度的增大而减小。在一个较小的出料口开度下，米粒有更大机会与其他接触单元发生碰撞，且单次发生碰撞的能量较大，故碾白区域内米粒总碰撞能较大；而当出料口开度较大时，碾白区域内米粒碰撞频率及单次碰撞能均较小，故总碰撞能也较小。但是出料口开度大于 6mm（3 倍于米粒短轴值）后，碾白区域内米粒碰撞总能变化不明显，这也肯定了前面所述：较大出料口开度下米粒碾白强度变化不显著。

从图 4-24 也可以看出，碰撞能效率（E/P）随出料口开度的增大而增大。因此，虽然增大出料口开度降低了碾白区域内米粒碰撞能，但凸筋输入系统的能量被更多地用于米粒的碰撞。事实上，碾米操作参数中，过小的出料口开度会造成过多能源浪费及碾后碎米，不利于控制碾米质量。

比较图 4-22 和图 4-24 可以发现，碾白区域内米粒填充率与米粒碰撞能的变化趋势相似，表明两者间存在很好的线性关系。这也进一步阐明碾米业中通过调节外部出料口阻力来控制碾米质量的内在原因。事实上，调节外部出料口阻力可控制碾白室内米粒流密度（填充率），而米粒流密度的改变会引起米粒碰撞能相应的线性变化，进而使碾白室内米粒擦离强度产生改变，起到控制米粒碾白质量的作用。

4.2.4　碾米辊转速对米粒运动特性的影响

碾米辊转速是立式碾米机的重要操作参数[26]，本节主要分析碾米辊转速对米粒运动特征的影响。图 4-25 为当出料口开度为 4.4mm 时，不同碾米辊转速下碾白区域内米粒轴向速度分量 v_y、径向速度分量 v_r 及合速度 v 的概率密度分布。

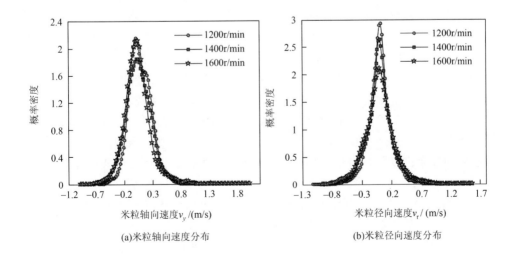

(a)米粒轴向速度分布　　　　　　　　　(b)米粒径向速度分布

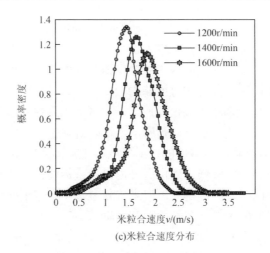

(c)米粒合速度分布

图 4-25　不同碾米辊转速下碾白区域内米粒速度的概率密度分布（出料口开度为 4.4mm，正六边形米筛）

　　由图 4-25（a）可知，碾米辊转速对米粒轴向速度分量影响不显著，米粒轴向速度分量有正值也有负值，表明碾白区域内部分米粒的轴向运动沿重力方向回落，也有米粒沿出料口推进。同时当碾米辊转速逐渐增大时，米粒轴向速度的概率密度分布曲线向左（重力方向）偏移，这表明当碾米辊转速增大后，虽然螺旋输送器向上推送米粒的能力增强，但凸筋逆向螺旋阻滞米粒轴向流动的作用更显著，使更多的米粒轴向运动具有回落趋势。实际上，当碾米辊转速由 1400r/min 提升至 1600r/min 时，碾白区域内米粒平均轴向速度却略微降低。因而，在较大碾米辊转速时，米粒在碾白区域内将产生更大的擦离作用，但不利于米粒出料。

　　由图 4-25（b）可见，不同碾米辊转速下米粒的径向速度概率密度分布呈现相似的对称分布趋势。米粒径向速度分量有正值也有负值，表明碾白区域内部分米粒正与碾米轴产生碰撞擦离运动，而部分米粒正沿远离碾米辊的方向运动。米粒的径向速度分布的差异，将造成米粒间径向扩散，引起米粒间穿插，加大米粒间的径向擦离作用。同时，随着碾米辊转速增加，米粒径向速度的概率密度分布曲线幅宽增大，表明米粒径向速度及米粒径向扩散程度随碾米辊转速的增加而增大。

　　一般来说，随着碾米辊转速的增加，碾米辊将向碾白区域内米粒传递更多能量，从而使米粒的合速度增大。由图 4-25（c）可见，随着碾米辊转速增加，米粒合速度的概率密度分布曲线峰值向右（速度增大方向）偏移，这证实提高碾米辊转速将引起米粒合速度增大，从而提高米粒间的碰撞擦离程度。

　　图 4-26 为当出料口开度为 4.4mm 时，不同碾米辊转速下碾白区域内 X-Y 平面内米粒方向角的变化。整体而言，米粒方向角仍呈现出 U 形分布趋势，倾斜姿态的米粒相较竖直姿态的米粒分布多。各碾米辊转速下米粒方向角分布趋势相似，

差异主要体现在方向角为 60°～120°的米粒分布量,该角度范围内的米粒分布量随碾米辊转速的增加而增多。

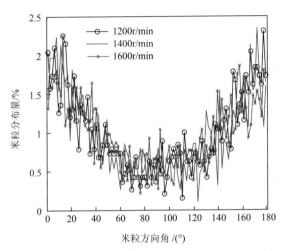

图 4-26　碾白区域内 X-Y 平面内米粒方向角的变化(出料口开度为 4.4mm,正六边形米筛)

图 4-27 为当出料口开度为 4.4mm 时,不同碾米辊转速下碾白区域内米粒填充率的变化。由图可知,米粒填充率随碾米辊转速的增大而减小。这可能是碾白区域内碾米辊转速对米粒姿态结构及米粒扩散的双重影响造成的。比较图 4-22 和图 4-27 可以明显看出,相比较碾米辊转速的影响,出料口开度对碾白区域内米粒填充率的影响更大,这也阐释了碾米业中多采取控制出料口阻力而非控制碾米辊转速来调节碾米品质的原因。但是由后续碾白区域内米粒碰撞能的研究发现,尽管碾米辊转速的增加会引起碾白区域内米粒流密度(填充率)的降低,但米粒间碰撞程度却提高,即当出料口开度为固定值时,米粒的碰撞程度与碾白区域内米粒流密度不完全呈线性对应变化趋势。

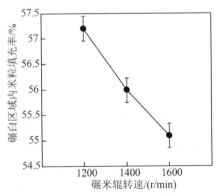

图 4-27　碾白区域内米粒填充率的变化(出料口开度为 4.4mm,正六边形米筛)

图 4-28 为当出料口开度为 4.4mm 时,不同碾米辊转速下各碾白子区域内米粒碰撞数及平均碰撞能的分布。相比较出料口的影响,碾米辊转速对米粒碰撞的影响更加显著。在当前考虑的碾米辊转速范围内,各碾白子区域内,不论是米粒碰撞数还是米粒平均碰撞能,均随碾米辊转速的增加而增大。有研究表明,随着碾米辊转速增加,米粒间有更大的运动速度,会引起米粒间更剧烈的碰撞[27]。因此,高碾米辊转速会使碾白区域内米粒碾白程度增强。

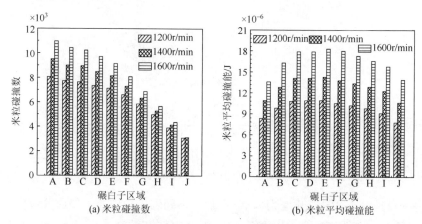

图 4-28 不同碾米辊转速下碾白子区域内米粒碰撞数及平均碰撞能分布
(出料口开度为 4.4mm,正六边形米筛)

虽然碾米辊转速显著影响碾白区域内米粒碰撞能及碰撞频率,但不同碾米辊转速下,米粒的碰撞特征分布呈相似趋势,这表明碾米辊转速对碾白区域内米粒流的流动形态影响较小。

由图 4-29 可见,无论是碾白区域内碰撞能还是碰撞能效率(E/P),均随碾米

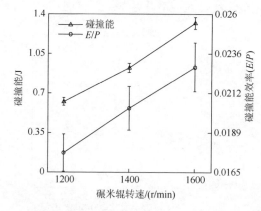

图 4-29 碾白区域内碰撞能及碰撞能效率的变化(出料口开度为 4.4mm,六边形米筛)

辊转速增加而增大。这表明对立式擦离式碾米机而言，碾米辊转速越大，碾磨效率越高，类似的结论也在搅拌磨中提及[27]。尽管选择较大碾米辊转速的立式擦离式碾米机具有较高的能源利用率及碾米速率，但碾米时过于剧烈的碰撞可能会引起过碾，抑或产生碾后碎米。因此，实际碾米业中需综合考虑受碾物料的品质和其他碾米机操作参数来选择合适的碾米辊转速。

4.2.5　米粒碰撞参数回归关系及讨论

米粒主要在擦离式碾米机碾白区域内产生擦离作用，最终被碾白。其间，米粒速度参数、姿态分布参数及流型结构参数的变化在本质上是碾白区域内米粒碰撞特征变化的具体表征。为此，本节获取出料口开度分别为 0mm、2.2mm、4.4mm、6mm 和 8mm 及碾米辊转速分别为 1200r/min、1400r/min 和 1600r/min 条件下 15 组米粒碰撞能，建立了米粒碰撞参数与碾米机操作参数（出料口开度及碾米辊转速）间的回归关系：

$$E = a + \frac{bn}{1+(cL_o)^d} \tag{4-16}$$

式中，E 为碾白区域内米粒碰撞能（J）；n 为碾米辊转速（r/min）；L_o 为出料口开度（mm）；a、b、c 和 d 为方程模型参数，基于本节结果，分别为–1.422、0.002、0.033 和 1.145。

式（4-16）计算出的碾白区域内米粒碰撞能和 15 组模拟值的对比结果如图 4-30 所示。从图中可以看出，建立的回归关系具有良好的相关性，R^2 值为 0.96。

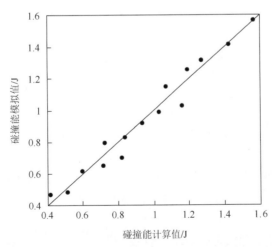

图 4-30　碾白区域内米粒碰撞能的计算值与模拟值对比

正如预料，回归关系揭示了当出料口开度为固定值时，碾白区域内米粒碰撞能与碾米辊转速呈线性关系；而当碾米辊转速为固定值时，碾白区域内米粒碰撞能与出料口开度呈反 S 形曲线变化趋势。这些单因素变化趋势也可由图 4-24 和图 4-29 的结果证实，该回归关系的建立可预测其他操作参数组合下碾白区域内米粒碰撞能的大小，从而间接表征碾磨效率的变化。

4.2.6　米筛截面形状对米粒运动特性的影响

米粒在碾白室进行碾白时，米粒的翻滚、内外易位、碾磨路程和米粒对易损件的碰撞等微观行为特性直接关系到米粒的碾磨质量、碾米机的效率和经济效益。米筛的几何结构对米粒的运动特征有很大影响，为了明晰其中的影响机制，本节在碾米辊转速为 1400r/min、出料口开度为 8mm 的条件下探究米筛截面形状（包括 8 种正多边形米筛和圆形米筛）对米粒各微观特征量的影响。

图 4-31 是不同截面形状米筛内的米粒数量随时间的变化，图中结果显示，随着转轴开始转动，米粒由转轴下部的送料螺送输送器送入碾白室，碾白室内的米粒数量逐渐增加，3s 以后碾白室内的米粒数量已趋于稳定，这时不同形状米筛内的米粒群都达到了动态稳定的状态，后续用于分析的试验数据通常源于动态稳定阶段。

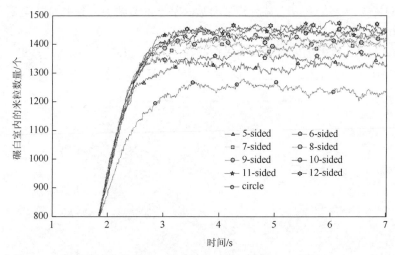

图 4-31　不同截面形状米筛内米粒数量随时间的变化（彩图见封底二维码）

sided 为米筛边数；circle 为圆形米筛，下同

1. 米筛截面形状对径向运动的影响

米粒在碾白室内的径向运动反映着米粒的内外易位能力，通过米粒的内外易位，可以使每个米粒都有较为均等的机会接触碾米辊和米筛，从而减小米粒发生

过碾或者轻碾的概率，提高米粒碾磨的均匀性。配置圆形米筛的碾米机通常需要安装米刀来增加米粒内外层的交替，使米粒的碾磨更加均匀。

为了明晰米筛截面形状对米粒径向运动能力的影响，在碾白室内的米粒群处于动态稳定的情况下，提取了碾白室内 n 个米粒在一段时间内的横纵坐标值，并由以下公式计算米粒的径向运动能力：

$$v_{ri} = \frac{\sqrt{x_i(t+\Delta t)^2 + y_i(t+\Delta t)^2} - \sqrt{x_i(t)^2 + y_i(t)^2}}{\Delta t} \tag{4-17}$$

$$\overline{v_r'} = \frac{1}{t}\int_0^t \left(\frac{1}{n}\sum_{i=1}^n |v_{ri}| \right)\mathrm{d}t \approx \frac{1}{t}\sum_0^t \left(\frac{1}{n}\sum_{i=1}^n |v_{ri}| \right)\Delta t \tag{4-18}$$

式中，$x_i(t)$ 和 $y_i(t)$ 分别为米粒 i 在 t 时刻的横坐标和纵坐标；$\overline{v_r'}$ 是 n 个米粒在一段时间内的平均径向速度；v_{ri} 是米粒 i 在单个样本时间间隔 Δt（0.01s）内的平均径向速度。

图 4-32 是碾白室内米粒的平均径向速度随米筛截面形状的变化。图中显示，米筛截面形状对碾白室内米粒的径向运动能力有很大的影响：随着正多边形米筛边数的增加，米粒的平均径向速度逐渐减小，且在圆形米筛时达到最小。由此可见，在恒定截面面积条件下，碾白室配置边数更多的正多边形米筛可以使米粒内外易位能力变弱，而圆形米筛对应的内外易位能力是最差的，因而对米粒的碾磨均匀性产生负面影响。一种合理的解释是边数更少的正多边形米筛与转轴间的径向间隙变化更大，所以其内部的米粒群拥有更大的径向运动空间，而圆形米筛与转轴间不存在径向间隙变化，故其内部米粒的径向运动能力最弱。为了验证这一设想，图 4-33 给出了正五边形和正六边形米筛内米粒在单个样本时间间隔（0.01s）内发生径向位移的 *X-Y* 平面分布。

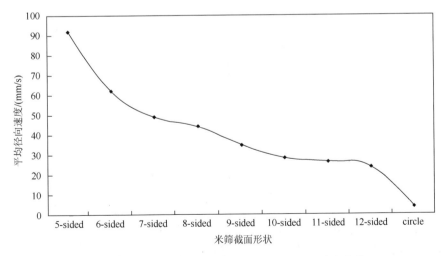

图 4-32　不同截面形状米筛内米粒的平均径向速度变化

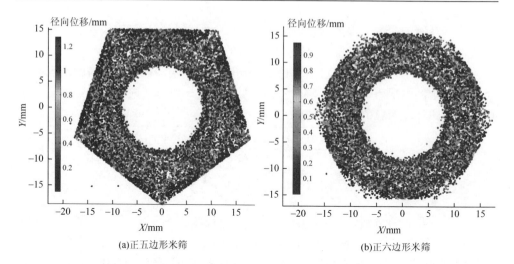

(a)正五边形米筛　　　　　　　　　　(b)正六边形米筛

图 4-33　正五边形米筛和正六边形米筛内米粒径向位移的 *X-Y* 平面分布（彩图见封底二维码）

图4-33中的每个点的横纵坐标代表单个米粒在单个样本时间间隔内的中点位置，点的颜色深浅代表米粒发生径向位移的大小（单位：mm）。为了便于显示米粒径向运动强度的分布特征，径向位移的峰值可能远超色标的范围。图中显示，无论是正五边形米筛还是正六边形米筛，在碾白室内径向间隙变化较大的位置，米粒的径向运动更为剧烈。此外，由于正五边形米筛的径向间隙变化程度比正六边形米筛大，其内部米粒的径向运动更为剧烈。

2. 米筛截面形状对轴向运动的影响

米粒在碾白室内的停留时间和碾磨路程等微观特征量主要取决于米粒的轴向运动快慢，这些微观特征量的大小及其分散程度对米粒的碾磨质量有很大的影响。为了明晰米筛截面形状对米粒轴向运动能力的影响，在米粒群处于动态稳定的情况下，本节提取了碾白室内 n 个米粒在一段时间内的 z 轴坐标值，并由以下公式计算配置各类米筛时碾白室内的米粒轴向运动能力：

$$v_{ai} = \frac{z_i(t + \Delta t) - z_i(t)}{\Delta t} \tag{4-19}$$

$$\overline{v_a'} = \frac{1}{t}\int_0^t \left(\frac{1}{n}\sum_{i=1}^n |v_{ai}| \right) \mathrm{d}t \approx \frac{1}{t}\sum_0^t \left(\frac{1}{n}\sum_{i=1}^n |v_{ai}| \right) \Delta t \tag{4-20}$$

式中，v_{ai} 是米粒 i 在单个样本时间间隔 Δt 内的平均轴向速度；$z_i(t)$ 是米粒 i 在 t 时刻的 z 轴坐标值；$\overline{v_a'}$ 是 n 个米粒在一段时间内的平均轴向速度。

图4-34是碾白室内米粒的平均轴向速度随米筛截面形状的变化。图中显示米

筛截面形状对碾白室内米粒的轴向运动能力有很大的影响：随着正多边形米筛边数的增加，米粒的平均轴向速度逐渐减小，且在圆形米筛时米粒的平均轴向速度最小。由此可见，在恒定截面面积条件下，配置边数更少的正多边形米筛可以增强碾白室内米粒的轴向速度，且圆形米筛内米粒的轴向运动能力是最差的。这样的排列次序也可以用来解释图 4-35 和图 4-36 中米粒的平均停留时间和平均碾磨路程随米筛截面形状的变化趋势，即随着正多边形米筛边数的增加，米粒在碾白室内的轴向运动越来越缓慢，因而其在碾白室内的停留时间和碾磨路程都逐渐增加，使米粒获得更加充分的碾磨。

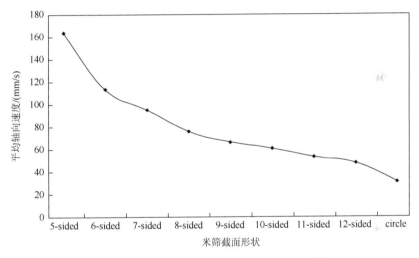

图 4-34　不同截面形状米筛内米粒的平均轴向速度变化

图 4-35 和图 4-36 分别是碾白室内米粒的平均停留时间和平均碾磨路程及其变异系数随米筛截面形状的变化。图中结果表明，米筛形状对碾白室内米粒的碾磨路程和停留时间都有较大的影响，随着米筛边数的增加，平均碾磨路程和平均停留时间的变异系数都有减小的趋势，但是在圆形米筛时又轻微增加。变异系数的大小反映着米粒间特征数据的离散程度，越大的变异系数意味着米粒间的碾磨路程和停留时间差异越大，即可能产生部分米粒过碾和部分米粒碾磨不足的问题。因此，配置边数较大的正多边形米筛不仅可以使米粒获得充分的碾磨，同时也能改善米粒间的碾磨均匀性。图中变异系数在圆形米筛的条件下出现的轻微增加可以归因于圆形米筛内米粒极弱的内外易位能力，且内外层米粒获得的轴向动力有一定的差异。此外，碾磨路程主要由米粒在碾白室内的停留时间和轴向速度共同决定，然而图中显示碾磨路程与停留时间的变化趋势近乎一致，由此可见米粒在碾白室内发生的碾磨路程主要取决于米粒在碾白室内的停留时间。

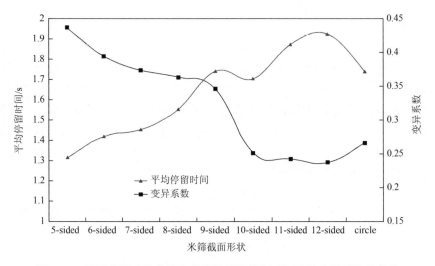

图 4-35　不同截面形状米筛内米粒的平均停留时间及其变异系数的变化

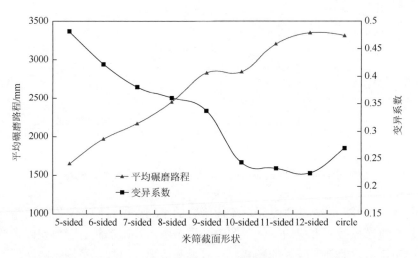

图 4-36　不同截面形状米筛内米粒的平均碾磨路程及其变异系数的变化

3. 米筛截面形状对周向运动的影响

米粒在碾白室内的周向运动在运动方向上与转轴的自转运动相一致，是构成米粒流螺旋上升运动的主要运动分量。一般认为，更加剧烈的周向运动可以使米粒流的螺旋前进导程减小，增加米粒流在碾白室的碾磨路程，从而增加米粒碾削擦离的机会。为了明晰米筛截面形状对米粒周向运动能力的影响，本节采用米粒在碾白室内的平均周向运动角速度来表征米粒的周向运动能力。本节提取了处于动态稳定状态的碾白室内 n 个米粒在一段时间内的横纵坐标值，并由以下公式计算配置各类米筛时碾白室内米粒的周向运动能力：

$$c_i = \frac{\arccos\left(\dfrac{x_i(t)x_i(t+\Delta t) + y_i(t)y_i(t+\Delta t)}{\sqrt{x_i(t)^2 + y_i(t)^2}\sqrt{x_i(t+\Delta t)^2 + y_i(t+\Delta t)^2}}\right)}{\Delta t} \tag{4-21}$$

$$\overline{c} = \frac{1}{t}\int_0^t \left(\frac{1}{n}\sum_{i=1}^n c_i\right)dt \approx \frac{1}{t}\sum_0^t \left(\frac{1}{n}\sum_{i=1}^n c_i\right)\Delta t \tag{4-22}$$

式中，c_i 为米粒 i 在单个样本时间间隔 Δt 内的平均周向运动角速度；$\overline{c}$ 为 n 个米粒在一段时间内的平均周向运动角速度。

　　图 4-37 是碾白室内米粒的平均周向运动角速度及其变异系数随米筛截面形状的变化。图中结果表明，米筛截面形状对碾白室内米粒的周向运动能力有较大的影响：随着正多边形米筛边数的增加，米粒的平均周向运动角速度逐渐增加，并在圆形米筛时达到最大。由此可见，在恒定截面面积的条件下，配置边数更多的正多边形米筛可以增强碾白室内米粒的周向运动能力，且圆形米筛内米粒的周向运动能力最强。同时，可以看到变异系数随着正多边形米筛边数的增加而逐渐减小，并在圆形米筛时达到最小。这个结果表明，边数较多的米筛内各米粒的周向运动较为一致，且圆形米筛内米粒周向运动的一致性最为明显。关于米粒运动一致性的研究将在后续内容中扩展延伸。

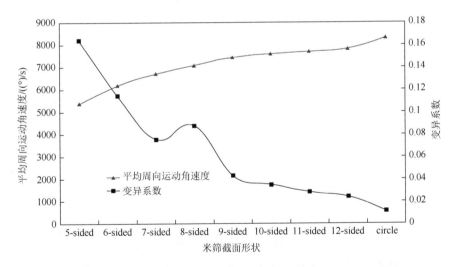

图 4-37　不同截面形状米筛内米粒平均周向运动角速度及其变异系数的变化

　　需要说明的是，圆形米筛内米粒的周向运动角速度均值为 8335°/s，接近转轴的自转角速度 8400°/s，这表明圆形米筛内的多数米粒受转轴上的凸筋驱使产生了与转轴自转较为一致的周向运动。为了探究米粒与转轴间的运动一致性对米粒与转轴间碰撞的影响，图4-38给出了米粒与转轴间的碰撞率随米筛截面形状的变化。

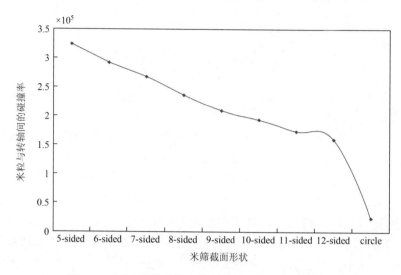

图 4-38　不同截面形状米筛内米粒与转轴间的碰撞率

图 4-38 中，米粒与转轴间的碰撞率是米粒与转轴在碾磨区 1s 时间内发生碰撞的总次数[28]，图中显示，碰撞率的变化趋势与图 4-37 中平均周向运动角速度的变化趋势相反，即随着米筛边数的增加，米粒的周向运动角速度越来越接近转轴的自转角速度，因而米粒与转轴间的碰撞率逐渐减小，特别是在圆形米筛的条件下，米粒的周向运动角速度与转轴的自转角速度最为接近时，米粒与转轴间的碰撞率大幅下降。由此可见，当米粒的周向运动与转轴的自转运动趋于一致时，它们之间的碰撞率也会大大减小，这导致碾白室内转轴对米粒的碾磨效应下降。

4. 米筛截面形状对翻滚运动的影响

翻滚运动是米粒翻转、滚动运动的合称。翻转是米粒以长轴为旋转轴的旋转运动，滚动是米粒以短轴为旋转轴的旋转运动[29]。米粒在碾白室内的翻滚运动可以使米粒的各部位都有较为均等的机会发生碾磨，当米粒的自转翻滚运动不足时会使两侧发生过碾，而米粒腹背的去皮率又达不到碾磨的要求，造成米粒的"发花"现象，严重影响米粒的碾磨质量。为了明晰米筛截面形状对米粒翻滚运动能力的影响，本节采用米粒在碾白室内的自转角速度大小来表征米粒的翻滚运动能力。通过提取动态稳定状态下碾磨区内米粒在各个时刻的平均自转角速度，可以计算出米粒在一段时间内的平均自转角速度。

图 4-39 是不同截面形状米筛内米粒的平均自转角速度。图中显示米筛的截面形

状对米粒的自转角速度有较大的影响：随着米筛边数的增加，碾白室内米粒的平均自转角速度逐渐减小，并在圆形米筛时达到最小。这说明，恒定截面面积的条件下，米筛边数越多，碾白室内米粒的翻滚运动越弱，且圆形米筛内米粒的翻滚运动最弱、米粒碾磨的均匀性最差，这也是配置圆形米筛的碾白室需要装备米刀的原因之一。

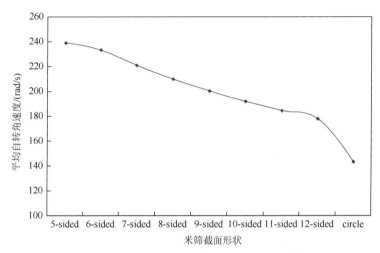

图 4-39　不同截面形状米筛内米粒的平均自转角速度

为了探究米粒翻滚运动的产生机制，图 4-40 和图 4-41 分别给出了较为典型的正五边形米筛内米粒自转角速度和米粒间碰撞力的 X-Y 平面分布。图中的每个点的横纵坐标分别代表了米粒或者碰撞所在的位置，点的颜色深浅分别代表米粒的自转角速度和米粒间碰撞力的大小。为使该图显现的特征更为清晰，一部分点的实际峰

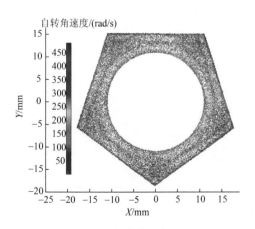

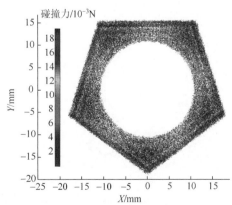

图 4-40　正五边形米筛内米粒自转角速度的
　　　　X-Y 平面分布（彩图见封底二维码）

图 4-41　正五边形米筛内米粒间碰撞力的 X-Y
　　　　平面分布（彩图见封底二维码）

值可能远超色标的范围。图中显示，米粒的碰撞在米筛偏向顺时针方向（即转轴旋转的方向）的角落处有一定程度的聚集，且该区域的碰撞更加剧烈，这与米粒自转角速度的分布情况非常相似。因此，可以推断正多边形米筛内角偏向顺时针方向处更为剧烈的米粒碰撞促使该区域的米粒产生了更为剧烈的翻滚运动。另外，随着米筛边数的增加，碾白室的内部空间结构变得更为平缓，无论是米粒的翻滚运动还是米粒间的碰撞都逐渐减弱，并在圆形米筛时达到最低水平。

5. 米粒对米筛的碰撞

米筛是碾米机的重要组成部分，其主要功能是与转轴一起构成米粒的碾磨空间，也能将米粒上碾下来的糠层排出碾白室，同时也具备一定程度的碾磨效应。筛板厚度一般为 1.5mm，筛板过厚会影响排糠，过薄的筛板不耐磨、使用寿命较短。由于碾白室中压力在各个方向上分布不均匀，出于延长米筛使用寿命的考虑，实际生产中经常将使用了一段时间的米筛掉头使用。方武刚[30]根据多次检测，以碾米量为 100t/d 的米厂为参考，按每年生产时间为 300d（12h/d）、每块米筛价格为 9 元计算，4 台碾米机通过米筛掉头可以节省米筛费用约 8000 元。由此可见，作为易损件的米筛是影响碾米机经济效益的重要因素。

为了探究米粒对米筛的碰撞特征，图 4-42 给出了正八边形米筛内米粒对米筛碰撞力的 X-Y 平面分布。图中每个点的横纵坐标代表了米粒与米筛发生碰撞的位置，而颜色深浅则反映着碰撞力的大小，图中的弧形箭头是转轴的转动方向。图中结果表明，米粒与米筛的碰撞在米筛内角偏向转轴旋转方向的一侧有更为剧烈

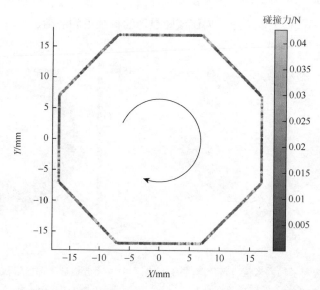

图 4-42　米粒对正八边形米筛碰撞力的 X-Y 平面分布（彩图见封底二维码）

的米粒冲撞，而大量实践和研究[31]都表明，立式碾米机碾白室的中下部压力较大，综合分析可知，米筛中下部内角偏向转轴转向的一侧是易发生破损的区域。

图 4-43 是不同截面形状米筛内米粒对米筛的平均碰撞能，平均碰撞能 E_{ave} 由式（4-15）计算。

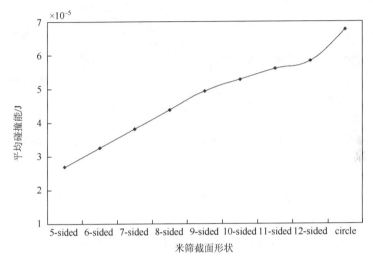

图 4-43　不同截面形状米筛内米粒对米筛的平均碰撞能

图 4-43 显示米筛的截面形状对米粒与米筛间的碰撞强度有较大影响：随着正多边形米筛边数的增加，碾白室内米粒对米筛的平均碰撞能逐渐增加，并在圆形米筛时达到最大。这与前面米粒的翻滚运动、米粒与转轴间碰撞率和米粒间碰撞力的变化趋势刚好相反，即随着米筛边数的增加，碾白室的内部空间结构更为平缓，因而米粒的翻滚运动、米粒间和米粒与转轴间的碰撞都逐渐减弱，然而米粒对米筛的碰撞反而增强。为了解释这个似乎与直觉相悖的现象，图 4-44 分别给出了正五边形米筛、正八边形米筛、正十二边形米筛和圆形米筛内米粒速度的空间分布。为了便于对比分析，各种米筛下的米粒速度设置了统一的图例尺寸范围，即图中米粒颜色蓝～红对应于米粒速度 0～2.5m/s。图中结果显示，米粒速度随着米筛边数的增加而增大，并在圆形米筛时达到最大。可见米筛截面形状在对米粒径向运动和轴向运动的影响上虽然与其对周向运动的影响趋势完全相反，但米粒的周向运动是碾白室内最占主导性的运动分量，综合起来，米筛截面形状对米粒速度的影响趋势与其对周向运动的影响趋势相同。这样的变化趋势也使得米粒与固定件米筛间的相对速度越来越大，故米粒对米筛的碰撞随着米筛边数的增加而加剧，并在圆形米筛时碰撞最为剧烈。

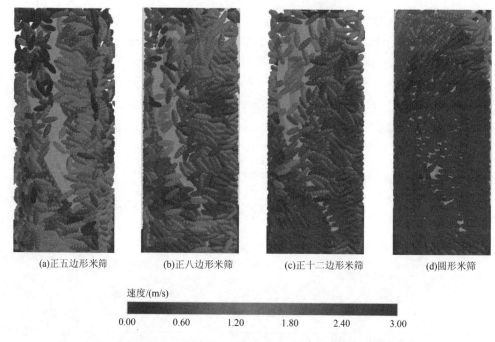

(a)正五边形米筛　　　(b)正八边形米筛　　　(c)正十二边形米筛　　　(d)圆形米筛

速度/(m/s)

0.00　　　0.60　　　1.20　　　1.80　　　2.40　　　3.00

图 4-44　不同截面形状米筛内米粒速度的空间分布（彩图见封底二维码）

4.2.7　米筛截面形状和碾米辊转速对颗粒紊乱运动的影响

在碾米过程中，碎米产生的多少很大程度上取决于米粒本身的固有力学属性及其所经受的加工强度[32]。因为适度的碾磨可以确保碾磨质量，而过度的碾磨却容易使米粒发生破碎。前期研究中[31]已经发现米粒的碾磨程度与米粒的碰撞强度密切相关。因此，通过获知筛体结构及碾米辊转速对米粒间碰撞的影响规律，可以改善米粒的碾磨质量。Voßkuhle 等[33]指出，颗粒的紊乱运动是影响颗粒碰撞特征的关键因素。因此颗粒的紊乱运动强度是颗粒系统中十分重要的微观特征，然而它在实际工程问题中却往往被忽视。通过探究米筛截面形状和碾米辊转速对颗粒紊乱运动的影响机制，可以为相关碾磨机械的设计提供指导，同时也能加深对颗粒热力体系的理解。

本节的试验数据来自 33 组仿真试验，除了正六边形米筛和圆形米筛另有碾米辊转速为 662r/min、896r/min、1738r/min 的三组模拟试验外，各类米筛（包括 8 种正多边形米筛和圆形米筛）都分别在 700r/min、1050r/min、1400r/min 的碾米辊转速下进行了模拟试验。

颗粒的紊乱运动是颗粒系统中的重要微观特征，然而筛体截面形状对颗粒紊乱运动的影响机制仍不清楚。本节将从速度场和周向速度、轴向速度的概率密度分布等角度分析不同截面形状米筛内颗粒的紊乱运动。

1. 碾白室内的速度场

本小节考察正五边形米筛和圆形米筛水平切片内的速度场。速度场是颗粒系统中十分重要的微观特征，通过它可以明晰碾白室内部颗粒的流动机制，并探究米筛截面形状对颗粒紊乱运动的影响。图 4-45 展示了两种较典型的米筛（正五边形米筛、圆形米筛）在恒定碾米辊转速（1400r/min）下三个不同时刻（5.5s、5.506s 和 5.5105s）的速度场。试验数据来自一个水平切片（厚度为 15mm、中心高度为 70.5mm）内的颗粒，切片内的颗粒被两个同心圆划分成内、中、外三层，每层约包含 130 个颗粒。不同的颜色用来标识颗粒的初始位置，如图所示，内层颗粒用红色表示，中层颗粒用绿色表示，外层颗粒用黑色表示。位于中心位置的蓝色虚线和用黑色的弧线箭头分别代表转轴及其转向。由于正多边形米筛的旋转对称性，转轴转过任意边和任意角时的速度场变化是类似的，因此本节仅展示足够转轴转过米筛一条边时间内的速度场。

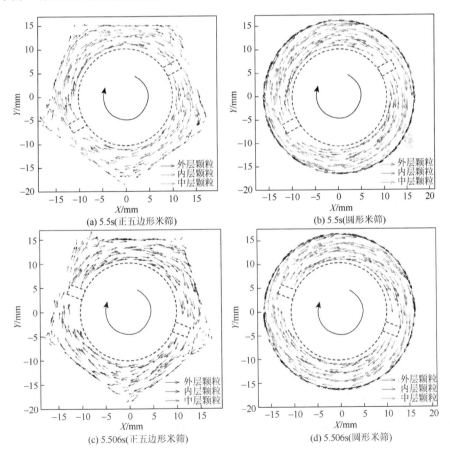

(a) 5.5s(正五边形米筛)　　　　　　(b) 5.5s(圆形米筛)

(c) 5.506s(正五边形米筛)　　　　　(d) 5.506s(圆形米筛)

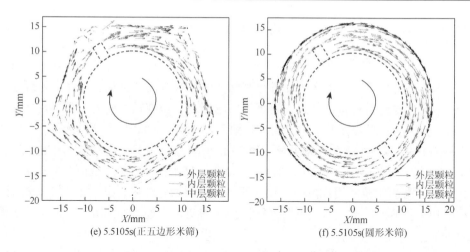

(e) 5.5105s(正五边形米筛)　　　　　　(f) 5.5105s(圆形米筛)

图 4-45　恒定碾米辊转速下（1400r/min）正五边形米筛（左）和圆形米筛（右）水平切片内不同时刻的颗粒速度场（彩图见封底二维码）

　　如图 4-45 所示，在正五边形米筛中的中层颗粒受螺旋凸筋和离心力的驱使会冲击位于角落处的外层颗粒，并导致外层颗粒离开原来的位置（图 4-45（c）），这也可以很好地解释图 4-42 中米粒对米筛的碰撞特征。同时，转轴的快速旋转使螺旋凸筋后面形成一个不规则的空腔，造成三层颗粒在空腔内发生混合。此时，在螺旋凸筋前面形成了主要由内层颗粒组成的堆积（图 4-45（e）），这可以视为内层颗粒的一种径向运动形式。

　　当凸筋经过正五边形米筛的内角时，角落处的颗粒运动变得更加混乱和无序（图 4-45（c）和（e））。这些流型特征表明颗粒的速度场强烈地依赖于凸筋所处的周向位置。在整体上，正五边形米筛内颗粒的周向运动受到了碾白室内不均匀径向空间变化的干扰，颗粒的运动因而趋于更为混乱的状态。尽管其他正多边形米筛内的速度场未在此展示，但是正五边形米筛内的流场特征是最为清晰和典型的，随着米筛边数的增加，上述的流场特征都将逐渐弱化。相比之下，圆形米筛内的流场在该时间间隔内未展现出明显的变化（图 4-45（b）、（d）和（f）），颗粒一直维持着较为有序和一致的运动状态。由此可知，正五边形米筛和圆形米筛是两种较为极端的情况，所以在实际生产中不使用正五边形的米筛，而配置圆形米筛的碾白室也往往需要装备米刀。

2. 颗粒运动的一致性

　　颗粒紊乱运动的对立面是颗粒运动的一致性，一致性更强的颗粒运动意味着颗粒系统具有更低的紊乱程度。本小节探究米筛截面形状对碾白室内米粒运动一致性的影响。正如前面所提及的，米粒流整体上在碾白室内做螺旋上升的运动，而螺旋上升运动可以分解为周向运动和轴向运动。通过比较颗粒在碾白室内不同方向上速度的概率密度分布，可以明晰各类米筛内颗粒运动的一致性程度。

　　图 4-46 是碾米辊转速为 1400r/min 时不同截面形状米筛内颗粒标准化周向运动角速度的概率密度分布。标准化方式是将颗粒的周向运动角速度除以转轴的自转角速度，由以下公式计算：

$$c_i^* = \frac{30c_i}{\pi n} \qquad (4\text{-}23)$$

式中，c_i^* 为颗粒 i 的标准化周向运动角速度；n 为碾米辊转速（r/min）；c_i 为颗粒 i 在单个样本时间间隔内的平均周向运动角速度（rad/s）。

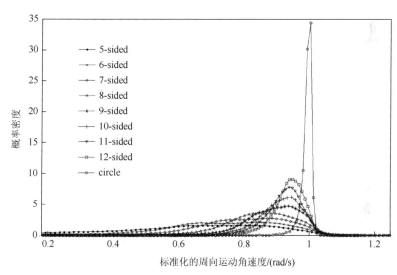

图 4-46　不同截面形状米筛内颗粒标准化周向运动角速度的概率密度分布
（碾米辊转速为 1400r/min）

　　图 4-46 中结果表明，标准化周向运动角速度的概率密度分布为负偏态分布，随着正多边形米筛边数的增加，其分布曲线右偏的趋势愈加明显，且圆形米筛在横坐标值为 1（对应着碾米辊转速）的附近出现显著的峰值，这表明圆形米筛内大多数颗粒的周向运动与转轴的自转同步，即受转轴上凸筋的驱使做较为有序的周向运动。另外，随着米筛边数的增加，标准化周向运动角速度的概率密度分布宽度变窄、曲线峰值变大，这表明颗粒周向运动的一致性随着米筛边数的增加而逐渐加强。

　　图 4-47 是碾米辊转速为 1400r/min 时不同截面形状米筛内颗粒轴向速度的概率密度分布。图中显示，随着米筛边数的增加，颗粒轴向速度的概率密度分布宽

度逐渐变窄、峰值逐渐变大，且圆形米筛的分布宽度最窄、峰值最高。这表明颗粒轴向运动的一致性随着米筛边数的增加而加强，且圆形米筛内颗粒轴向运动的一致性最为显著。

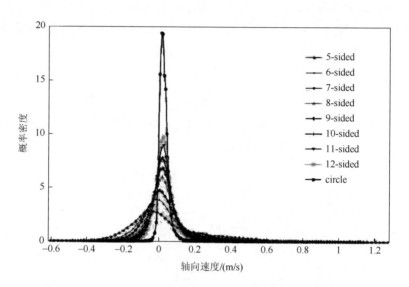

图 4-47　不同截面形状米筛内颗粒轴向速度的概率密度分布（碾米辊转速为 1400r/min）

虽然碾白室内颗粒流的主运动（螺旋上升运动）并不包含颗粒的径向运动，但是颗粒运动的一致性与颗粒的径向运动依然密切相关，因为无论是向心的还是离心的径向运动都会导致颗粒间的相互穿插、碰撞，颗粒流螺旋上升运动的一致性遭到破坏。图 4-32 中已经展示了不同截面形状米筛内颗粒的平均径向速度，图中显示，随着米筛边数的增加，颗粒的径向运动能力逐渐减弱，并在圆形米筛时达到最低，故颗粒径向运动对颗粒运动一致性的干扰也随之逐渐减弱。因此，从径向运动来看，碾白室内颗粒运动的一致性随着米筛边数的增加而加强，并在圆形米筛时最显著。

圆形米筛内的颗粒受凸筋驱使，处于稳定有序的运动状态，颗粒运动的一致性是最显著的。而对于正多边形米筛的情形，随着正多边形米筛边数的增加，碾白室内颗粒运动的一致性逐渐加强。换而言之，配置更少边数米筛的碾白室内更易于产生更加剧烈的颗粒紊乱运动，而圆形米筛内的颗粒紊乱运动程度是最弱的。

3. 颗粒紊乱运动的量化评价

前面已定性地比较了不同截面形状米筛内颗粒的紊乱运动程度，为了更加细致地考察碾白室内结构参数和操作参数对颗粒紊乱运动的影响，本小节提出平均紊乱动能的概念来定量表征颗粒的紊乱运动程度。

颗粒运动的紊乱或无序的程度通常由颗粒温度来表征。这是由 Ogawa[34] 从热力学类比引进的一个概念，它与颗粒群内产生的压力大小密切相关，同时也掌控着颗粒间动量和能的传递[35]，并构建起了颗粒热力学的基础框架。但是这个概念的应用还存在一些局限性：颗粒温度数值的大小受划分网格大小的影响[36, 37]，因为相互邻近的颗粒运动具有趋同性，因此当计算颗粒温度的网格划分得更小时，计算出的颗粒温度数值会偏小，反之亦然；颗粒温度虽然已由最初的平动颗粒温度发展出转动颗粒温度的概念，但颗粒温度仍然不是平动和转动运动紊乱程度的综合体现；另外，Sinclair[38] 指出，颗粒温度描述的是单个颗粒的紊乱程度而非整个颗粒系统。因此，为了避免上述问题，针对本书的具体情况，在颗粒温度的基础上发展了平均紊乱动能 $\overline{E}_U$ 来定量描述不同碾米辊转速下各类米筛内颗粒系统整体的紊乱程度，其具体物理意义是衡量出破坏颗粒有序运动的动能。$\overline{E}_U$ 可由以下公式计算：

$$\overline{E}_U = \overline{E}_c + \overline{E}_a + \overline{E}_r + \overline{E}_w \tag{4-24}$$

式中，$\overline{E}_c$、$\overline{E}_a$、$\overline{E}_r$ 和 $\overline{E}_w$ 分别为周向、轴向、径向和自转方向扰乱颗粒有序运动的平均紊乱动能。

一般而言，更低的平均紊乱动能对应着更为均一、有序的颗粒运动。周向平均紊乱动能 $\overline{E}_c$ 的定义如下：

$$\overline{E}_c = \frac{1}{t}\int_0^t \left(\frac{1}{n}\sum_{i=1}^n E_{ci}\right)\mathrm{d}t \approx \frac{1}{t}\sum_0^t \left(\frac{1}{n}\sum_{i=1}^n E_{ci}\right)\Delta t \tag{4-25}$$

式中，n 为样本颗粒的总数；E_{ci} 为颗粒 i 在单个样本时间间隔 Δt 内紊乱动能的周向分量。

将式（4-25）中的 E_{ci} 替换成 E_{ai}、E_{ri} 和 E_{wi}，可以分别获得 $\overline{E}_a$、$\overline{E}_r$ 和 $\overline{E}_w$ 的定义式，E_{ai}、E_{ri} 和 E_{wi} 分别为颗粒 i 在单个样本时间间隔 Δt 内紊乱动能的轴向、径向和自转方向分量。

周向运动是碾白室内颗粒螺旋上升运动的主要分量，E_{ci} 反映着颗粒 i 在平均周向运动基础上的周向速度波动。E_{ci} 可由以下公式计算：

$$E_{ci} = \frac{1}{2}m_i\left[(c_i - \overline{c})r_i\right]^2 \tag{4-26}$$

其中，

$$r_i = \frac{\sqrt{x_i(t)^2 + y_i(t)^2} + \sqrt{x_i(t+\Delta t)^2 + y_i(t+\Delta t)^2}}{2} \tag{4-27}$$

式中，m_i 为颗粒 i 的质量；c_i、$\bar{c}$ 的定义已在 4.2.6 节中给出；r_i 为颗粒 i 在单个样本时间间隔 Δt 内绕转轴周向运动的等效半径；$x_i(t)$ 和 $y_i(t)$ 分别为颗粒 i 在 t 时刻的横坐标和纵坐标。

轴向运动是碾白室内颗粒螺旋上升运动的另一个运动分量，E_{ai} 代表着颗粒 i 在平均轴向运动基础上的轴向速度波动。E_{ai} 可由以下公式计算：

$$E_{ai} = \frac{1}{2} m_i (v_{ai} - \bar{v}_a)^2 \tag{4-28}$$

其中，

$$\bar{v}_a = \frac{1}{t} \int_0^t \left(\frac{1}{n} \sum_{i=1}^n v_{ai} \right) dt \approx \frac{1}{t} \sum_0^t \left(\frac{1}{n} \sum_{i=1}^n v_{ai} \right) \Delta t \tag{4-29}$$

式中，v_{ai} 的定义已在 4.2.6 节中给出；$\bar{v}_a$ 为 n 个颗粒在一段时间内的平均轴向速度。需要说明的是，4.2.6 节中的 $\bar{v}_a'$ 是用来表征颗粒轴向运动能力的，计算时对 v_{ai} 取了绝对值，因而没有方向或正负之分。

因为碾白室内颗粒径向速度的均值 $\bar{v}_r$ 都约为零，即离心和向心的径向速度互为正负时均值接近为零，这与 4.2.6 节中取了绝对值的平均径向速度 $\bar{v}_r'$ 是不同的，因此所有径向方向上的动能都被记为紊乱动能。E_{ri} 的计算公式为

$$E_{ri} = \frac{1}{2} m_i (v_{ri} - \bar{v}_r)^2 \approx \frac{1}{2} m_i v_{ri}^2 \tag{4-30}$$

式中，v_{ri} 的定义已在 4.2.6 节中给出。

对于颗粒的自转运动，Cleary[39]指出，伴随颗粒自转运动而来的碰撞，会引起颗粒平动运动的混乱，因此产生更高的颗粒温度。Campbell[40]也认为，如果离散元模型中考虑了颗粒的表面摩擦和颗粒自转，那么计算颗粒温度时应当考虑到额外的转动颗粒温度或者全部的自转运动动能。事实上，即使所有颗粒都以相同的角速度自转，即颗粒的转动颗粒温度为零，但是在随后的碰撞中，颗粒会将其转动动能传递给其他颗粒，一些变成转动运动的形式、一些变成平动运动的形式，而这个传递过程又取决于碰撞角度等因素，因此原本一致的颗粒转动很快就会转化成平动颗粒温度。同时蕴含在平动颗粒温度中的动能也能通过碰撞转化成颗粒的转动动能，所以颗粒的转动动能应当被视为破坏颗粒有序运动的动能。这与颗粒平动运动的情况是完全不同的，因为一致的平动运动在没有外力干扰的情况下是不会自发地转化成颗粒温度的。综合以上分析，本节将所有的颗粒转动动能归属于颗粒的紊乱动能中。E_{wi} 可由以下公式计算：

$$E_{wi} = \frac{1}{2} I_i \omega_i^2 \qquad (4\text{-}31)$$

式中，I_i 为颗粒 i 的转动惯量（$\text{kg}\cdot\text{m}^2$）；ω_i 代表颗粒 i 在单个样本时间间隔 Δt 内的平均自转角速度（rad/s）。

需要说明的是，目前 EDEM 还无法提供颗粒在各个时刻的转动惯量，因此将米粒绕自身 X 轴、Y 轴和 Z 轴旋转的转动惯量均值（$3.858\times10^{-11}\text{kg}\cdot\text{m}^2$）代入计算米粒自转运动分量的紊乱动能。总体而言，平均紊乱动能描述了目标区域内整个颗粒系统中维持颗粒紊乱运动的能量大小，而颗粒温度则表示单个颗粒维持一定程度紊乱运动时单位质量颗粒所需能量的 2 倍。

在颗粒流中，其内部的动力学特征主要是通过基于颗粒温度概念的颗粒热力学规律掌控的，这是传统动力学理论在颗粒流模型中的关键部分[39]。Campbell[40]指出，颗粒温度有两种生成机制：一种是由颗粒间碰撞产生的（称为碰撞机制），在这种机制下颗粒紊乱运动的程度与颗粒间的碰撞强度成正比；另一种是流动机制，通常只在颗粒密度较小的稀疏颗粒流中占主导地位。对于颗粒较为密集、碰撞较为剧烈的碾磨区，碰撞机制无疑是产生颗粒温度或颗粒紊乱运动的主导机制。因此，本节探究碾磨区平均紊乱动能和颗粒间碰撞能、碰撞率的关系，旨在验证平均紊乱动能的实用性及其表征颗粒系统紊乱运动程度的合理性。

图 4-48 是不同碾米辊转速下不同截面形状米筛内颗粒间碰撞率与平均紊乱动能的关系。图中包含的 33 个点的数据来自前面已提及的 33 组仿真试验，图中显示，

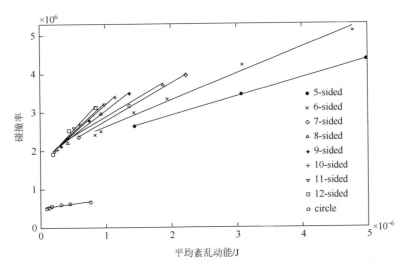

图 4-48　不同碾米辊转速下不同截面形状米筛内颗粒间碰撞率与平均紊乱动能的关系

同一种截面形状米筛条件下颗粒间的碰撞率随着平均紊乱动能的增加而呈线性增加。碰撞率的大小是由颗粒填充水平和颗粒温度两个因素共同决定的[40]，当碾白室内颗粒数维持一定程度的恒定时，碾磨区颗粒间的碰撞率会随着颗粒温度的增加而增加。图中结果表明，平均紊乱动能和颗粒温度一样可以促使颗粒间发生相互碰撞。

图 4-49 是不同碾米辊转速下不同截面形状米筛内颗粒间平均碰撞能与平均紊乱动能的关系。图中包含的 33 个点的数据同样来自前面提及的 33 组仿真试验，图中显示同一种截面形状米筛内的平均碰撞能和碰撞率一样随着平均紊乱动能的增加而呈线性增加，但更为有趣的是，各种截面形状米筛条件下获得的拟合线都有过原点的趋势。其中的机理是较为直观的，因为颗粒间的碰撞会扰乱颗粒的有序运动，而颗粒维持紊乱运动的动能是通过颗粒间的非弹性碰撞耗散的。因此，一个运动严格有序的颗粒系统不会产生碰撞，而运动更加混乱的颗粒系统则会产生更加强烈的颗粒碰撞。综合图 4-48 和图 4-49 可知，平均紊乱动能适合用来定量描述碾白室内颗粒的紊乱运动程度。

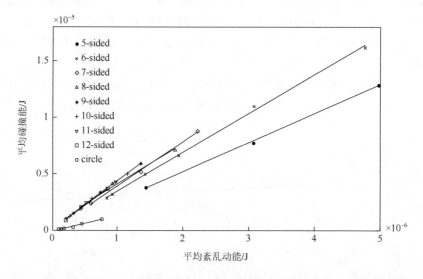

图 4-49　不同碾米辊转速下不同截面形状米筛内颗粒间平均碰撞能与平均紊乱动能的关系

图 4-48 和图 4-49 中都表明，不同形状米筛的拟合线斜率是不同的，为了解释这个现象，图 4-50（a）和（b）分别给出了碾白室内的平均颗粒数和图 4-48、图 4-49 中拟合线的斜率随米筛截面形状的变化。其中，平均颗粒数是处于动态稳定条件下碾白室内颗粒数按时间计算的平均值。如图 4-48 所示，拟合线有更大的斜率意味着相同平均紊乱动能的情况下对应着更高的碰撞率，而碰撞率的大小与碾白室内的填充水平是成正比的[40]，故图 4-50（a）中，碾白室内的平均

颗粒数与斜率值（图 4-48 中碰撞率与平均紊乱动能间拟合线的斜率值）出现相似的变化趋势是易于理解的。在图 4-50（b）中，平均颗粒数和斜率值（图 4-49 中平均碰撞能与平均紊乱动能间拟合线的斜率值）也展现出较为一致的变化趋势。结果表明，拥有更高的颗粒填充水平的碾白室对应着图 4-50 中更高斜率值的拟合线，这意味着同等碰撞强度下有更高颗粒填充水平的碾白室倾向于形成更低的平均紊乱动能，即在同等强度的碰撞下填充水平更高的颗粒系统以更为有序的状态运动。一种较为合理的解释是，更高的颗粒填充水平意味着颗粒在

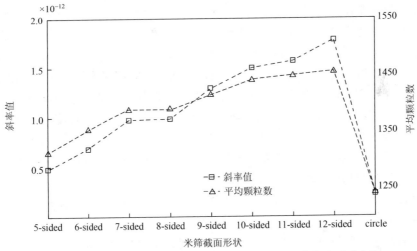

(a) 碰撞率与平均紊乱动能间的拟合线斜率和平均颗粒数随米筛截面形状的变化

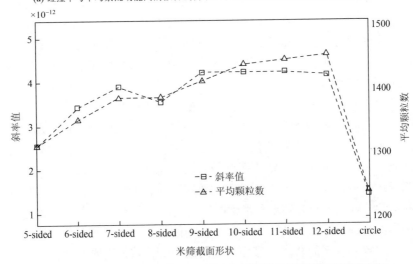

(b) 平均碰撞能和平均紊乱动能间的拟合线斜率和平均颗粒数随米筛截面形状的变化

图 4-50　平均颗粒数和拟合线斜率随米筛截面形状的变化

碾白室内有更少的自由活动空间，颗粒会被其周围增加的颗粒围困住，即颗粒间的笼效应[41]随着碾白室内颗粒填充水平的增加而加强，故颗粒的紊乱运动也会被其周围增加的颗粒所限制。

碰撞能、碰撞率是混合、碾磨和制药等生产过程中的重要特征参数[42]，Kano等[43]也认为，颗粒的碰撞强度与其碾磨效率线性相关，是描述颗粒碾磨过程的关键参数。然而本书的目的并非是利用颗粒的紊乱动能来预测碰撞率、碰撞能，而是希望通过这些碰撞特征参数的桥梁作用来确认颗粒的紊乱运动动能与碾白室内颗粒的碾磨程度间的关系。前期研究[31]已经发现，从米粒上碾下的糠层主要聚积在平均碰撞能最高的碾磨区中层区域。在本书中，由于碰撞能、碰撞率与平均紊乱动能间的线性关系，颗粒的紊乱运动程度和碰撞强度在某层意义上来说是等价的。综合上述分析可知，颗粒系统的紊乱运动动能和碰撞强度一样可以体现碾白室内颗粒的碾磨程度。Poritosh 等[44]指出，更低的碾磨程度不仅可以增加出米率、减少米粒在整个使用周期内的能源消耗，而且可以使碾后的大米保留更多食用纤维、脂质等营养。从图 4-48 和图 4-49 中可知，米粒紊乱运动程度的增加意味着米粒碰撞强度的加强，并给米粒的碾磨带来两种可能的效果：增强的碰撞强度可以使碾白室内米粒的碾磨以效率更高的方式进行，但是过度的碰撞会产生更多的碎米和导致营养物质流失。因此，碾白室内颗粒维持适度的紊乱运动程度或碰撞强度是保证米粒碾磨质量和碾磨效率的关键，可见平均紊乱动能是一个有实用价值的特征参数。

前面通过速度场和各速度分量的概率密度分布定性地探究了米筛截面形状对颗粒紊乱运动的影响，且提出了量化表征颗粒紊乱运动的平均紊乱动能，并验证了该参数的实用性及其描绘颗粒紊乱运动程度的合理性。在此基础上，本节将进一步探究碾米辊转速和米筛截面形状对平均紊乱动能等动力特征参数的影响。

图 4-51 配置不同截面形状米筛的碾米机在三种碾米辊转速（700r/min、1050r/min 和 1400r/min）下碾白室内部颗粒的平均紊乱动能。图中显示，米筛截面形状和碾米辊转速都对颗粒平均紊乱动能有较大的影响，碾白室内颗粒紊乱运动的强度随着碾米辊转速的增加而加强、随着米筛边数的增加而减弱，圆形米筛时达到最小，这与 4.1 节中颗粒运动一致性分析的结论相符合。此外，配置边数更多的正多边形米筛内碾米辊转速对颗粒紊乱运动的影响有减弱的趋势，并在圆形米筛时达到最低。需要指出的是，边数更少的正多边形米筛内会发生更加剧烈的紊乱运动，可能是因为转轴和米筛间径向间隙（碾米业中称为"存气"）的变化更为剧烈，而圆形米筛的情况下不存在径向间隙的变化，故其碾白室内的颗粒运动处于一种较为有序的状态。另外，径向间隙变化快慢对颗粒紊乱运动有影响的假设似乎也能用于解释碾米辊转速对颗粒紊乱运动的影响。

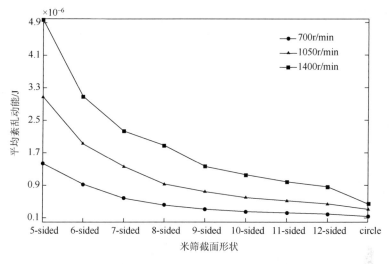

图 4-51　不同碾米辊转速下不同截面形状米筛内颗粒的平均紊乱动能

图 4-52 和图 4-53 分别是配置不同截面形状米筛的碾米机在三种碾米辊转速（700r/min、1050r/min 和 1400r/min）下碾白室内颗粒的碰撞率和平均碰撞能。图中显示，颗粒间的碰撞率和平均碰撞能显现出和平均紊乱动能类似的趋势，即颗粒的碰撞强度随碾米辊转速的增加而增强、随正多边形米筛边数的增加而减弱，且在圆形米筛时最弱。这表明，米筛截面形状和碾米辊转速对颗粒间碰撞强度的影响也许是通过扰乱颗粒群的有序运动实现的，或者表明米筛结构和碾米辊转速对颗粒紊乱

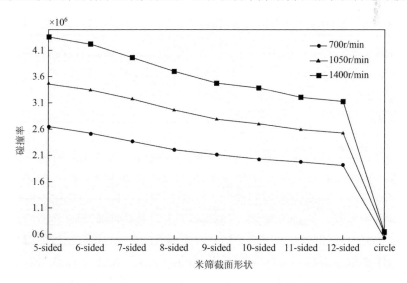

图 4-52　不同碾米辊转速下不同截面形状米筛内颗粒的碰撞率

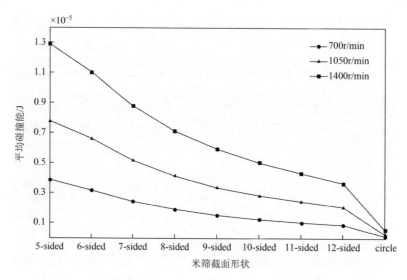

图 4-53　不同碾米辊转速下不同截面形状米筛内颗粒的平均碰撞能

运动的影响是通过影响颗粒间的碰撞实现的。本书考察颗粒的紊乱动能和碰撞能时主要关注其平均值的大小，而 Morrison 等[45, 46]认为只有一部分碰撞能足以引起破坏效应，因此能够引起损伤积累的碰撞能级门槛及碰撞能的概率密度分布仍待进一步探究。

4.2.8　碾白室内部的空间形态变化

碾白室是米粒发生碾磨的空间，其内部空间形态的变化与内部的各种颗粒行为都密切相关。无论是米筛的结构参数，还是碾米辊转速发生改变都会引起碾白室内空间形态的改变。为此，本节主要探究碾白室内部空间形态变化与颗粒紊乱运动的关系。

1. 平均间隙变化率

随着转轴的顺时针旋转，由于正多边形米筛的旋转对称性，转轴上的凸筋与米筛间的径向间隙变化是周期性的。受碾白室内空间形态变化的驱使，颗粒往往展现出较为复杂的行为模式。如前面所述，凸筋和米筛间的径向间隙的变化可能对碾白室内颗粒的运动状态造成显著的影响。为了更好地理解各种结构参数和操作参数下碾白室内颗粒的运动、动力特征，本小节结合米筛的结构参数和碾米辊转速提出平均间隙变化率 $\bar{v}_e$ 的概念，并探讨它的本质及其与颗粒紊乱运动间的关系。

从图 4-12（c）可知，当转轴转动时，转轴上的凸筋与米筛间的径向间隙会经历从最大间隙 d_{max} 到最小间隙 d_{min} 的周期性变化。平均间隙变化率的物理意义就是凸筋在径向方向上向米筛靠近或者远离的平均速度，可以通过 $(d_{max} - d_{min})/\Delta T$ 来计算，其中，ΔT 是径向间隙从 d_{max} 变化到 d_{min} 时所需的时间。根据正多边形的几何属性，$\overline{v}_e$ 也可以由以下公式来计算：

$$\overline{v}_e = \frac{n\xi R_s\left(1 - \cos\dfrac{\pi}{\xi}\right)}{30} \tag{4-32}$$

式中，n、ξ 和 R_s 分别是碾米辊转速、正多边形米筛的边数和外接圆半径。

从某种意义上来说，$\overline{v}_e$ 的大小体现了碾白室内空间形态变化的程度，它整合了系统的结构参数和操作参数，为探究碾白室内颗粒的运动、动力学特性提供了新的思路。

图 4-54 是不同碾米辊转速下不同截面形状米筛内颗粒的平均紊乱动能随平均间隙变化率的变化。图中的数据点来自 27 组仿真试验，即前面提及的 33 组试验除去 6 组圆形米筛的试验。图中显示，27 个不同碾米辊转速和不同截面形状米筛组合的数据点都落在了同一条曲线附近。这表明任何碾米辊转速和米筛截面形状的条件下，平均紊乱动能的大小都主要取决于平均间隙变化率的大小，平均紊乱动能 $\overline{E}_U$ 随着平均间隙变化率的增加而增加。图中的拟合曲线可由以下公式进行描述：

$$\overline{E}_U = p_1\overline{v}_e^2 + p_2\overline{v}_e + p_3 \tag{4-33}$$

式中，$p_1 = 4.996\times10^{-12}$；$p_2 = 1.256\times10^{-9}$；$p_3 = -2.077\times10^{-7}$；拟合度 $R^2 = 0.996$。

这个结果表明，平均间隙变化率是正多边形米筛内颗粒紊乱动能的相似基准，

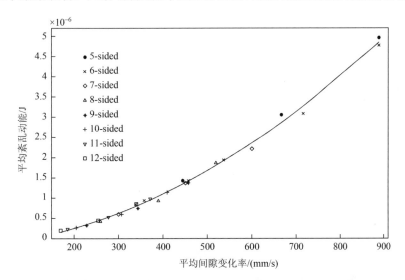

图 4-54　不同碾米辊转速下不同截面形状米筛内颗粒的平均紊乱动能随平均间隙变化率的变化

是一个有应用价值的参数群。这意味着通过米筛的几何参数和碾米辊转速可以有效地预测颗粒系统的紊乱运动程度，且米筛边数少、低转速和米筛边数多、高转速的情况也许会有相同的平均间隙变化率，即两种情况下的碾白室内颗粒可以产生同等强度的紊乱运动，这将为碾米机的设计提供有益的参考，即碾白室内更剧烈的空间形态变化会导致更加强烈的紊乱运动，从而导致更加剧烈的碰撞和碾磨。这个相似基准的发展和应用不应局限于碾米机，因为颗粒热力学控制着颗粒系统中很多让我们感兴趣的现象和属性[35]。

2. 圆形米筛内的空间形态变化

本书的一个重要发现是描述碾白室内空间形态变化的平均间隙变化率可以作为正多边形米筛内颗粒紊乱运动强度的相似基准。然而，平均间隙变化率无法表征圆形米筛内的空间形态变化，根据平均间隙变化率的定义，圆形米筛在任何碾米辊转速下的 $\bar{v}_e$ 值都为零。为此，本小节考察圆形米筛内平均紊乱动能和碾米辊转速的关系。

图 4-55 是圆形米筛内的颗粒平均紊乱动能随碾米辊转速的变化，图中显示，六种碾米辊转速下的数据点都落在同一条曲线附近，且 $R^2 = 0.987$。这说明圆形米筛条件下的碾米辊转速和正多边形米筛条件下的平均间隙变化率一样体现了碾白室内的空间形态变化程度，因而可以与颗粒的平均紊乱动能建立很好的相关关系。从这层意义上来看，颗粒系统紊乱运动的能量源于所处空间的空间形态变化，这条本质规律在任何截面形状的米筛内都是成立的。

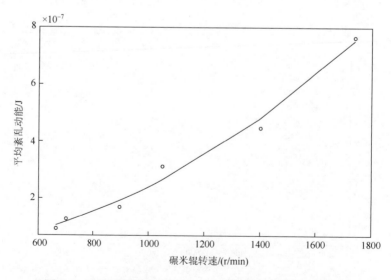

图 4-55　圆形米筛内颗粒平均紊乱动能随碾米辊转速的变化

4.2.9　米粒行为特征相似准则的探究

颗粒处理设备根据进料方式可分为类批式处理设备和连续式处理设备。目前针对相似准则的研究多关注类批式处理设备,而关于连续式处理设备的研究由于无法控制填充水平等因素仍较为少见,其中,Williams[47]将连续式处理设备分解为径向类批式作业部分和轴向输送部分的思想为本节中关于相似准则的研究提供了很好的启发。

本节基于离散元法模拟椭球颗粒在类批式碾米设备内的碾磨试验,首先提出间隙变化曲线的概念,并建立类批式碾磨设备模型,随后验证类批式碾磨设备模型替代连续式碾磨模型进行试验的合理性,最后利用类批式碾磨模型探究相同间隙变化曲线条件下颗粒的运动、动力特性。

1. 类批式碾磨设备模型的建立

如图 4-56(a)中由转轴、套筒、料仓和正多边形筛筒等构成的立式碾米机为前述研究中采用的立式碾磨设备,运行时颗粒受喂料螺旋的驱使作用由料仓逐渐进入碾白室,短暂停留后又从碾白室上方的出口排出,可见对碾白室而言,米粒流同时保持持续进入和持续流出的状态,因此该设备也可以称为连续式碾磨设备。

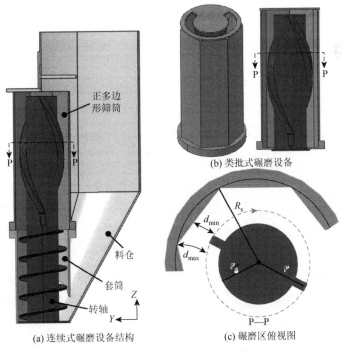

(b) 类批式碾磨设备

(a) 连续式碾磨设备结构

(c) 碾磨区俯视图

图 4-56　碾磨设备几何结构图

前面提出用平均间隙变化率来表征碾磨区径向间隙变化的快慢，并得出了平均间隙变化率 $\bar{v}_e$ 与碾磨区颗粒紊乱运动程度间的相关关系，由此可见，碾磨区的径向间隙变化特征对碾磨区的颗粒行为有很大影响。值得注意的是，作为平均值的平均间隙变化率只能较为粗略地体现碾白室内的径向间隙变化特征，因此本节提出间隙变化曲线的概念来更加细致地描述碾白室内的径向间隙变化特性，并探究将其作为规格放大准则的可能性。间隙变化曲线是碾筋顶面与正多边形筛筒间间隙 d 随时间 t 变化的函数曲线，根据正多边形米筛的几何特征和转轴的运动状态，d 可以由以下公式来表述：

$$d = \frac{R_s \cos\dfrac{\pi}{\xi}}{\cos\left(\dfrac{\pi}{\xi} - \bmod_{\frac{2\pi}{\xi}} nt\right)} - r \tag{4-34}$$

式中，R_s 为正多边形米筛外接圆半径；r 为轴心到碾筋顶面的转轴半径（图 4-56（c））；ξ 为正多边形米筛的边数；n 为碾米辊转速（rad/s）。

前述研究 1400r/min 碾米辊转速条件下等截面面积的正五边形米筛至正十二边形米筛的间隙变化曲线如图 4-57 所示。图中显示，配置正多边形米筛设备的间隙变化曲线是类似波浪形的周期函数曲线，且曲线的周期和幅值随着正多边形米筛边数的增加而减小。

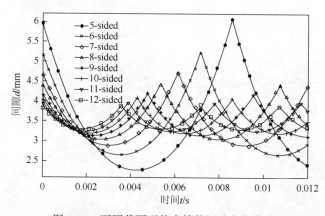

图 4-57　不同截面形状米筛的间隙变化曲线

为了研究不同间隙变化曲线对碾磨区颗粒的影响，需要控制其他变量保持不变。由图 4-31 可知，原有的连续式碾磨设备模型无法保证不同条件下碾磨区的颗粒填充水平保持不变。填充水平的不同不仅影响颗粒间的笼效应[41]，也会影响转轴机械能输入颗粒系统的状态[48]。因此本节对原有的碾磨设备模型进行了简化，建立了仅包含碾磨区的类批式碾磨设备模型（图 4-56（b）、（c）），即碾白室内的颗粒群不发生更替，其内部的颗粒数可以根据需要通过颗粒工厂设定，并在运行时保持恒定。采用类批式碾磨设备，间隙变化曲线不同的碾磨区也能保证颗粒填充水平的恒定。

将图 4-57 中 1400r/min 碾米辊转速下正五边形、正七边形和正十边形米筛的间隙变化曲线分别定义为 A、B、C 型间隙变化曲线，并以此为基准使配置不同边数正多边形米筛的类批式碾磨设备调配出相同的间隙变化曲线。需要说明的是，间隙变化曲线幅值的一致可以通过调节米筛外接圆半径 R_s 和光轴半径 r_g（图 4-56（c））实现，周期的一致则通过调整碾米辊转速来实现。为使配置不同边数正多边形米筛的碾白室与相应的基准碾白室一致，根据正多边形米筛的几何属性，碾白室的几何参数和操作参数应满足以下关系：

$$R'_s = \frac{R_s\left(1-\cos\dfrac{\pi}{\xi}\right)}{1-\cos\dfrac{\pi}{\xi'}} \tag{4-35}$$

$$r' = R'_s - (R_s - r) \tag{4-36}$$

$$n' = \frac{n\xi}{\xi'} \tag{4-37}$$

式中，R'_s、r'、ξ' 和 n' 分别为参照基准间隙变化曲线设置的碾白室的米筛外接圆半径、转轴半径、米筛边数和碾米辊转速。

本节为每种基准间隙变化曲线设计了四种截面形状米筛的试验，A、B、C 型曲线共计 12 组试验。

根据式（4-35）～式（4-37）的计算，各组仿真试验中的米筛结构、转轴半径和碾米辊转速等参数如表 4-7 所示。碾筋的高度（3.87mm）、宽度（3.5mm）、形状和颗粒的填充水平（40%）在各组试验中均保持不变。

表 4-7　仿真所用的几何和操作参数

线型	米筛截面形状	米筛外接圆半径/mm	转轴半径/mm	碾米辊转/(r/min)	颗粒数
A型	正五边形	19.9487	13.8700	1400	1420
	正六边形	28.4372	22.3585	1167	2392
	正七边形	38.4714	32.3927	1000	3589
	正八边形	50.0504	43.9717	875	5034
B型	正六边形	13.7450	9.0200	1633	884
	正七边形	18.5950	13.8700	1400	1420
	正八边形	24.1917	19.4667	1225	2053
	正九边形	30.5350	25.8100	1089	2791
C型	正九边形	14.5619	10.4890	1556	1045
	正十边形	17.9429	13.8700	1400	1420
	正十一边形	21.6799	17.6070	1273	1841
	正十二边形	25.7728	21.6999	1167	2310

　　图4-58简述了类批式碾磨设备的模拟试验过程。首先，颗粒在重力作用下由设备顶部的弧形槽孔落入碾白室，落料完毕后静置一段时间，使颗粒完全静止，随后关闭顶部的弧形槽孔，并使转轴以设定的碾米辊转速开始运转，经过一段时间后碾磨区的颗粒系统达到了动态稳定状态。本节所提取的数据样本都来自颗粒系统的动态稳定阶段。

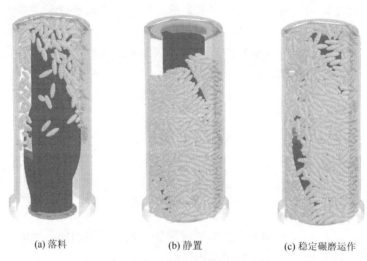

(a) 落料　　　　　　　(b) 静置　　　　　　　(c) 稳定碾磨运作

图 4-58　类批式碾磨设备模拟试验过程

2. 类批式碾磨设备模型的合理性验证

　　正如前面所提到的，为了使各种试验条件下碾磨区内的颗粒填充水平保持一致，将设备模型由连续式简化为类批式是必要的。然而类批式碾磨设备模型虽然便于控制碾磨区的填充水平，但是它与相同米筛配置的连续式碾磨设备模型在两个轴向端口结构和轴向动力供应上存在着很大的差异。因此，需要先验证类批式碾磨设备模型替代连续式碾磨设备模型碾磨区的合理性。

　　图4-59是碾米辊转速为1400r/min时配置相同正五边形、正七边形和正十边形米筛的连续式和类批式碾磨设备内颗粒间碰撞能的概率密度分布，其中，连续式设备的试验数据来自前述研究中立式碾磨设备的碾磨区，类批式设备的数据来自前面提及的三种基准碾白室。碰撞能是混合、碾磨和制粒等过程的重要参数[42]，也是描述碾白室内米粒碾磨状态最为关键的参数。图中显示，配置相同米筛的类批式和连续式设备内颗粒碰撞能的概率密度分布近乎完全重合，由此可见，用类批式碾磨模型替代连续式碾磨模型碾磨区的设想是可行的。这种将设备不同功能块分拆以后进行独立研究的方法可使复杂的颗粒系统化繁为简，为设备的结构优化设计提供了新思路，该方法也可以推广到其他颗粒处理设备。

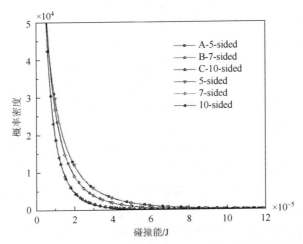

图 4-59　连续式和类批式碾磨设备内颗粒间碰撞能的概率密度分布

3. 恒定间隙变化曲线下颗粒的运动相似

为了验证间隙变化曲线是否可以作为相关碾磨设备内颗粒行为特征的相似准则，分析相同间隙变化曲线下不同处理量设备内的颗粒运动是必要的。需要说明的是，作为用来模拟连续式设备碾磨区作业功能的类批式设备，其内部颗粒的轴向运动与连续式设备的情况是完全不同的，因此本节仅分析颗粒的径向运动和切向运动。

颗粒在碾磨设备内的径向运动和颗粒与碾米辊接触的频率密切相关，且碾白室内颗粒在径向方向上的碾磨强度分布也并不均匀，因此径向运动对颗粒碾磨的均匀性有很大的影响。图 4-60 给出了 A、B、C 型三种间隙变化曲线条件下颗粒在 2s 内

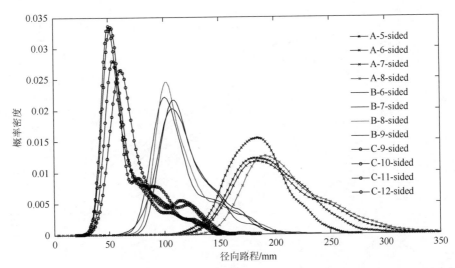

图 4-60　不同间隙变化曲线下颗粒在 2s 内径向路程的概率密度分布（彩图见封底二维码）

径向路程的概率密度分布。图中结果表明，虽然类批式设备所配置的米筛截面形状不同，但是同一种间隙变化曲线下径向路程的概率密度分布较为一致，且 12 组试验对应的三种间隙变化曲线线型形成了三个界限清晰的分布聚积，这说明保持间隙变化曲线的一致可以使颗粒的径向运动维持一定程度的相似。此外，A 型间隙变化曲线条件下颗粒的径向运动最为剧烈，B 型和 C 型间隙变化曲线条件下颗粒的径向运动强度依次递减。图 4-57 显示 A、B、C 型曲线的间隙变化幅度依次递减，即供颗粒发生径向运动的空间越来越小，因而 A、B、C 型间隙变化曲线条件下颗粒的径向运动强度依次减小。

颗粒切向速度的方向通常与动力机构的运动方向相一致，因此颗粒的切向速度往往远大于其他方向的速度分量，在各速度分量中占主导地位。图 4-61 给出了不同间隙变化曲线下标准化切向速度的径向分布，即将颗粒的切向速度除以碾筋在颗粒位置对应的切向速度。为了使不同几何结构下的设备具有可比性，对颗粒的径向位置进行了归一化处理，如式（4-38）所示：

$$r_{\mathrm{p}}' = (r_{\mathrm{p}} - r_{\mathrm{g}})/(R_{\mathrm{s}} - r_{\mathrm{g}}) \qquad (4\text{-}38)$$

式中，r_{p} 为颗粒到轴心的距离；r_{g} 为光轴半径（图 4-56（c））。

图 4-61 显示，同一种间隙变化曲线下切向速度的径向分布较为接近，并且形成了三种彼此间易于区分的线型。结果表明，采用相同间隙变化曲线的设备可以使颗粒的切向运动维持一定程度的相似。相较于 A、B 型间隙变化曲线的情况，采用 C 型间隙变化曲线的设备内较为平缓的间隙变化也使得颗粒的切向运动受到较少的干扰，其切向速度比其他线型大。姚惠源[49]研究发现，米粒流与转轴的相

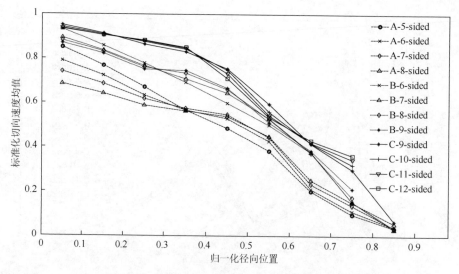

图 4-61　不同间隙变化曲线下标准化切向速度的径向分布（彩图见封底二维码）

对运动速度大小是影响米粒碾磨效率的关键参数，图中结果显示，相同间隙变化曲线下米粒与转轴的相对运动速度（即标准化的切向速度）是相近的，不同间隙变化曲线下的相对运动速度是不同的。由此可见，保持间隙变化曲线一致可以维持一定程度的碾磨效率相似。此外，图中显示同一种线型下配置不同米筛的碾白室内靠近光轴的颗粒切向速度出现了较大的差异，这在 A 型间隙变化曲线的条件下尤其明显。较为合理的解释是 A 型间隙变化曲线条件下设备的光轴半径差异是最大的，即与颗粒相接触的光轴表面的曲率差异是最大的，这些差异对颗粒的切向运动有一定的影响。

通过对比各种间隙变化曲线下颗粒的径向路程概率密度分布和切向速度的径向分布，可以发现在间隙变化曲线一致的情况下，不同结构参数、操作参数和处理量的设备可以维持一定程度的运动相似。

4. 恒定间隙变化曲线下颗粒的动力相似

颗粒碰撞能是评价颗粒动力特征的关键参数，为了明晰间隙变化曲线一致时是否存在动力相似的情况，我们分析颗粒间碰撞能的径向分布特征。图 4-62 给出了三种间隙变化曲线下颗粒间平均碰撞能在径向方向的分布状况。图中结果显示，同一种间隙变化曲线下颗粒间的平均碰撞能的径向分布较为一致，可见在间隙变化曲线一致的情况下，不同处理量的设备可以维持一定程度的动力相似。相较于颗粒切向速度的径向分布，同一种线型下平均碰撞能的分布一致性更为明显，且出现较大差异的位置是与米筛内角相接触的区域。间隙变化曲线相同的不同设备在光轴半径、米筛外接圆半径、碾米辊转速和正多边形米筛边数等方面存在差异，其中，米筛边数的变化意味着不同米筛间的内角大小存在差异，而这种差异的位置正好与平均碰撞能出现差异的位置相互重合。因此，可以推测正多边形米筛的内角大小对其临近区域的颗粒碰撞有一定的影响。

图 4-62 中平均碰撞能的大小顺序为 A 型＞B 型＞C 型，这与三种间隙变化曲线线型的平均间隙变化率的大小排序相一致。平均间隙变化率是衡量碾白室内空间形态变化程度的概念，前述研究中不仅确定了平均间隙变化率与颗粒紊乱运动间的相关关系，而且发现在同一种米筛内，颗粒的紊乱运动强度与颗粒的碰撞强度线性相关。然而，之前的研究却无法建立起平均间隙变化率与颗粒碰撞强度（如碰撞率、平均碰撞能）间的直接联系。根据平均紊乱动能的定义可知，这是一个关于颗粒数取了平均值的特征参数，而平均碰撞能只是关于碰撞数的平均值。此外，本书第 3、4 章研究中采用的连续式碾磨设备由于配置了不同截面形状的米筛，其碾磨区的颗粒填充水平也不同（图 4-31）。综合考虑上述因素可以设想，无法建立直接联系的原因是各种试验条件下的颗粒填充水平无法保持一致。本书提出的类批式设备设计方法可以控制碾磨区的颗粒填充水平，因此便于探究平均间隙变化率与颗粒碰撞强度间的关系。

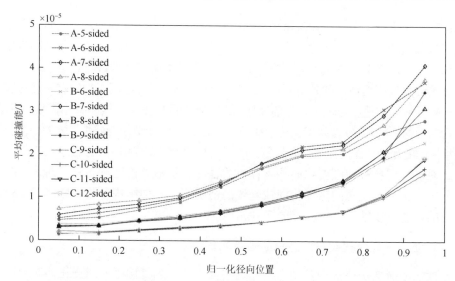

图 4-62　三种间隙变化曲线下颗粒间平均碰撞能的径向分布（彩图见封底二维码）

　　图 4-63 是平均间隙变化率与平均碰撞能间的关系，其中，平均碰撞能是整个碾磨区范围内颗粒间碰撞能的均值。图中结果表明，同一种间隙变化曲线下，不同几何参数、操作参数和处理量的设备的平均碰撞能非常接近，这与图 4-62 的结果相符合。另外，图中显示平均碰撞能与平均间隙变化率之间有很明显的线性关系（ $R^2 = 0.9933$ ），可见在填充水平相同的情况下可以建立起平均间隙变化率与颗粒碰撞强度的直接联系，这说明碾磨区颗粒的碰撞强度很大程度上取决于碾白

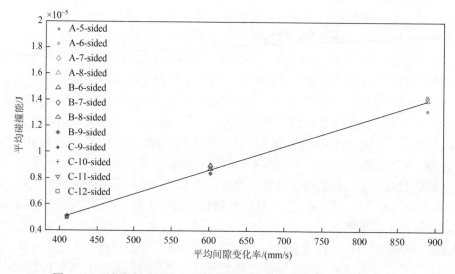

图 4-63　平均间隙变化率与平均碰撞能的关系（彩图见封底二维码）

室内的空间形态变化程度，即碾白室内更剧烈的空间形态变化会导致碾磨区更加剧烈的颗粒碰撞、碾磨，这个结果能为相关设备的参数优化设计提供参考。此外，这个结果也证实了关于连续式碾磨模型内平均间隙变化率与平均碰撞能间无法建立相关关系的原因设想。

4.3　横式擦离式碾米机的离散元模型

4.3.1　横式擦离式碾米机碾白模拟过程

本节对横式擦离式碾米机内米粒碾白过程的模拟借助于现有商业离散元软件EDEM™。同时以3.1节所提及的实验室级横式擦离式碾米机为原型机并对其进行测绘，进而构建碾米机离散元仿真模型，如图4-64所示。需强调的是，研究旨在模拟碾米机内米粒碾白运动过程，而不是为了真实地"复现"米粒表面糠层碾除过程。因此，该碾米机模型是对现有实验室级碾米机的简化，如省去出料口调节装置、米筛筛眼及改进料斗等。

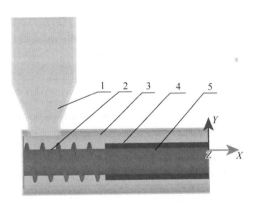

图4-64　实验室级横式擦离式碾米机离散元仿真模型

1.料斗；2.螺旋输运器；3.米筛；4.凸筋；5.碾米辊

与实际实验室级碾米机配置大体相同，该碾米机模型大致由料斗、螺旋输运器、米筛、碾米辊组成，其中，碾米辊上布置有两条对称凸筋。米筛与螺旋输运器所组成的空腔称为"输运室"，其作用是源源不断地向碾白室输运米粒；而米筛与碾米辊所组成的空腔称为"碾白室"，米粒擦离碾白主要在该区域实现。实验室级横式擦离式碾米机关键部件的具体结构尺寸详见表4-8。需强调的是，全局坐标系位于碾白室出口截面中心处。

表 4-8　实验室级横式擦离式碾米机关键部件结构尺寸

名称	参数	数值
料斗	长度 L_{hopper}/mm	50
	宽度 W_{hopper}/mm	30
	高度 H_{hopper}/mm	80
	锥角 β/(°)	22
碾米辊	螺旋输运器螺距 P_{screw}/mm	12
	螺旋输运器直径 D_{screw}/mm	30
	螺旋输运器长度 L_{screw}/mm	60
	碾米辊直径 D_{shaft}/mm	20
	碾米辊长度 L_{shaft}/mm	80
	凸筋长度 L_c×宽度 W_c×厚度 H_c	80mm×3.5mm×4mm
	碾米辊转速 ω_{shaft}/(r/min)	800
米筛	米筛长度 L_{sieve}/mm	140
	米筛内径 D_{sieve}/mm	48
仿真	时间步长 Δt/s	$1.35×10^{-5}$

　　模拟开始前，在碾米机料斗内连续且随机生成粒径符合正态分布的米粒，期间不运转碾米辊及螺旋输运器，如图 4-65（a）所示。当米粒群堆满料斗后，螺旋输运器和碾米辊以固定转速（800r/min）开始旋转，米粒在重力作用下逐渐落入输运室，并由螺旋输运器将其带入碾白室，如图 4-65（b）所示。进入碾白室的米粒因受到其相邻米粒及碾米辊和米筛间的剧烈搓擦碰撞作用而达到碾除表面糠层的目的。在仿真 4s 后，碾白室内形成宏观上稳定的米粒流运动，如图 4-65（c）所示。稳定米粒流指碾白室内米粒速度的波动在平均速度上下偏差的范围内。

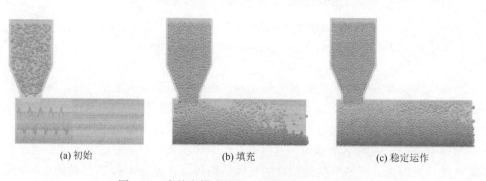

(a) 初始　　　　　　　　　　(b) 填充　　　　　　　　　　(c) 稳定运作

图 4-65　米粒在横式擦离式碾米机内的运动过程

4.3.2　横式擦离式碾米机离散元模型验证

在对实验室级横式擦离式碾米机内米粒碾白过程进行模拟前，需对所选用的离散元接触模型及相关参数进行试验验证。目前，验证方法大致可分为直接验证和间接验证两类。直接验证是指利用先进测试技术，如正电子粒子发射追踪（positron emission particle tracking）[50]、粒子图像测速（particle image velocimetry）[51]、核磁共振成像（magnetic resonance imaging）[52]和 X 射线断层摄影（X-ray tomography）[53]等，对试验过程进行可视化，并将试验所得颗粒信息（力、速度、加速度）与仿真结果直接进行比较，从而验证离散元仿真的可行性。间接验证是指在试验中获取一些较易测量的参量[54-56]，如停留时间、功率、质量流率等，并将其与仿真结果相对比，从而验证离散元仿真的可行性。尽管直接验证相比于间接验证可信度更高，但直接验证不仅成本高，而且仅能进行小规模试验。因此，基于上述分析，本节采取间接验证的方式，选取稻谷和白米分别表示不同静摩擦系数的米粒，并以单粒米停留时间和碾米机实时功率为指标，验证离散元模拟的可行性。

在数值模拟中，功率的计算参照 Jayasundara 等所提出的方法[57]。其原理是碾米辊对碾白室内的米粒进行搅动时，米粒对碾米辊的阻力会形成一个阻碍碾米辊转动的阻力矩，在每个时间步长内所受阻力矩的总和，即为碾米辊在任意时间步长下所受的总阻力矩，然后将总阻力矩与碾米辊转速相乘，即得到碾米机在任意时刻的功率。与碾米辊消耗功率的计算相同，螺旋输送器所消耗的功率采用相同方法获得，最终将两者相加可得到模拟中碾米机消耗的总功率。其中，仿真中的采样间隔为 0.2s。

在实际碾米试验中，碾米机实时功率值可利用功率计量仪获取。该计量仪所设置的采样间隔为 1s。需指出的是，采样后实时功率值需减去碾米机空载时所消耗的平均功率。此外，在获取单粒米取停留时间时，考虑到米粒在米机出口处有较大速度，人工测量停留时间会引起较大误差。因此，借助于高速摄像机（Phantom V5.1-4G）记录染色米粒从放入碾米机到其离开碾米机的过程。参考 Zhao 等[58]使用的数据采集方法，搭建了碾米试验数据采集系统，其结构简图和具体配置如图 4-66 所示。高速摄像的成像速率为 100 帧/s，即采样间隔为 0.01s。

试验的大致过程是，首先不断地给碾米机供料，其次随着米粒经料斗进入碾米机，螺旋输运器及碾米辊的功率消耗逐渐增加。当米粒流达到稳定后功率近似不变，其间，在距料斗顶端 5mm 处放置单个标记米粒，检测其从进到出所用时长，并重复 10 次取其平均值。

图 4-67 分别为两种米粒在碾磨过程中碾米机功率及单粒米停留时间的变化。需要指出的是，稻谷和白米在仿真中的离散元模型、物理属性参数及接触参数的获取

均与前述米粒的获取方法相同，此处不再赘述，其具体数值可参考相关研究[59]。由图可知，仿真获得的单粒米停留时间和米机功率均与试验结果相接近，表明应用离散元法对实验室级横式擦离式碾米机内米粒碾白运动过程的模拟是可行的。

碾米机功率和单粒米停留时间的试验值与仿真值均存在略微差异，这可能源于两方面原因：其一是在实际碾磨过程中会存在能量损失，如碾米机的发热、噪声和振动，同时还存在米粒磨损和破碎，而这些在仿真中均未考虑；其二是两种米粒因静摩擦系数的差异会引起轴向分散能力的不同，使得稻谷的停留时间标准偏差大于白米[60, 61]。

图 4-66　碾米试验数据采集系统

1.高速摄像机；2.台式计算机；3.电控箱；4.调速电机；5.碾米机简化模型

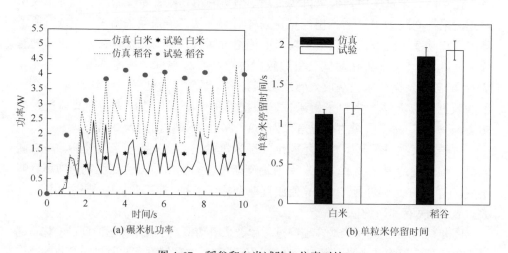

(a) 碾米机功率　　　　　　　　　(b) 单粒米停留时间

图 4-67　稻谷和白米试验与仿真对比

4.4　碾米辊结构参数的影响

本节主要分析横式碾米机内碾米辊结构参数对米粒碾白运动特征的影响规律，具体涉及碾米辊上凸筋高度、凸筋倾角及凸筋数量，为横式碾米机内碾米辊结构参数的优化设计提供参考。

横式碾米机离散元模型大致由料斗、螺旋输运器、米筛、碾米辊组成，其中，碾米辊上布置有两条对称的凸筋。为明晰凸筋结构对米粒碾白过程的影响，将凸筋高度 H_C、凸筋倾角 α_C 和凸筋数量 N_C 作为试验因素。

当研究凸筋高度对米粒碾白运动特征及碾磨性能的影响时，其高度变化为 4～12mm、间隔为 2mm，而其倾角为 0°、数量为 2 根，并保持不变；当研究凸筋倾角对米粒碾白运动及碾磨性能的影响时，其倾角变化为 0°～15°、间隔为 3°，而其高度为 9mm、数量为 2 根，并保持不变；当研究凸筋数量对米粒碾白运动及碾磨性能的影响时，其数量变化为 2～6 根、间隔为 1 根，而其倾角为 0°、高度为 9mm，并保持不变。

需指出的是，利用凸筋与筛筒间的间隙 G 对凸筋高度 H_C 进行无量纲化，碾白室横截面结构简图如图 4-68 所示。无量纲化的具体表达式为

$$H_{D,C} = \frac{H_C}{G} \tag{4-39}$$

式中，$H_{D,C}$ 为去量纲后的凸筋高度。

此外，为确保不同凸筋高度下，碾白室总体积保持不变，则增加凸筋高度，与之相应的是减少其宽度，且两者间的对应关系如表 4-9 所示。

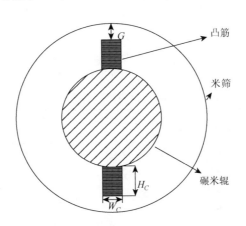

图 4-68　碾白室横截面结构简图

表 4-9　凸筋高度与宽度间的对应关系

凸筋高度 H_C/mm	去量纲后的凸筋高度 $H_{D,C}$	凸筋宽度 W_C/mm	凸筋与筛筒的间隙 G/mm	凸筋数量 N_C	凸筋倾角 α_C/(°)
4	0.4G	4.5	10	2	0
6	0.75G	3	8	2	0
8	1.3G	2.25	6	2	0
9	1.8G	2	5	2	0
10	2.5G	1.8	4	2	0
12	6G	1.5	2	2	0

还需强调的是，凸筋倾角 α_C 实际是指凸筋的螺旋角 β_C，且其与相应的螺旋升角 γ_C 满足互余关系，详见图 4-69，具体表达式为

$$\gamma_C = \frac{\arctan\left(\dfrac{P_{\text{screw}}}{\pi D_C}\right)180}{\pi} \tag{4-40}$$

式中，D_C 为碾米辊的直径（mm）；P_{screw} 为螺距（mm）。

为保证不同凸筋数量下，碾白室总体积保持不变，则增加凸筋数量，与之相应的是减小其宽度 W_C，两者间对应关系如表 4-10 所示。此外，需强调的是，凸筋倾角的变化对碾白室总体积无显著影响，具体而言，在不同凸筋倾角下，碾白室总体积近似相等。因此，在不同凸筋倾角下，凸筋宽度均相等。

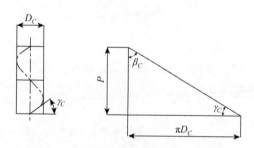

图 4-69　凸筋倾角与螺旋升角间的关系

表 4-10　凸筋数量与凸筋宽度间的关系

凸筋数量 N_C	凸筋宽度 W_C/mm	凸筋与筛筒的间隙 G/mm	凸筋高度 H_C/mm	凸筋倾角 α_C/(°)
2	2	5	9	6
3	1.3242	5	9	6
4	0.9924	5	9	6
5	0.7936	5	9	6
6	0.6614	5	9	6

4.4.1　碾米辊凸筋高度的影响

考虑碾米机内米粒碾白运动与其所获得的能量密切相关，而碾米辊是碾米机关键部件之一，其凸筋的高度决定了输入碾磨系统内能量的多少。因此，本节重点分析因凸筋高度变化所引起米粒碾白运动特征及碾磨性能的变化。

1. 凸筋高度对米粒碾白运动一致性的影响规律

为明晰不同凸筋高度所组成的碾白室内米粒轴向运动特征，在仿真时间为 4s，选取轴向范围$-85mm \leqslant X \leqslant -80mm$ 内大约 350 个米粒作为示踪米粒。图 4-70 显示了在仿真时间为 4.3s 时，在不同凸筋高度下示踪米粒沿轴向方向的空间位置分布情况。值得强调的是，为消除碾米辊位置的差异对结果的影响，重点关注仿真时间为 4~4.3s 内米粒的轴向运动，即碾米辊相应地完整旋转 4 圈；另外，碾白室内其他米粒均被隐藏以便于观察示踪米粒的分布情况。

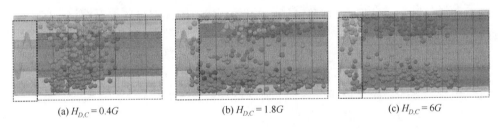

(a) $H_{D,C} = 0.4G$　　　　　(b) $H_{D,C} = 1.8G$　　　　　(c) $H_{D,C} = 6G$

图 4-70　不同凸筋高度下示踪米粒沿轴向方向的空间位置分布

通过对比图 4-70（a）和（b）可知，当凸筋高度由 0.4G 变为 1.8G 时，轴向扩散能力显著增强，换言之，碾白室内米粒群密集程度变低。对比图 4-70（b）和（c）可知，当凸筋高度由 1.8G 变为 6G 时，米粒在小于$-80mm$ 的轴向范围内（图中黑色虚线框所示）出现反向回流现象而导致其轴向扩散能力减弱，与之相应的是碾白室内米粒群密集程度变高。经过粗略统计，在凸筋高度为 0.4G、1.8G 和 6G 时所对应的回流米粒数分别为 0 个、18 个和 43 个。以上结果表明，凸筋高度的增大不仅会增加碾磨系统的能量输入，还会阻碍米粒的轴向运动。

为定量表征米粒的轴向运动能力，同样基于轴向扩散理论得到不同凸筋高度下米粒的轴向扩散系数，如图 4-71 所示。由图可知，随着凸筋高度的增加，轴向扩散系数呈现出先增加后减小的趋势，而在凸筋高度为 1.8G 时达到最大值，表明凸筋高度对米粒轴向密集程度有显著影响。显然，这一结果与图 4-70 中米粒轴向空间位置分布结果相一致。

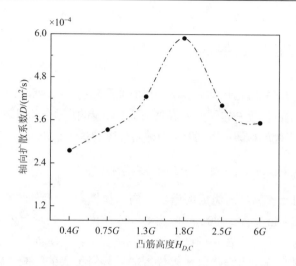

图 4-71　不同凸筋高度下米粒轴向扩散系数的变化

　　综上所述，米粒的轴向运动强烈地依赖于凸筋高度，表现为轴向扩散系数的显著变化。此外，在碾米辊旋转过程中，与其接触的米粒直接获得能量，而未接触的米粒仅通过与其相邻的米粒传递能量。考虑到米粒沿径向方向速度梯度主要依赖于米粒间能量传递效率，但能量传递效率又与米粒在径向方向的交替异位密切相关。加之，米粒交替异位又与颗粒密集程度直接相关，表现为较低的密集程度对应着充分的颗粒交替异位。基于此，可以推测出碾米辊上凸筋高度同样对碾白室内米粒的周向运动有显著影响。

　　为明晰米粒在碾白室内的流动情况，图 4-72 给出了不同凸筋高度下，在仿真时间为 4s 时，米粒在轴向范围为 $-80mm \leqslant X \leqslant 0mm$ 内的瞬时速度空间分布。该图视角是从 X 轴正方向看向 X 轴负方向。需要注意的是，米粒颜色深浅正比于速度大小。由图可知，不同凸筋高度下，米粒瞬时速度分布具有相同特点，均表现为靠近凸筋处颗粒速度明显大于筛筒壁处的米粒速度，具体而言，碾白室内从碾米辊处到筛筒壁处存在明显速度差，意味着沿径向方向的速度梯度必然存在于横式碾米系统，同时也表明米粒碾白对径向速度梯度的依赖不因凸筋高度的变化而改变。此外，还可由图 4-72 看出，随着凸筋高度的增加，碾米辊对米粒扰动作用增强，且其扰动范围也在不断扩大，特别是当凸筋高度大于 1.8G 时，该扰动现象尤为明显。

　　为分析凸筋高度对米粒圆周运动的影响，并考虑到瞬时速度分布无法全面描述碾白室内米粒的速度分布，故图 4-73 给出在 Y-Z 平面内米粒周向运动速度及空隙率的空间分布，图例表征空隙率大小。米粒速度及体积的提取区域为轴向范围为 $-50mm \leqslant X \leqslant -30mm$。值得强调的是，为消除碾米辊位置对数据提取的影响，上述关于米粒速度及体积信息的提取是 4～5.2s，即碾米辊相应地旋转了完整的

16 圈。图中标记箭头的长短正比于米粒平均周向速度大小，白色圆代表碾辊轴，外圈虚线圆代表筒壁。需注意的是，圆周速度是指米粒沿 Y 轴和 Z 轴方向的合速度。

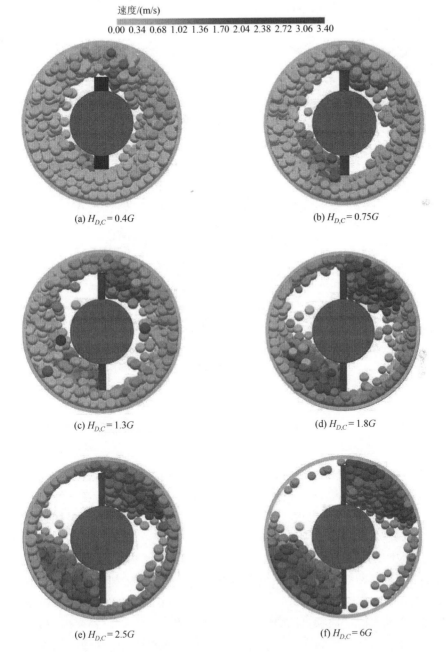

图 4-72　不同凸筋高度下仿真时间为 4s 时米粒瞬时速度的空间分布（彩图见封底二维码）

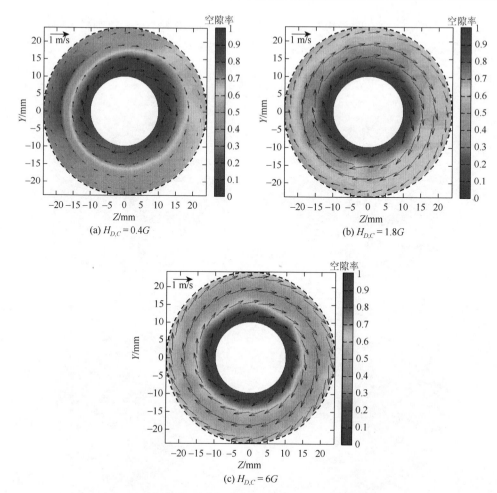

图 4-73　不同凸筋高度下碾白室内米粒周向运动速度及空隙率空间分布
（彩图见封底二维码）

　　由图 4-73 可知，当凸筋高度从 $0.4G$ 变为 $1.8G$ 时，沿径向方向的速度差增加，表明速度梯度增大。这归因于米粒所获得的来自碾米辊的能量在凸筋处与筛筒壁处存在显著差异。当凸筋高度大于 $1.8G$ 时，碾白室内几乎不存在明显的速度梯度。这是因为在输入碾磨系统中的能量增大的同时，米粒的密集程度亦增加，与之相应的是米粒间能量传递效率提高，使得径向各层间米粒速度差减小。由图还可以看出，空隙率随凸筋高度的增加呈现出先增加后减小的趋势，这与米粒轴向密集程度的变化相一致（图 4-70）。这也再一次证实碾白室内较低的密集程度对应于较大的米粒间空隙，而较大的空隙又有助于米粒沿径向层交替异位。此外，凸筋高度的增加还有利于削弱因重力引起的横式碾米机碾白室底部的堆积效应，这有益于提高米粒碾磨均匀性。

为定量分析凸筋高度对米粒圆周运动的影响，本节借助于均匀指数（uniform index，UI）对径向速度梯度进行定量表征，具体而言，均匀指数越大，则径向层间米粒速度梯度越大。图 4-74 给出均匀指数随凸筋高度的变化，由图可知，凸筋高度从 $0.4G$ 增加至 $6G$ 时，均匀指数呈现出先增加后减小的趋势。这是由于米粒受到来自凸筋的扰动作用增强，从而加速米粒间能量传递，特别是当凸筋高度由 $1.8G$ 增加至 $6G$ 时，因扰动作用而使米粒速度趋近相同。此外，综合比较图 4-72～图 4-74 可知，均匀指数的变化结果与米粒速度空间分布相一致。

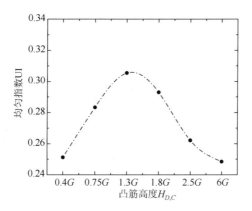

图 4-74　不同凸筋高度下均匀指数的变化

通过综合分析米粒轴向扩散和径向速度梯度的变化可知，凸筋高度对碾白室内米粒轴向运动和圆周运动均有显著影响。

2. 凸筋高度对米粒碾磨性能的影响规律

为直观说明凸筋高度对碾白室内米粒停留时间的影响，图 4-75 给出了不同凸筋高度下米粒平均停留时间（mean residence time，MRT）和停留时间分布方差（variance of residence time，VRT）的变化。由图可知，平均停留时间随凸筋高度的增加呈现出先减小后增加的趋势。这是由于凸筋高度的增加，与其相接触的米粒数量及所获得的能量均增多，进而引起米粒速度增加，缩短了其在碾白室内的碾磨时间；相反，过大的凸筋高度会引起米粒反向回流，导致碾磨时间延长。

由图 4-75 还可以看出，停留时间分布方差随凸筋高度的增加呈现出先减小后增加的趋势。这是因为当凸筋高度较小时，其高度的增加使得碾白室米粒轴向运动变得活跃，进而使得米粒受碾时间相对均匀；当凸筋高度较大时，其高度的继续增加造成米粒反向回流，从而导致部分米粒（图 4-70 中黑色虚线框）的停留时间延长，造成米粒碾磨时间长短不一，表现为停留时间分布方差的增大。

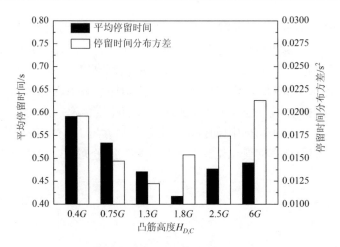

图 4-75　不同凸筋高度下米粒平均停留时间和停留时间分布方差变化

　　基于以上分析可知，适当增加凸筋高度可确保米粒在碾白室内快速且均匀地碾磨；而当凸筋高度过大时，与之相应的是米粒在碾米机内停留时间存在显著差异，从而引起米粒碾磨不均匀，可能表现为重碾或轻碾。

　　对于大多数碾磨设备，其碾磨性能通常是借助于颗粒间碰撞特性进行描述[62]。然而，不同类型磨机因碾磨机理的不同而使得其所依赖的碰撞形式亦有所差异，例如，矿石颗粒在球磨机中的破碎主要依靠颗粒间的法向碰撞[63,64]；而米粒在碾米机内的碾白与矿石颗粒在塔式磨机中的碾磨相近，均依靠颗粒间的切向碰撞[65]，这可由图 4-76 中法向和切向平均碰撞能的差异得以证实。因此，本节选取切向方向的米粒碰撞信息（如切向平均碰撞能和切向平均碰撞数，后面亦是如此）用于表征米粒碾磨性能。

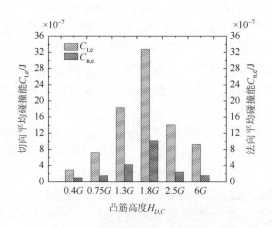

图 4-76　平均碰撞能随凸筋高度的变化

为分析凸筋高度对米粒碰撞特性的影响，图 4-76 给出了不同凸筋高度下法向和切向平均碰撞能的变化。由图可知，法向和切向平均碰撞能均随凸筋高度的增加而呈现出先增加后减小的趋势。值得注意的是，$1.8G$ 的凸筋高度是平均碰撞能随凸筋高度变化的转变点，这与在 $1.3G$ 的凸筋高度下均匀指数最大而相互矛盾。尽管这一结果似乎有些反直觉，但这可能是由于较低的轴向扩散程度下米粒运动易被其相邻的米粒限制，而该限制将进一步减少径向各层间米粒的交替异位，最终造成米粒碰撞剧烈程度降低[41]。需要强调的是，以上推论亦可由图 4-74 得以证实。此外，切向平均碰撞能显著大于法向平均碰撞能，表明米粒在横式碾米机内主要依靠米粒间切向碰撞能去除表面糠层而实现碾白。

图 4-77 给出了不同凸筋高度下平均碰撞数及平均有效碰撞数的变化。由图可知，当凸筋高度从 $0.4G$ 增至 $6G$ 时，平均碰撞数逐渐增多。这是因为输入碾磨系统中的能量增多，加快了碾白室内米粒运动；加之，反向回流引起的颗粒密集程度增大，两者共同增大米粒间相互碰撞的机会。平均有效碰撞数随凸筋高度的增加呈现出先增加后减小的趋势，表明当凸筋高度大于 $1.8G$ 后输入碾磨系统中的大部分能量并未引起米粒间有效碰撞，具体而言，大部分能量仅用于维持米粒运动和米粒间轻微碰撞。此外，平均有效碰撞数的变化与轴向扩散系数的变化相近，表明米粒轴向扩散程度亦会显著影响米粒间平均有效碰撞数，这可从图 4-78 中得以证实。

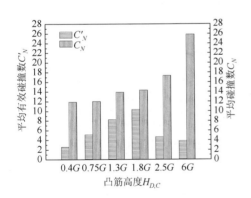

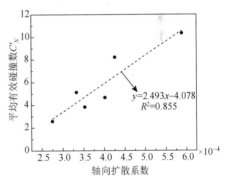

图 4-77　平均碰撞数及平均有效碰撞数随凸　　图 4-78　不同凸筋高度下平均有效碰撞数与
　　　　　筋高度的变化　　　　　　　　　　　　　　　轴向扩散系数的关系

综合分析以上结果可知，凸筋高度对米粒轴向运动和圆周运动均有显著影响，表现为轴向扩散系数和均匀指数的变化，而该影响会进一步引起米粒在碾白室内的停留时间及碰撞能的差异，进而对米粒碾磨品质产生显著影响。

3. 关系与讨论

在前期研究中，Firouzi 等[66]表明，碾米辊与筛筒的间隙为 10mm 时最有利于米粒碾白；孙正和等[67]发现，7mm 的间隙可以获得最小碎米率。此外，其他研究也表明，当米刀和碾米辊间的间隙为 11mm 时所获得的碾米品质最好[68]。以上分析均表明，在实际碾米加工中为获得较高碾米品质，可接受的凸筋与筛筒间隙通常大于一粒米的长度，这也符合《农业机械设计手册》中所给出的经验参考值[69]。但这一经验值会因糙米品种及碾米机类型的不同而有所差异。依据前面关于米粒碰撞信息的结果，可对实际碾米加工中为何较小的碾米辊与米筛间的间隙不被采用进行合理解释。这是因为当凸筋高度大于 $1.8G$（凸筋与米筛间隙小于 5mm）时，随着凸筋高度的增加，米粒在碾白室内出现反向回流；加之，径向各层间速度梯度的减小，使得米粒扩散程度及碰撞剧烈程度均降低，进一步造成碾磨程度及碾磨均匀性降低。

为综合分析凸筋高度对米粒碾磨性能的影响，采用多项式拟合的方法，并根据表 4-11 所列出的所有示踪米粒总停留时间和总碰撞能，建立碰撞速率 C_r 与可接受范围内凸筋高度（$0.4G \leqslant H_{D,C} \leqslant 1.8G$）间的数学模型：

$$C_r = p_8 e^{p_9 H_{D,C}} \qquad (4\text{-}41)$$

式中，p_8 和 p_9 为拟合系数。基于表 4-11 中的结果，拟合系数的具体数值分别为 0.0002、1.428，数学模型的拟合度 R^2 为 0.996。

表 4-11　不同凸筋高度下米粒碾磨性能指标

去量纲后的凸筋高度 $H_{D,C}$	总碰撞能/J	总停留时间/s	碰撞速率/(J/s)
$0.4G$	0.0656	157.3	0.000417
$0.75G$	0.098	129.5	0.000757
$1.3G$	0.17	116.33	0.00146
$1.8G$	0.364	113.09	0.00322

由以上数学模型可知，当凸筋高度在可接受范围内时，其值越大越有利于米粒均匀且充分地碾白。就选取的糙米品种及碾米机类型而言，凸筋高度为 $1.8G$（即间隙为 5mm）时所得到碾磨性能相对较高。

在低于 $1.8G$ 的范围内适当增加凸筋高度，将增强米粒间的碰撞强度（碾磨剧烈程度），这有益于碾去其表面糠层，但米粒可能会因所承受的碰撞力超过其自身强度而发生破碎。此外，相关研究也表明，较好的碰撞特性一方面有助于米粒表面糠层的去除，但另一方面也会因剧烈的碰撞而增大米粒破碎的可能性[31, 70]。因此，在保证所选取的糙米品种和碾米机类型不变的前提下，为获得较优的凸筋高度还需同时考虑凸筋的其他结构参数（如凸筋倾角和凸筋数量）。

4.4.2　碾米辊凸筋倾角的影响

1. 凸筋倾角对米粒碾白运动一致性的影响规律

由前面可知，在可接受的凸筋高度范围内选取较大的凸筋高度将有利于米粒快速且剧烈地碾白，但同时也增大了其破碎的可能。然而，理论上使凸筋具有一定的倾斜角度可有效减缓碰撞剧烈程度，降低米粒破碎的可能，从而提高碾米品质。因此，本小节在凸筋高度为 9mm、凸筋数量为 2 的条件下，深入分析因凸筋倾角的改变对米粒碾白运动及碾磨性能造成的影响。

为明晰由不同凸筋倾角所组成的碾白室内米粒轴向运动情况，图 4-79 给出了在仿真时间为 4.3s 时，不同凸筋倾角下示踪米粒沿轴向方向的空间位置分布。同样值得强调的是，为消除因碾米辊位置不同对结果的影响，重点关注仿真时间为 4~4.3s 内米粒的轴向运动，即碾米辊相应地旋转了完整的 4 圈。另外，碾白室内其他米粒被隐藏以便于观察示踪米粒的分布情况。由图可知，随凸筋倾角从 0°变为 15°时，米粒在小于−80mm 的轴向范围内（图中黑色虚线框区域所示）因反向回流现象的不断加剧，而导致其轴向分布相对集中（较大的轴向密集程度），与之相应的是碾白室内米粒群轴向扩散能力显著降低。此外，通过对比回流米粒的位置（图中黑色虚线框区域所示）可以发现，当凸筋倾角由 9°增至 15°时，回流米粒的位置相对更向左偏移，表明回流部分米粒进一步反向扩散。经过粗略统计，凸筋倾角为 0°、9°和 15°时所对应的回流米粒数分别为 18 个、118 个和 191 个。以上结果表明，凸筋倾角的增加对碾白室内米粒轴向运动有显著影响。

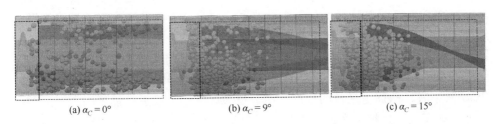

(a) $\alpha_C = 0°$　　　　　(b) $\alpha_C = 9°$　　　　　(c) $\alpha_C = 15°$

图 4-79　不同凸筋倾角下示踪米粒沿轴向方向的空间位置分布（彩图见封底二维码）

　　为定量表征米粒轴向运动一致性，同样基于轴向扩散理论得到不同凸筋倾角下米粒的轴向扩散系数的变化，如图 4-80 所示。由图可知，随凸筋倾角由 0°增至 15°时，轴向扩散系数呈现出先以相对较大的速率减小，而后以相对较小的速率继续减小的趋势，表明碾白室内米粒轴向运动一致性较好，即米粒轴向相对集中。此外，6°的凸筋倾角可视为米粒轴向运动一致性变化的转变点。具体来说，在凸筋倾角大于 6°时，其对米粒的轴向阻滞作用显著增强，从而加剧米粒反向扩散。

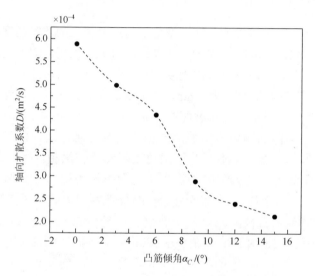

图 4-80　不同凸筋倾角下米粒轴向扩散系数的变化

　　为明晰米粒在碾白室内的流动行为，图 4-81 给出不同凸筋倾角下，在仿真时间为 4s 时，米粒在轴向范围为 $-80\text{mm} \leqslant X \leqslant 0\text{mm}$ 内的瞬时速度空间分布。该图视角是从 X 轴正方向看向 X 轴负方向。同样需要注意的是，颗粒颜色深浅正比于速度大小。由图可知，不同凸筋倾角下米粒瞬时速度分布具有相同的特点，均表现为靠近凸筋处的米粒速度明显大于筛筒壁处的米粒速度，换言之，碾白室内从碾米辊处到筛筒壁处存在明显速度差，意味着沿径向方向的速度梯度必然存在于横式碾米系统中，同时也表明米粒碾磨对径向速度梯度的依赖不因凸筋结构的变化而改变。由图 4-81 还可看出，随着凸筋倾角的增加，其对米粒轴向阻滞所引起的扰动作用不断增强，表现为扰动范围的增大。特别是当凸筋倾角于 6°时，凸筋对米粒的扰动已接近最大，表现为靠近凸筋处的所有米粒的颜色大体相同（米粒速度近似相等）。相反，当凸筋倾角小于 6°时，虽然凸筋对米粒的扰动也能传递到所有靠近凸筋的糙米颗粒，但米粒颜色却表现出较大差异（米粒速度不同）。

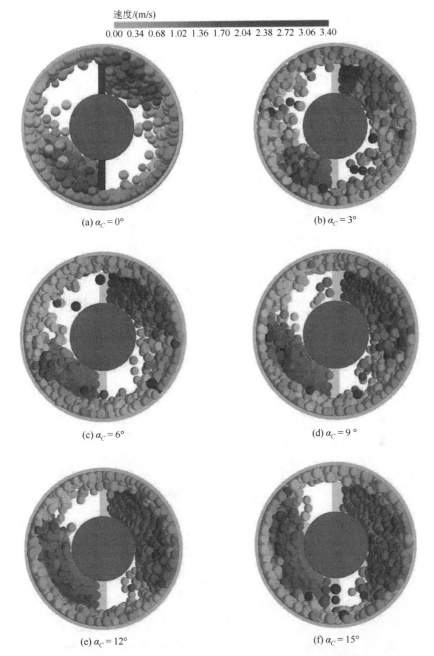

图 4-81　不同凸筋倾角下碾白室内米粒瞬时速度的空间分布（彩图见封底二维码）

为分析凸筋倾角对米粒圆周运动的影响，并考虑到瞬时速度信息分布无法全面描述米粒速度分布，因此，图 4-82 给出碾白室 *Y-Z* 平面内米粒周向运动速度及空隙率的空间分布，图例反映的是碾白室内空隙率大小。米粒速度及其体积的提取区域为轴向范围−50mm≤X≤−30mm。同样值得强调的是，为消除碾米辊位置对数据提取的影响，米粒速度及体积信息的提取的仿真时间为4～5.2s，即碾米辊相应地旋转了完整的16圈。图中标记箭头的长短正比于米粒平均速度大小，白色圆代表碾辊轴，外圈虚线圆代表筒壁。

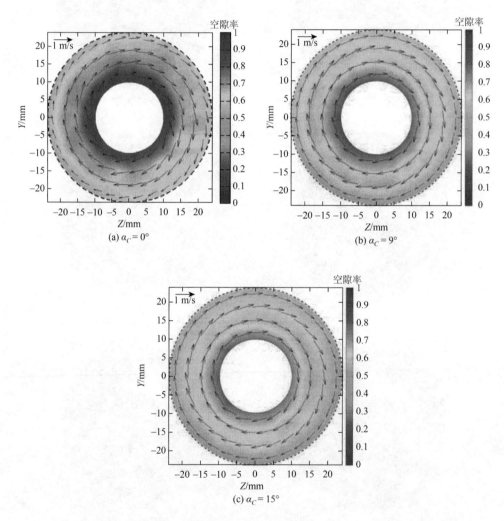

图 4-82　碾白室 Y-Z 平面内米粒周向运动速度及空隙率空间分布（彩图见封底二维码）

由图 4-82 可知，当凸筋倾角从 0°变为 9°时，米粒沿径向方向的速度差减小，表明速度梯度减小。这归因于凸筋倾角的增大，使得靠近凸筋处米粒数量及所获得的能量均增大，提高了米粒间的能量传递效率，引起径向各层间米粒速度差减

小。当凸筋倾角大于 9°时，碾白室内速度梯度略微减小。这是因为凸筋对米粒的
阻滞作用已接近最大，使得米粒的密集程度变化不明显，因而，凸筋倾角变化对
米粒间能量传递影响不大。由图 4-82 还可以看出，空隙率随凸筋倾角的增加而
呈现出减小的趋势且分布更为均匀，其变化符合米粒轴向扩散程度的变化，这
可能归因于增加凸筋倾角可引起其对米粒轴向运动的阻滞作用，进而增加碾白
室内米粒数。

为定量分析凸筋倾角对米粒圆周运动的影响，本节仍借助于均匀指数对圆周
运动的一致性进行定量表征，具体而言，均匀指数越大（即径向各层间颗粒速度
梯度越大）表明米粒圆周运动一致性越差。图 4-83 给出均匀指数随凸筋倾角的变
化。由图可知，凸筋倾角从 0°增加至 15°时，均匀指数呈现出先快速减小后缓慢
减小的趋势，表明碾白室内米粒圆周运动一致性增强。这是因为米粒受到的来自
凸筋的扰动作用增强，同时其对米粒轴向运动的阻滞作用亦增强，两者共同加快
米粒间能量的传递，从而减小了径向各层间米粒速度梯度。当凸筋倾角大于 6°时，
在凸筋所能扫略到的范围内的米粒所获得的能量趋近相同，而未扫略到的区域内
米粒仍依赖于能量传递，使得靠近碾米辊处的米粒速度与筛筒壁处的米粒速度间
的差异略微减小。此外，综合比较图 4-81～图 4-83 可知，均匀指数的变化与米粒
速度空间分布相一致。

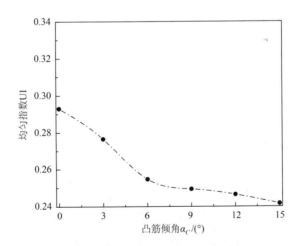

图 4-83 不同凸筋倾角下均匀指数的变化

通过综合分析米粒轴向扩散和速度梯度的变化可知，凸筋倾角对碾白室内米
粒轴向运动和圆周运动一致性均有显著影响。然而，由前面研究结果可知，米粒
轴向运动和圆周运动一致性与其停留时间和碰撞能密切相关。因此，后面将重点
分析凸筋倾角对米粒碾磨特性（停留时间及碰撞能）的影响。

2. 凸筋倾角对米粒碾磨性能的影响规律

为直观说明凸筋倾角对米粒在碾白室内停留时间的影响，图 4-84 给出不同凸筋倾角下米粒平均停留时间和停留时间分布方差的变化。由图可知，平均停留时间随凸筋倾角的增加呈现出增大的趋势。这是由于过大的凸筋倾角引起轴向阻滞作用增强，进而延长米粒碾磨时间。具体来说，凸筋倾角越大，轴向阻滞作用越严重，碾磨时间越长。

由图 4-84 还可以看出，停留时间分布方差随凸筋倾角增加而呈现出先减小后增加的趋势。这归因于当凸筋倾角较小时，其对米粒轴向阻滞作用引起其密集程度增大，进而使得米粒碾磨时间较为一致；当凸筋倾角较大时，倾角的继续增大会加剧米粒反向回流，使得受反向回流影响的部分米粒的碾磨时间延长，造成碾白室内米粒停留时间长短不一。由以上分析结果可知，适当增加凸筋倾角（减小米粒轴向扩散程度）将有利于碾白室内米粒停留时间接近一致，即米粒碾磨会更加均匀。相反，过大的凸筋倾角会引起米粒反向回流，造成碾白室内米粒停留时间存在显著差异，使得米粒可能会出现重碾或轻碾的情况，从而引起米粒碾磨的不均匀，降低碾米品质。

通过综合比较凸筋倾角和凸筋高度对米粒停留时间的影响可以发现，相较于凸筋高度，凸筋倾角对横式碾米机内米粒碾白时间的影响更为显著，表明在实际碾米作业时，增加凸筋高度的同时辅以适当增大其倾角的措施将有利于实现米粒更加充分且均匀地碾白。

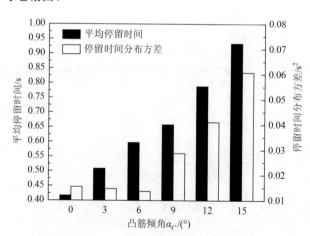

图 4-84　不同凸筋倾角下米粒平均停留时间和停留时间分布方差变化

为明晰凸筋倾角对碾白室内米粒碰撞特性的影响，图 4-85 给出在不同凸筋倾角下米粒法向和切向平均碰撞能的变化。由图可知，法向和切向平均碰撞能均随凸筋倾角的增加而呈现出先缓慢减小后快速减小的趋势。值得注意的是，这与前面不同凸筋倾角下均匀指数的变化相矛盾。尽管这一结果似乎有些反直觉，但这可能是因为随凸筋倾角的增加，径向各层间米粒速度差减小，加之，较大的倾角所引起的轴向阻滞作用导致米粒运动易被其他相邻米粒所限制，而该限制将进一步减少径向各层间米粒间的交替异位，最终造成米粒碰撞剧烈程度降低[41]。此外，米粒的切向平均碰撞能显著大于法向平均碰撞能，表明凸筋倾角的变化不会改变米粒在横式碾米机内主要依靠米粒间切向碰撞能去除表面糠层的这一特点。

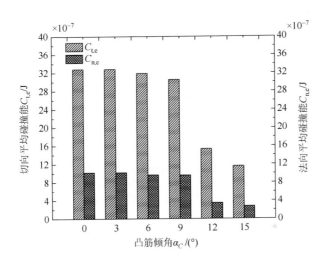

图 4-85　不同凸筋倾角下米粒切向和法向平均碰撞能的变化

为证实以上推测，用米粒沿径向方向的平均位移来表征其交替异位能力。将碾米辊沿径向均匀分为四层，并选择第二层为采样区，在仿真时间为 4s 时选取一批米粒，获取这些米粒在 4~4.3s 的时间段内在 $Y\text{-}Z$ 平面内运动的总位移，然后依据如下公式可计算出相应的平均径向位移 $R_{\text{displacement}}$[70]：

$$R_{\text{displacement}} = \frac{\sum\limits_{m=1}^{N_{\text{timestep}}} \sum\limits_{n=1}^{N_{\text{particle}}} \sqrt{(Y_{m,n} - Y_{m+1,n})^2 + (Z_{m,n} - Z_{m+1,n})^2}}{N_{\text{timestep}} N_{\text{particle}}} \tag{4-42}$$

式中，N_{timestep} 表示在仿真时间 4~4.3s 内的总时间步长；N_{particle} 为总米粒数；$Y_{m,n}$ 和 $Z_{m,n}$ 分别为第 n 个米粒在第 m 个时间步长的 Y 轴和 Z 轴坐标；$Y_{m+1,n}$ 和 $Z_{m+1,n}$ 分别为第 n 个米粒在第 $m+1$ 个时间步长的 Y 轴和 Z 轴坐标。需指出的是，平均径向位移越大表明米粒交替异位能力越强。

　　图 4-86 给出不同凸筋倾角下米粒平均径向位移的变化。由图可知，当凸筋倾角由 0°增至 9°时，米粒平均径向位移大幅度减小，表明米粒径向交替异位能力降低。当凸筋倾角由 9°增至 15°时，米粒平均径向位移略微减小，表明米粒径向交替异位能力进一步降低。由此表明，碾白室内米粒碰撞剧烈程度不仅取决于径向各层间米粒速度差，还依赖于米粒在径向各层间的交替异位能力。

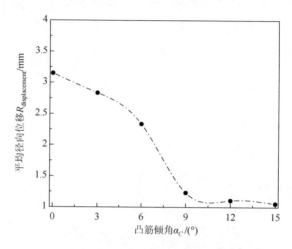

图 4-86　不同凸筋倾角下米粒平均径向位移的变化

　　图 4-87 给出不同凸筋倾角下米粒平均碰撞数及平均有效碰撞数的变化。由图可知，当凸筋倾角从 0°增至 15°时，平均碰撞数逐渐增大。这归因于凸筋对米粒轴向运动的阻滞作用增强，使得米粒密集程度增加，进而增大米粒间的碰撞机会。

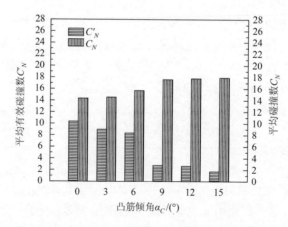

图 4-87　不同凸筋倾角下米粒平均碰撞数和平均有效碰撞数的变化

平均有效碰撞数随凸筋倾角的变化与平均碰撞能的变化相同，表明当凸筋倾角大于 9°后，输入碾磨系统中的大部分能量并未引起米粒间有效碰撞，即大部分能量仅用于维持米粒间轻微碰撞。此外，平均有效碰撞数的变化与轴向扩散系数的变化相近，再一次证实米粒轴向扩散程度会显著影响米粒间平均有效碰撞数，这可由图 4-88 得以证实。

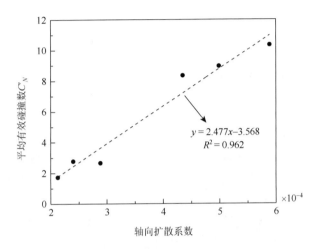

图 4-88　米粒轴向扩散系数和平均有效碰撞数间的关系

通过对比不同凸筋高度和凸筋倾角下米粒的碰撞特性可知，相较于凸筋倾角，凸筋高度对横式碾米机内米粒碰撞程度的影响更为显著，表明在实际碾米作业中增加凸筋高度的同时辅以适当增大其倾角的措施将有助于降低米粒间碰撞程度，同时增大米粒间碰撞的机会，从而达到在不显著影响碾磨效率的同时降低碎米率的目的。

3. 关系与讨论

为综合分析凸筋倾角对米粒碾磨性能的影响，利用多项式拟合的方法，并根据表 4-12 列出的所有示踪米粒总停留时间和总碰撞能，建立碰撞速率 C_r 与凸筋倾角间的数学模型，有

$$C_r = p_{10}\alpha_C^2 + p_{11}\alpha_C + p_{12} \tag{4-43}$$

式中，p_{10}、p_{11} 和 p_{12} 为拟合系数。基于表 4-12 中结果，其拟合系数的具体数值分别为 -7×10^{-6}、-4×10^{-5}、0.0033，数学模型的拟合度 R^2 为 0.983。

由以上数学模型可知，就所选取的糙米品种和碾米机类型而言，当凸筋高度为 1.8G（间隙为 5mm）、凸筋倾角为 6°时所得到的米粒碾磨性能最好。

表 4-12　不同凸筋倾角下米粒碾磨性能指标

凸筋倾角 $\alpha_{cl}/(°)$	总碰撞能/J	总停留时间/s	碰撞速率/(J/s)
0	0.364	113.043	0.003224
3	0.397	123.217	0.003218
6	0.466	145.687	0.003201
9	0.469	214.273	0.002035
12	0.472	301.322	0.001566
15	0.473	414.202	0.001143

4.4.3　碾米辊凸筋数量的影响

1. 凸筋数量对米粒碾白运动一致性的影响规律

依据前面研究结果可知，凸筋高度和凸筋倾角对横式碾米机内米粒碾白运动特性及碾白性能均有显著影响，且适当的凸筋高度和凸筋倾角将有利于实现米粒均匀且充分的碾白。然而，凸筋数量在设计中通常仅给出经验参考范围。因此，为揭示凸筋数量对米粒碾白的影响，我们在凸筋高度为9mm、凸筋倾角为6°的条件下，深入分析不同凸筋数量下米粒碾白运动特性及碾磨性能的变化规律。

为明晰不同凸筋数量所组成的碾白室内米粒轴向运动情况，图 4-89 给出在仿真时间为4.3s时，在不同凸筋数量下示踪米粒沿轴向方向空间位置分布。同样值得强调的是，为消除因碾米辊位置的差异对结果产生的影响，重点关注仿真时间为4~4.3s内米粒的轴向运动，即碾米辊相应地完整旋转了 4 圈。另外，碾白室内其他米粒被隐藏以便于观察示踪米粒的分布情况。

通过对比图 4-89（a）和（b）可知，当凸筋数量由 2 变为 4 时，米粒反向回流加剧，从而导致其轴向扩散能力显著减弱（图中黑色虚线框所示），即碾白室内米粒群密集程度增大（图中黑色虚线框所示）。对比图 4-89（b）和（c）可知，当凸筋数量由 4 变为 6 时，米粒反向回流依然存在且略有加剧，进而造成其轴向扩散能力略微减弱（图中黑色虚线框所示）。经过粗略统计，2、4 和 6 的凸筋数量对应的回流米粒数分别为43 个、101 个和157 个。以上结果表明，与凸筋高度相类似，增加凸筋数量不仅增加了输入碾磨系统中的能量，还会阻碍米粒轴向运动。

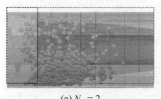  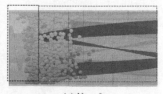

(a) $N_C = 2$　　　　　　(b) $N_C = 4$　　　　　　(c) $N_C = 6$

图 4-89　不同凸筋数量下示踪米粒沿轴向方向空间位置分布（彩图见封底二维码）

为定量表征米粒轴向扩散能力，同样基于轴向扩散理论得到不同凸筋数量下米粒的轴向扩散系数，如图 4-90 所示。由图可知，随凸筋数量的增加，轴向扩散系数呈现出先快速减小后缓慢减小的趋势，表明凸筋数量对米粒轴向密集程度有显著影响。相较于凸筋数量小于 4 时，在凸筋数量大于 4 的情况下，其对米粒的轴向阻滞作用近似接近极限。显然，这一结果与图 4-89 中米粒轴向方向空间位置分布结果一致。

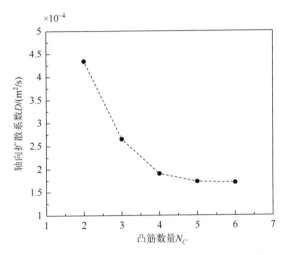

图 4-90　不同凸筋数量下米粒轴向扩散系数的变化

为明晰米粒在碾白室内的流动情况，图 4-91 给出了不同凸筋数量下，在仿真时间为 4s 时，米粒在轴向范围为 –80mm≤X≤0mm 的瞬时速度的空间分布。该图视角是从 X 轴正方向看向 X 轴负方向。同样需要注意的是，米粒颜色深浅正比于其速度大小。由图可知，不同凸筋数量下米粒瞬时速度分布具有相同特点，均表现为靠近凸筋处的米粒速度明显大于筛筒壁处的米粒速度，换言之，碾白室内从碾米辊处到筛筒壁处存在明显速度差，意味着沿径向方向的速度梯度必然存在于横式碾米系统中，也表明米粒的碾磨对径向各层间速度梯度的依赖不因凸筋数量的变化而改变。由图 4-91 还可以看到，随着凸筋数量的增多，与凸筋直接接触的米粒数增多，使得凸筋对米粒的扰动作用增强，且扰动范围也在不断扩大，特别是当凸筋数量大于 4 时，其对米粒的扰动作用近似扩大至筛筒壁处，引起米粒速度差异减小。

为分析凸筋数量对米粒圆周运动的影响，并考虑到瞬时速度信息分布无法全面描述米粒的速度分布，图 4-92 给出 Y-Z 平面内米粒周向运动速度及空隙率的空间分布，图例反映的是空隙率大小。米粒速度及其体积的提取区域为轴向范围为 –50mm≤X≤–30mm。值得强调的是，为消除碾米辊位置对数据提取的影响，米粒速度及体积信息的提取是从 4～5.2s，即碾米辊相应地旋转了完整的 16 圈。图中标记箭头的长短正比于颗粒平均速度大小，白色圆代表碾辊轴，外圈虚线圆代表筒壁。

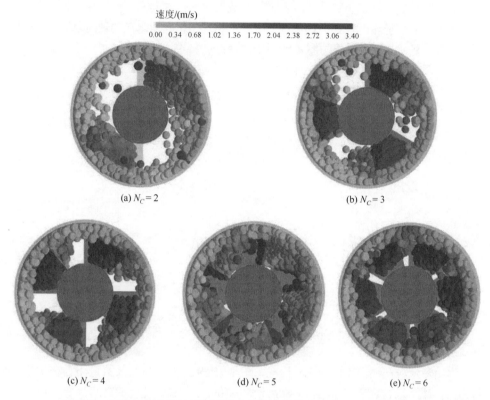

图 4-91　不同凸筋数量下米粒瞬时速度的空间分布（彩图见封底二维码）

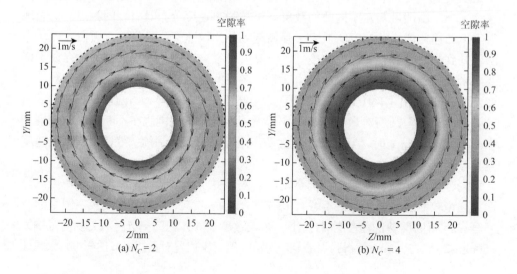

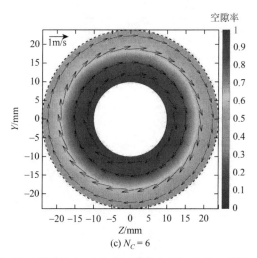

(c) $N_C = 6$

图 4-92　Y-Z 平面内米粒周向运动速度及空隙率空间分布（彩图见封底二维码）

　　由图 4-92 可知，当凸筋数量从 2 变为 4 时，沿径向方向速度差增加，表明速度梯度增加。这归因于凸筋数量的增多，使得靠近凸筋处米粒所获得的能量增加，但因凸筋数量的增加所引起米粒的轴向阻滞作用还不足以有效提高米粒间能量传递，故使得径向各层间米粒速度差依旧较大。当凸筋数量大于 4 时，碾白室内速度梯度明显减小。这是因为凸筋对米粒的轴向阻滞作用加快了颗粒间能量传递，加之，由凸筋所传递的能量增多，使得米粒径向各层间速度差减小。由图还可以看出，空隙率随凸筋数量的增加呈现出减小的趋势。这可能归因于增加凸筋数量可引起其对米粒轴向运动的阻滞作用，进而增加了碾白室内米粒数。空隙率的分布因凸筋数量的增加变得更加不均匀，表现为靠近筛筒壁处的米粒空隙率明显低于碾米辊处，特别是当凸筋数量大于 4 时，这可能是因为米粒所受的离心力增大，造成其在筛筒壁处堆积。

　　为证实以上推测，图 4-93 给出不同凸筋数量下碾白室内米粒平均离心力的变化。其计算公式如下[17, 19]：

$$F_{c,f} = \frac{\displaystyle\sum_{m=1}^{N_{\text{timestep}}} \sum_{n=1}^{N_{\text{particle}}} m_n r_{mn} \omega_{mn}^2}{N_{\text{timestep}} N_{\text{particle}}} \tag{4-44}$$

$$r_j = \sqrt{Y_j^2 + Z_j^2} \tag{4-45}$$

式中，$F_{c,f}$ 为平均离心力（kN）；m_n 为米粒 n 的质量（kg）；r_{mn} 为米粒 n 在 m 时刻距圆心的距离（mm）；ω_{mn} 为米粒 n 在 m 时刻绕 X 轴旋转的角速度（rad/s）；r_j 为米粒 j 距圆心的距离（mm）；Y_j 为米粒 j 在 Y 轴上的坐标（mm）；Z_j 为米粒 j 在 Z 轴上的坐标（mm）。

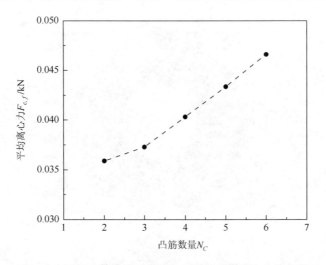

图 4-93　不同凸筋数量下碾白室内米粒平均离心力的变化

　　由图 4-93 可知，随着凸筋数量的增加，米粒所受离心力逐渐增大，进而引起米粒向筛筒壁处运动的趋势增加，造成碾米辊处与筛筒壁处存在显著的空隙率差异。

　　为定量分析凸筋数量对米粒圆周运动的影响，本节仍借助于均匀指数对圆周运动的一致性进行定量表征。具体来说，均匀指数越大，即径向层间米粒速度梯度越大，表明米粒圆周运动一致性越差。图 4-94 给出均匀指数随凸筋数量的变化，由图可知，凸筋数量从 2 增加至 6 时，均匀指数呈现出先增加后减小的趋势。这是由于靠近碾米辊处米粒受到来自凸筋的扰动作用增强，从而增大了碾米辊所能扫

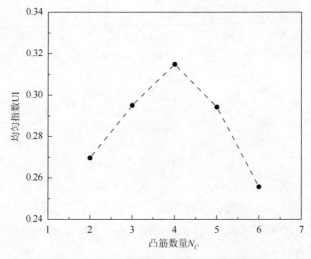

图 4-94　不同凸筋数量下均匀指数的变化

过区域内米粒速度与近壁区域内米粒速度间的差异。当凸筋数量从 4 增加至 6 时，因米粒间有效的能量传递，使得米粒速度趋近相同，从而减小碾米辊所能扫过区域内米粒速度与近壁区域内米粒速度间的差异。此外，综合比较可知，均匀指数的变化与米粒速度的空间分布相一致。

通过综合分析米粒轴向扩散系数和径向速度梯度的变化可知，凸筋数量显著影响碾白室内米粒轴向运动和圆周运动。由前面研究结果可知，米粒轴向运动和圆周运动一致性与其停留时间和碰撞能密切相关。因此，后面将重点分析凸筋数量对米粒碾磨特性（停留时间和碰撞能）的影响。

2. 凸筋数量对米粒碾磨性能的影响规律

为直观说明凸筋数量对米粒在碾白室内停留时间的影响，图 4-95 给出不同凸筋数量下米粒平均停留时间和停留时间分布方差的变化。由图可知，平均停留时间随凸筋数量的增加呈现出增加的趋势。这是因为较多的凸筋数量加剧米粒沿轴向方向的反向回流，造成碾磨时间延长。具体来说，凸筋数量越多，米粒碾磨时间越长。

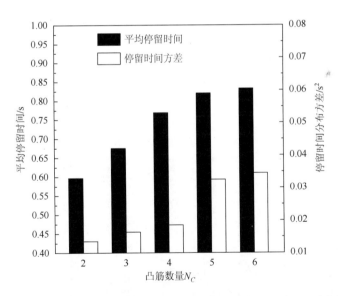

图 4-95　不同凸筋数量下米粒平均停留时间和停留时间分布方差变化

由图 4-95 还可知，停留时间分布方差随凸筋数量的增加呈现出先近似不变后增加的趋势。这归因于当凸筋数量较小时，其对米粒轴向阻滞作用引起米粒密集程度增大，进而使得米粒碾磨时间较为一致。当凸筋数量较大时，其数量的继续增大加剧米粒反向回流，使得受反向回流影响的部分米粒碾磨时间延长，造成碾白室内米粒停留时间长短不一，表现为停留时间分布方差的增加。由以上分析结果可知，适当增加凸筋数量（减小颗粒轴向扩散程度）有利于确保碾白室内米粒停留时间接近一致，即米粒的碾磨会更加均匀。相反，因过多的凸筋数量而引起的反向回流现象，会造成碾白室内米粒停留时间存在显著差异，使得米粒可能会出现重碾或轻碾的情况，从而引起米粒碾磨不均匀、降低碾米品质。

通过综合比较不同凸筋倾角、凸筋高度和凸筋数量下米粒停留时间可知，增加凸筋数量可进一步延长碾白室内米粒停留时间，并可使停留时间趋近一致。该结果表明，在实际碾米作业中增加凸筋高度和凸筋倾角的同时，辅以适当增多凸筋数量的措施将更有利于米粒实现充分且均匀地碾磨。

为明晰凸筋数量对碾白室内米粒碰撞特性的影响，图 4-96 给出不同凸筋数量下米粒法向和切向平均碰撞能的变化。由图可知，米粒法向和切向平均碰撞能均随凸筋数量的增加而呈现出先增加后减小的趋势。值得注意的是，该趋势与前面所述不同凸筋数量下均匀指数的变化相一致。这归因于在凸筋数量小于 4 时，其对米粒轴向运动的阻滞作用还不足以限制米粒间沿径向方向的交替异位，加之，较大的径向速度差有利于引起米粒间剧烈碰撞，表现为平均碰撞能的增加。在凸筋数量大于 4 时，米粒轴向运动所受的阻滞作用增强，限制其沿径向各层间的交替异位，使得碰撞剧烈程度降低，表现为平均碰撞能减少。此外，切向平均碰撞能显著大于法向平均碰撞能，表明凸筋数量的变化不会改变米粒在横式碾米机内主要依靠米粒间切向碰撞实现去除表面糠层的这一特性。

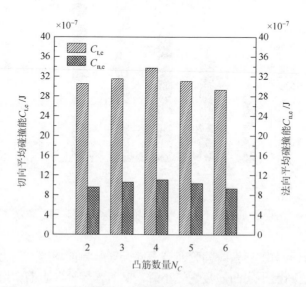

图 4-96　不同凸筋数量下米粒切向和法向平均碰撞能的变化

图 4-97 给出了不同凸筋数量下米粒平均碰撞数及平均有效碰撞数的变化。由图可知，当凸筋数量从 2 增至 6 时，平均碰撞数先增加后近似不变。这归因于凸筋对米粒轴向运动的阻滞作用逐渐增强，使得米粒密集程度增加，进而增大米粒间碰撞机会。平均有效碰撞数随凸筋数量增加先略微减小后快速减小，表明当凸筋数量大于 4 后，输入碾磨系统中的大部分能量并未引起米粒间有效碰撞，即大部分能量仅用于维持米粒间轻微碰撞。这是因为凸筋数量的增加，造成米粒沿径向方向没有进行有效的交替异位，进而未能实现能量的有效传递。

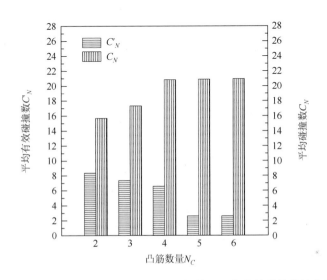

图 4-97　不同凸筋数量下米粒平均碰撞数及平均有效碰撞数的变化

通过对比不同凸筋高度、凸筋倾角及凸筋数量下的米粒碰撞特性可知，相较于凸筋倾角和凸筋数量的影响，凸筋高度对横式碾米机内米粒碰撞特性的影响更为显著，表明在实际碾米作业中增加凸筋高度的同时辅以适当增大其倾角和数量的措施将有助于降低米粒间碰撞的剧烈程度，同时增大米粒间碰撞机会，从而实现在不影响碾磨效率的前提下达到降低碎米率的目的。

3. 关系与讨论

为综合分析凸筋数量对米粒碾磨性能的影响，采用多项式拟合的方法，并根据表 4-13 所列出的所有示踪米粒总停留时间和总碰撞能，建立了碰撞速率 C_r 与凸筋倾角（$0° \leqslant \alpha \leqslant 15°$）间的数学模型，有

$$C_r = p_{13}N_C^2 + p_{14}N_C + p_{15} \tag{4-46}$$

式中，p_{13}、p_{14} 和 p_{15} 为拟合系数。基于表 4-13 中结果，其拟合系数的具体数值分别为-0.0002、0.0012、0.0014，数学模型的拟合度 R^2 为 0.975。

结合以上关于凸筋结构对米粒碾磨性能影响的分析结果可知，就所选取的糙米品种及碾米机类型而言，当凸筋高度为 $1.8G$（间隙为 5mm）、凸筋倾角为 6°、凸筋数量为 4 时，米粒在横式碾米机内有较好的碾磨性能。

表 4-13　不同凸筋数量下米粒碾磨性能指标

凸筋数量 N_C	总碰撞能/J	总停留时间/s	碰撞速率/(J/s)
2	0.4664	145.687	0.003201
3	0.5836	162.75	0.003586
4	0.7334	194.452	0.003771
5	0.7289	213.727	0.0034102
6	0.7222	234.183	0.003084

参 考 文 献

[1] 周基, 田琼, 芮勇勤, 等. 基于数字图像的沥青混合料离散元几何建模方法[J]. 土木建筑与环境工程, 2012, 34（1）: 136-140.

[2] 杜欣, 曾亚武, 高睿, 等. 基于 CT 扫描的不规则外形颗粒三维离散元建模[J]. 上海交通大学学报, 2011, 45（5）: 711-715.

[3] 于亚军, 周海玲, 付宏, 等. 基于数字颗粒聚合体的玉米果穗建模方法[J]. 农业工程学报, 2012, 28（8）: 167-174.

[4] 李菊, 赵德安, 沈惠平, 等. 基于 DEM 的谷物三维并联振动筛筛分效果研究[J]. 中国机械工程, 2013, 24（8）: 1018-1022.

[5] 李洪昌, 李耀明, 唐忠, 等. 基于 EDEM 的振动筛分数值模拟分析[J]. 农业工程学报, 2011, 27（5）: 117-121.

[6] 陈进, 周韩, 赵湛, 等. 基于 EDEM 的振动种盘中水稻种群运动规律研究[J]. 农业机械学报, 2011, 42（10）: 79-83.

[7] 邱白晶, 姜国微, 杨宁, 等. 水稻籽粒流对承载板冲击过程离散元分析[J]. 农业工程学报, 2012, 28（3）: 44-49.

[8] 徐立章, 李耀明. 水稻谷粒冲击损伤临界速度分析[J]. 农业机械学报, 2009, 40（8）: 54-57.

[9] Markauskas D, Kacianauskas R. Investigation of rice grain flow by multi-sphere particle model with rolling resistance[J]. Granular Matter, 2011, 13（2）: 143-148.

[10] Renzo A D, Maio F P D, et al. Comparison of contact-force models for the simulation of collisions in DEM-based granular flow codes[J]. Chemical Engineering Science, 2004, 59（3）: 525-541.

[11] Lee H, Cho H, Kwon J. Using the discrete element method to analyze the breakage rate in a centrifugal/vibration mill[J]. Powder Technology, 2010, 198（3）: 364-372.

[12] Chandratilleke G R, Yu A B, Stewart R L, et al. Effects of blade rake angle and gap on particle mixing in a cylindrical mixer[J]. Powder Technology, 2009, 193（3）: 303-311.

[13]　王国强，郝万军，王继新，等. 离散单元法及其在 EDEM 上的实践[M]. 西安：西北工业大学出版社，2010：4-5.

[14]　赵湛，李耀明，陈义，等. 水稻籽粒碰撞力学特性研究[J]. 农业机械学报，2013，44（6）：88-92.

[15]　吴爱祥，孙业志，刘湘平. 散体动力学理论及其应用[M]. 北京：冶金出版社，2002.

[16]　Guo Z G，Chen X L，Liu H F，et al. Theoretical and experimental investigation on angle of repose of biomass-coal blends [J]. Fuel，2014，116：131-139.

[17]　机械科学研究院. 连续输送设备散粒物料堆积角的测定（JB/T 9014.7—1999）[S]. 北京：中国机械工业出版社，1999.

[18]　李勤良. 颗粒堆积性质和散状物料转载过程的 DEM 仿真研究[D]. 沈阳：东北大学，2010.

[19]　肖梦华. 新型谷物清选装置中气固两相流的数值模拟与试验研究[D]. 杭州：浙江理工大学，2013.

[20]　Nakashima H，Shioji Y，Kobayashi T，et al. Determining the angle of repose of sand under low-gravity conditions using discrete element method[J]. Journal of Terramechanics，2011，48（1）：17-26.

[21]　Jayasundara C T，Yang R Y，Yu A B. Discrete particle simulation of particle flow in the IsaMill process[J]. Industrial & Engineering Chemistry Research，2006，45（18）：6349-6359.

[22]　Bongo Njeng A S，Vitu S，Clausse M，et al. Effect of lifter shape and operating parameters on the flow of materials in a pilot rotary kiln：Part Ⅰ. Experimental RTD and axial dispersion study[J]. Powder Technology，2015，269：554-565.

[23]　Höhner D，Wirtz S，Scherer V. A study on the influence of particle shape on the mechanical interactions of granular media in a hopper using the Discrete Element Method[J]. Powder Technology，2015，278：286-305.

[24]　Jayasundara C T，Yang R Y，Yu A B，et al. Effects of disc rotation speed and media loading on particle flow and grinding performance in a horizontal stirred mill[J]. International Journal of Mineral Processing，2010，96（1-4）：27-35.

[25]　Zhou Z Y，Pinson D，Zou R P，et al. Discrete particle simulation of gas fluidization of ellipsoidal particles[J].Chemical Engineering Science，2011，66（23）：6128-6145.

[26]　Yan T Y，Hong J H，Chung J H. An improved method for the production of white rice with embryo in a vertical mill[J]. Biosystems Engineering，2005，92（3）：317-323.

[27]　Jayasundara C T，Yang R Y，Yu A B，et al. Effects of disc rotation speed and media loading on particle flow and grinding performance in a horizontal stirred mill[J]. International Journal of Mineral Processing，2010，96（1-4）：27-35.

[28]　Deng X，Scicolone J，Xi H，et al. Discrete element method simulation of a conical screen mill：A continuous dry coating device[J]. Chemical Engineering Science，2015，125：58-74.

[29]　顾尧臣. 碾米机碾白理论的研究应用和机型[J]. 粮食与饲料工业，2001，（4）：8-11.

[30]　方武刚. 米筛调头使用的经济效益[C]//第三届全国粳稻米产业大会，长春，2008.

[31]　Han Y，Jia F，Zeng Y，et al. Effects of rotation speed and outlet opening on particle flow in a vertical rice mill[J]. Powder Technology，2016，297：153-164.

[32]　Buggenhout J，Brijs K，Celus I，et al. The breakage susceptibility of raw and parboiled rice：A review[J]. Journal of Food Engineering，2013，117（3）：304-315.

[33]　Voßkuhle M，Pumir A，Lévêque E，et al. Prevalence of the sling effect for enhancing collision rates in turbulent suspensions[J]. Journal of Fluid Mechanics，2013，749：841-852.

[34]　Ogawa S. Multi temperature theory of granular materials[C]//US-Japan Seminar of Continuum-Mechanical and Statistical Approaches in the Mechanics of Granular Materials，Tokyo，1978，37：208-217.

[35]   Cleary P W. Granular Flows: Fundamentals and Applications[M]. Singapore: World Scientific Publishing Company, 2014: 141-168.

[36]   Godlieb W, Deen N G, Kuipers J A M. On the relationship between operating pressure and granular temperature: A discrete particle simulation study[J]. Powder Technology, 2008, 182 (2): 250-256.

[37]   Radl S, Kalvoda E, Glasser B J, et al. Mixing characteristics of wet granular matter in a bladed mixer[J]. Powder Technology, 2010, 200 (3): 171-189.

[38]   Sinclair J L. Hydrodynamic Modeling[M]. Berlin: Springer Netherlands, 1997: 149-180.

[39]   Cleary P W. The effect of particle shape on simple shear flows[J]. Powder Technology, 2008, 179 (3): 144-163.

[40]   Campbell C S. Rapid Granular Flows[J]. Annual Review of Fluid Mechanics, 2003, 22 (1): 57-90.

[41]   Reis P M, Ingale R A, Shattuck M D. Caging dynamics in a granular fluid[J]. Physical Review Letters, 2007, 98 (18): 188301.

[42]   Cleary P W. Recent advances in dem modelling of tumbling mills [J]. Minerals Engineering, 2001, 14 (10): 1295-1319.

[43]   Kano J, Saito F. Correlation of powder characteristics of talc during Planetary Ball Milling with the impact energy of the balls simulated by the Particle Element Method[J]. Powder Technology, 1998, 98 (2): 166-170.

[44]   Poritosh R, Tsutomu I, Hiroshi O, et al. Effect of processing conditions on overall energy consumption and quality of rice (*Oryza sativa* L.) [J]. Journal of Food Engineering, 2008, 89 (3): 343-348.

[45]   Morrison R D, Cleary P W. Using DEM to model ore breakage within a pilot scale SAG mill[J]. Minerals Engineering, 2004, 17 (11-12): 1117-1124.

[46]   Morrison R D, Shi F N, Whyte R. Modelling of incremental rock breakage by impact - For use in DEM models[J]. Minerals Engineering, 2007, 20 (3): 303-309.

[47]   Williams J C. Continuous mixing of solids. A review [J]. Powder Technology, 1975, 15 (2): 237-243.

[48]   Chan E L, Washino K, Ahmadian H, et al. Dem, investigation of horizontal high shear mixer flow behaviour and implications for scale-up[J]. Powder Technology, 2015, 270: 561-568.

[49]   姚惠源. 碾米机碾白运动速度的理论计算[J]. 粮食与饲料工业, 1981, (4): 1-10.

[50]   Pantaleev S, Yordanova S, Janda A, et al. An experimentally validated DEM study of powder mixing in a paddle blade mixer[J]. Powder Technology, 2017, 317 (15): 287-302.

[51]   Yang H, Li R, Kong P, et al. Avalanche dynamics of granular materials under the slumping regime in a rotating drum as revealed by speckle visibility spectroscopy[J]. Physical Review E, 2015, 91 (4): 042206.

[52]   Sommier N, Porion P, Evesque P, et al. Magnetic resonance imaging investigation of the mixing-segregation process in a pharmaceutical blender[J]. International Journal of Pharmaceutics, 2001, 222 (2): 243-258.

[53]   Liu R, Yin X, Li H, et al. Visualization and quantitative profiling of mixing and segregation of granules using synchrotron radiation X-ray microtomography and three dimensional reconstruction[J]. International Journal of Pharmaceutics, 2013, 445 (1-2): 125-133.

[54]   Deng X, Scicolone J, Xi H, et al. Discrete element method simulation of a conical screen mill:A continuous dry coating device[J]. Chemical Engineering Science, 2015, 125: 58-74.

[55]   Moysey P A, Rama Rao, Nadella V, et al. Dynamic coefficient of friction and granular drag force in dense particle flows:Experiments and DEM simulations[J]. Powder Technology, 2013, 248: 54-67.

[56]   Liu S D, Zhou Z Y, Zou R P, et al. Flow characteristics and discharge rate of ellipsoidal particles in a flat bottom hopper[J]. Powder Technology, 2014, 253: 70-79.

[57]   Jayasundara C T, Yang R Y, Yu A B. Discrete particle simulation of particle flow in a stirred mill:Effect of mill

properties and geometry[J]. Industrial and Engineering Chemistry Research，2012，51（2）：1050-1061.

[58]　Zhao L L，Zhao Y M，Bao C Y，et al. Laboratory-scale validation of a DEM model of screening processes with circular vibration[J]. Powder Technology，2016，303：269-277.

[59]　Han Y L，Jia F G，Zeng Y，et al. DEM study of particle conveying in a feed screw section of vertical rice mill[J]. Powder Technology，2017，311（15）：213-225.

[60]　Zeng Y，Jia F G，Meng X Y，et al. The effects of friction characteristic of particle on milling process in a horizontal rice mill[J]. Advance Powder Technology，2018，29：1280-1291.

[61]　Zeng Y，Jia F G，Chen P Y，et al. Effects of convex rib height on spherical particle milling in a lab-scale horizontal rice mill[J]. Powder Technology，2019，342：1-10.

[62]　Weerasekara N S，Powell M S，Cleary P W，et al. The contribution of DEM to the science of comminution[J]. Powder Technology，2013，248：3-24.

[63]　McElroy L，Bao J，Jayasundara C T，et al. A soft-sensor approach to impact intensity prediction in stirred mills guided by DEM models[J]. Powder Technology，2012，219：151-157.

[64]　Wang M H，Yang R Y，Yu A B. DEM investigation of energy distribution and particle breakage in tumbling ball mills[J]. Powder Technology，2012，223：83-91.

[65]　Sinnott M D，Cleary P W，Morrison R D. Is media shape important for grinding performance in stirred mills？[J]. Mineral Engineering，2011，24（2）：138-151.

[66]　Firouzi S，Alizadeh M R，Minaei S. Effect of the size of perforated screen and blade-rotor clearance on the performance of Engleberg rice whitener[J]. African Journal of Agricultural Research，2010，5（9）：941-946.

[67]　孙正和，吴守一，张兴宇，等. 擦离式碾米机碾白式压力的研究[J]. 农业工程学报，1994，10（3）：133-137.

[68]　Heidarisoltanabadi M H,Hemmat A. Effect of blade distance and output rate on rice quality in a modified blade-type machine[J]. Journal Science Technology Agriculture Natural Resource，2007，11：25-32.

[69]　中国农业机械化科学研究院. 农业机械设计手册[M]. 北京：中国农业科学技术出版社，2007：1502-1508.

[70]　Cao B，Jia F G，Zeng Y，et al. Effects of rotation speed and rice sieve geometry on turbulent motion of particles in a vertical rice mill[J]. Powder Technology，2017，325（1）：429-440.

第5章 立式擦离式碾米机内米粒碾白运动和破碎特性分析

本章主要分析立式擦离式碾米机内米粒运动和破碎特性，涉及米粒在碾米机内的入料、输送过程，同时涉及米粒的碾白破碎特性，为探究米粒的微观碾磨机制和碾米机的降碎设计提供技术支持。

5.1 立式擦离式碾米机内米粒碾白运动特性

5.1.1 米粒入料和输送运动特征

立式擦离式碾米机碾磨过程中涉及米粒的入料和输送环节。本节主要分析米粒在碾米机料斗及输送器内的运动特征，因此为简化离散元模型，在传统碾米机结构基础上，去除碾白区域及出料口结构装置，将实验室级立式擦离式碾米机整体结构简化为侧方位供料型立式螺旋喂料段。该简化模型如图 5-1 所示。

(a) 碾米机内螺旋喂料段的主视图

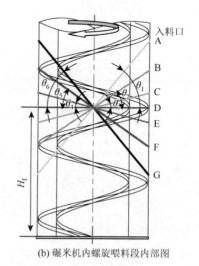
(b) 碾米机内螺旋喂料段内部图

图 5-1 实验室级立式擦离式碾米机内螺旋喂料段的结构简化模型

A~G 分别为七种类型的入料口；θ_1~θ_6 分别为各入料口切边与参照型入料口 D 切边的夹角

本节选取三个结构及操作参数作为研究米粒输送过程中运动特征的变量，三个变量分别为开口高度、螺旋输送器转速（见图 5-1（b）中 H_f）和入料口类型。基于离散元模拟平台，13 组模拟试验参数如表 5-1 所示。

需要说明的是，具有水平切口边的槽型口为一般螺旋喂料装置常见的入料口类型，如图 5-1（a）中虚线框（入料口 D）所示。为分析入料口类型的影响，如图 5-1（b）所示，本节以入料口 D 为参照，设计了三种逆时针偏转切口边的入料口，即入料口 A、入料口 B 和入料口 C。同时也设计另外三种顺时针偏转切口边的入料口，即入料口 E、入料口 F 和入料口 G。包括参照型入料口 D 在内的七种入料口间具有相同的投影面积。入料口切口边偏转角度定义为参照型入料口 D 的水平切口边与所设计的入料口切口边间的夹角。为使顺时针偏转型及逆时针偏转型入料口对称，特规定 $\theta_1 = \theta_6 = 51°$、$\theta_2 = \theta_5 = 34°$、$\theta_3 = \theta_4 = 17°$。

表 5-1　模拟试验参数

试验号	开口高度/mm	螺旋输送器转速/(r/min)	入料口类型
1（参照组）	30	1000	D
2	20	1000	D
3	40	1000	D
4	30	600	D
5	30	800	D
6	30	1200	D
7	30	1400	D
8	30	1000	A
9	30	1000	B
10	30	1000	C
11	30	1000	E
12	30	1000	F
13	30	1000	G

米粒入料及螺旋输送的离散元模拟中，首先在料斗内随机生成约 100g 的米样，其间不启动螺旋输送器。当料斗内的米粒达到预定量时，螺旋输送器以设定转速开始顺时针旋转，并逐渐将料斗内的米粒由入料口带入输送器腔内。且为分析连续喂料条件下的米粒入料及输送过程，料斗内始终以 110g/s 的速率不断生成新的米粒，从而确保料斗内米粒总量始终维持在 100g 左右。进入螺旋输送腔内的米粒在立式螺旋输送器作用下被逆重力垂直输送，当米粒达到输送器顶端时，该部分米粒将脱离仿真区域，且即刻从离散元模型中移除。米粒输送一段时间后，

螺旋输送器腔体内的米粒流形成宏观稳定流动，后续分析米粒入料及输送过程的采样数据均来源于米粒稳定流动阶段。

5.1.2 米粒入料过程

料斗内米粒流流场是入料过程分析的重点，为此，如图 5-2 所示，将螺旋喂料段料斗内贴近输送器管壁的区域划分为网格，用于分析该特征区域内米粒入料过程中的流场分布。如图所示，选择的特征区域共划分为 72 个等尺寸网格，每个网格三维尺寸为 8mm×8mm×7mm。其中，沿料斗 Y 轴方向只划分一层网格；而沿 Z 轴或 X 轴方向，划分十层网格，但受锥形料斗尺寸限制，每一行（层）或列的网格数不完全相等。

为表征米粒流场，在每个网格中，提取稳定流动时段 100 个时间步长内各个米粒的三轴笛卡儿速度分量及合成速度值，并均值化处理提取的数据。

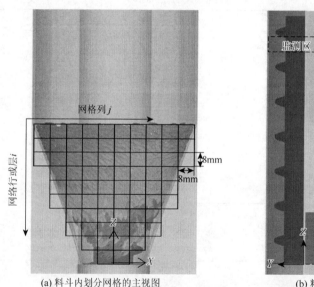

(a) 料斗内划分网格的主视图　　　　　(b) 料斗内划分网格的侧视图

图 5-2　螺旋喂料段料斗内网格划分

本节首先初步分析表 5-2 模拟试验 1（参照组）中米粒入料过程。图 5-3 为入料稳定后，米粒在整体网格区域内标准化后的米粒 X 轴及 Z 轴速度（v_X 和 v_Z）分布。

由图 5-3 可以看出，v_X（图 5-3（a））概率密度近似为峰值处于 $X=0$ 处的对称正态型分布；而 v_Z（图 5-3（b））概率密度近似为峰值处于 $X\approx-1$ 处的指数下降型分布。因此，标准化米粒 X 轴速度 v_X 概率密度可由式（5-1）拟合计算，该式为经典麦克斯韦速度分布模型[1]。而标准化米粒 Z 轴速度 v_Z 概率密度可由式（5-2）拟合计算，该式属于指数分布模型[2]。

$$f(\overline{v}_X) = \frac{1}{\sqrt{2\pi\alpha}}\exp(-\frac{\overline{v}_X}{2\alpha}) \tag{5-1}$$

$$f(\overline{v}_Z) = \frac{1}{\phi}\exp(-\frac{\overline{v}_Z - \mu}{\phi}), \quad \overline{v}_Z > \mu \tag{5-2}$$

式中，标准化速度定义为米粒矢量速度与其速度模平方的开方的比值，计算公式为 $\overline{v}_i = \dfrac{v_i}{\sqrt{\langle v^2 \rangle}}$，$(i = X$ 或 $Z)$；α、ϕ、μ 为模型常数，在最优拟合度时，$\alpha = 0.0573$、$\phi = 0.0634$、$\mu = -0.9998$。

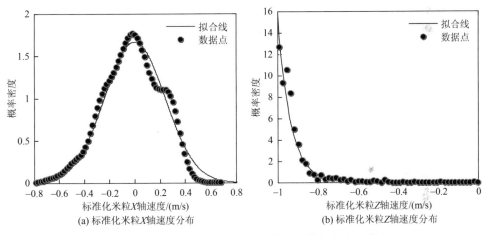

(a) 标准化米粒 X 轴速度分布　　　　　　(b) 标准化米粒 Z 轴速度分布

图 5-3　料斗网格区域内标准化米粒速度的概率密度分布

对于参照组模拟试验（试验 1），料斗内米粒 X 轴或 Z 轴速度均呈现出典型模型分布特征，因此可以推断料斗内米粒流场也应呈现出特定分布。为观测参照组试验中料斗内米粒流场，本节开展等比例模型试验。如图 5-4 所示，试验中几何模型与参照组仿真模型参数完全一致，且试验中料斗及螺旋输送器管壁采用亚克力可视化材质实现，而螺旋输送轴采用 3D 打印实现。为清晰观测料斗内米粒流动，在初始时刻，将原料米粒及染成黑色的米粒逐层等厚放置于料斗内（图 5-4（a））。试验中当米粒将从螺旋输送器顶端脱离时，即停止转动螺旋输送器轴，并及时拍摄料斗内米粒状态图，作为终止时刻料斗内米粒流型（图 5-4（b））。

从图 5-4（b）中看出，料斗内米粒流型呈现出特定的顺时针偏转形态。而料斗内米粒流场直接影响进入螺旋输送器内的米粒次序，碾米过程中为提高米粒碾磨均匀性，期望料斗内米粒逐层进入输送器腔内，尽可能消除料斗内流动死区的

(a) 初始时刻料斗内米粒分层图

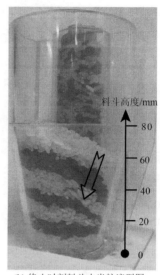

(b) 终止时刻料斗内米粒流型图

图 5-4　螺旋喂料段料斗内米粒流型

出现。然而，在当前条件下，如图中箭头所示，料斗内右侧米粒群将优先进入螺旋输送器内，这就可能造成流动死区。因此下面探究不同结构及操作参数下料斗内米粒流场的变化，以获取料斗内米粒最优入料流型。

1. 料斗内米粒流场

表 5-2 中试验 1、试验 4～试验 7 的模拟结果用于探究螺旋输送器转速对料斗内米粒流场的影响。图 5-5 为不同螺旋输送器转速下料斗网格区域内米粒流场图，流场图为米粒合速度标量值等值线图与 X-Z 平面内米粒矢量速度（图中箭头）图的合成图。入料口位置由图中实线框标示。

表 5-2　米粒螺旋输送过程模拟试验结果

试验号	米粒流场均匀指数	平均停留时间/s	停留时间方差	平均质量流率 /(g/s)	平均输送能耗 /(J/kg)
1（参照组）	0.0953	2.3923	0.0340	47.1619	143.2241
2	0.0589	4.3263	0.0212	25.6484	164.3624
3	0.0966	1.8587	0.0247	65.3371	157.9764
4	0.0821	3.7926	0.0233	34.8645	109.6336
5	0.0822	3.2738	0.0331	42.8380	122.4797
6	0.0796	2.1303	0.0326	50.5579	164.4649

续表

试验号	米粒流场均匀指数	平均停留时间/s	停留时间方差	平均质量流率/(g/s)	平均输送能耗/(J/kg)
7	0.0814	1.9519	0.0318	53.8166	190.251
8	0.2158	3.2678	0.2685	45.5889	156.3638
9	0.2155	2.8774	0.1508	46.9039	134.0731
10	0.1197	2.6325	0.0699	46.4800	137.5393
11	0.0562	2.3369	0.0126	47.5988	146.3751
12	0.0805	2.2970	0.0237	46.0156	154.8615
13	0.1854	3.0255	0.1910	41.9397	160.0077

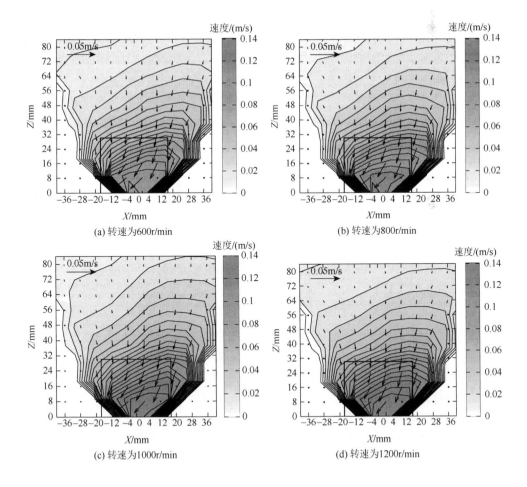

(a) 转速为600r/min

(b) 转速为800r/min

(c) 转速为1000r/min

(d) 转速为1200r/min

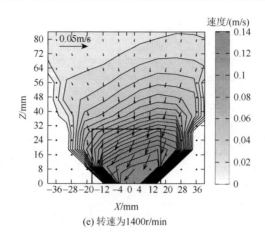

(e) 转速为1400r/min

图 5-5　螺旋输送器转速对料斗内米粒流场的影响（彩图见封底二维码）

从图 5-5 中可以看出，各螺旋输送器转速下料斗内米粒流场相似，螺旋输送器转速对流场分布的影响较小。特别地，图 5-5（c）（参照组）中米粒流场呈现出顺时针偏转的向下流动趋势，这一结果与试验中结果（图 5-4（b））极为相似，由于螺旋输送器轴的顺时针转动，料斗网格区域内右半边向下流动的米粒首先被搅动及加速，而左半边的米粒具有较低的向下流动速度，这是造成料斗内米粒流速度不均匀分布的原因。从图 5-5（c）也可以看出，当料斗 Z 轴方向高度值超过 20mm 后，左右半边流场内米粒的速度矢量出现较大差异，右半边米粒速度矢量明显大于左半边米粒速度矢量，这一现象也在试验结果中被很好证实。试验结果（图 5-4（b））中，当料斗高度值大于 20mm 后，右半边米粒明显较左半边米粒有更大的向下流动速度，故试验结果证实了离散元模拟米粒入料及输送的可行性。图 5-5 也表明，随着螺旋输送器转速的增大，入料口附近米粒合速度标量值逐渐增大，这说明较大的螺旋输送器转速能搅动更多米粒，能提高喂料效率。整体来看，料斗内米粒流场的分布是不均匀的，沿 Z 轴方向，入料口附近的米粒速度值最大，从料斗底部到顶部，每一列网格内米粒速度值逐渐减小。而沿 X 轴方向，从料斗左端至右端，每一层（或行）网格内米粒速度值逐渐增大。

表 5-2 中试验 1～试验 3 的模拟结果用于探究开口高度对料斗内米粒流场的影响。图 5-6 为不同开口高度下料斗网格区域内米粒流场图。

整体分析图 5-6，米粒流场仍呈现出顺时针偏转的向下流动趋势。当开口高度较小时，开口高度以上米粒群具有较低的标量速度值及矢量速度，表明米粒流具有较低的向下流动能力。随着开口高度的增大，料斗内米粒的流动速度显著增加，大的开口高度有利于米粒的快速入料，但开口高度的改变没能显著改善米粒流场的不均匀分布。

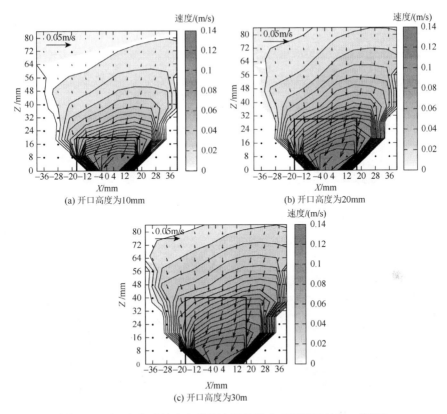

(a) 开口高度为10mm　　　　　　　(b) 开口高度为20mm

(c) 开口高度为30m

图 5-6　开口高度对料斗内米粒流场的影响（彩图见封底二维码）

　　表 5-2 中试验 1、试验 8～试验 13 的模拟结果用于探究入料口形状对料斗内米粒流场的影响。图 5-7 为不同入料口形状下料斗网格区域内的米粒流场图。图 5-7 表明，入料口形状显著影响料斗内米粒流场分布。当入料口切边采用大偏角时（顺时针偏角或逆时针偏角），料斗内米粒流场分布均匀性变差。从图 5-7（e）可以看

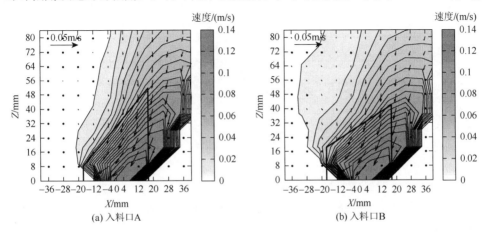

(a) 入料口A　　　　　　　　　　(b) 入料口B

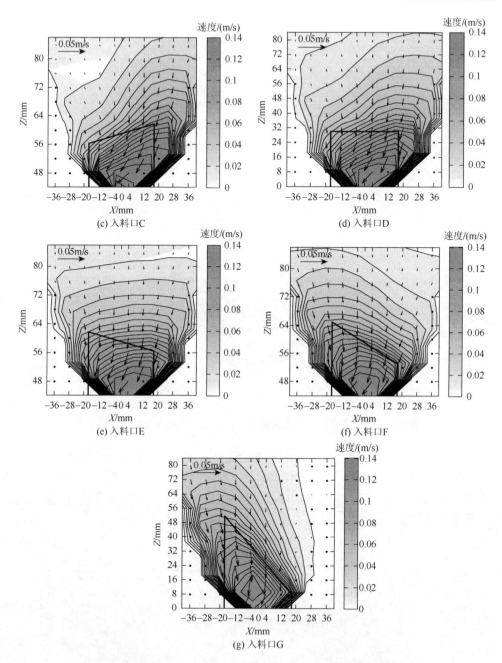

图 5-7　入料口形状对料斗内米粒流场的影响（彩图见封底二维码）

出，在螺旋输送器轴顺时针转动时，将入料口水平切边顺时针偏转 17°后（采用入料口 E），料斗内米粒流场获得最好的均匀性，料斗内米粒群基本实现逐层入料。

2. 料斗内米粒流场定量评价

实际循环碾米过程中，经一次碾白后的米粒将重新落回料斗内进行再次入料和再次碾白。因此，为提高米粒碾磨均匀性，料斗内的米粒被期望按次序逐层入料，即实际循环碾米中，期望实现料斗内米粒"先进先出"。本节对米粒流场进行量化分析，自定义的"米粒流场均匀指数"将用于评价各条件下料斗内米粒流场分布的均匀性。通过计算沿料斗 Z 轴方向的十层网格（图 5-2（a））内米粒归一化速度值的标准偏差均值来获取米粒流场 UI 值。UI 值越小，米粒流场的均匀性越好，越易实现米粒逐层入料。理想情况下，若米粒流场完全达到逐层入料，则 UI 值为最小值 0。自定义的米粒流场 UI 计算公式为

$$\mathrm{UI} = \frac{1}{m} \sum_{i=1}^{m} \mathrm{SD}_i \tag{5-3}$$

$$\mathrm{SD}_i = \sqrt{\frac{\sum_{j=1}^{n} (v'_{ij} - \overline{v'_i})^2}{n-1}} \tag{5-4}$$

$$v'_{ij} = \frac{v_{ij} - v_{\min}}{v_{\max} - v_{\min}} \tag{5-5}$$

$$\overline{v'_i} = \frac{1}{n} \sum_{j=1}^{n} v'_{ij} \tag{5-6}$$

式中，m 和 n 分别为网格区域内划分的行（或层）和列的个数；SD_i 为沿着料斗 Z 轴方向，第 i 行（或 i 层）网格内米粒合速度值的标准差；v'_{ij} 为划分的第 i 行第 j 列小网格内米粒归一化合速度值；$v_{\min}$ 和 $v_{\max}$ 分别为网格区域内米粒合速度均值的最小值和最大值；$\overline{v'_i}$ 为第 i 层网格内米粒合速度均值。

图 5-8（a）给出了不同螺旋输送器转速下网格区域内米粒流场 UI 值的变化。由图可见，当螺旋输送器转速为 1000r/min 时，UI 值最大，表明此时料斗内米粒流场均匀性最差。根据 MiDi[3] 的研究，米粒流由静态向动态的转变依赖米粒间的剪切形变。当转速为 1000r/min 时，可能是料斗内米粒间的剪切形变作用较强，从而增强了米粒间的扰动，导致米粒流场均匀性下降。而当螺旋输送器转速高于1000r/min 时，螺旋输送器引起的离心力一定程度上减弱了米粒间剪切形变作用，使得 UI 值仍保持较小值。但不同螺旋输送器转速下，均匀性最差的米粒流场的UI 值只比均匀性最好的米粒流场的 UI 值高 0.015，这也表明螺旋输送器转速对料斗内米粒流场的影响较小。

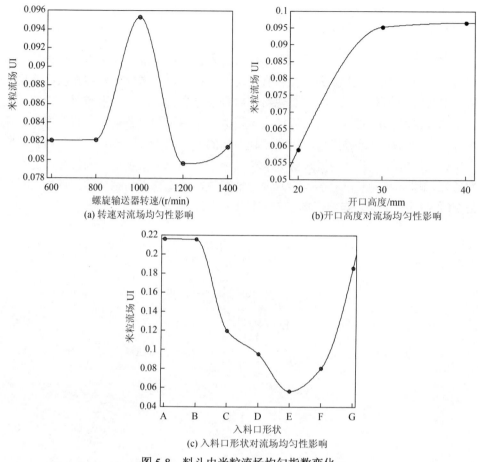

(a) 转速对流场均匀性影响

(b)开口高度对流场均匀性影响

(c) 入料口形状对流场均匀性影响

图 5-8　料斗内米粒流场均匀指数变化

图 5-8（b）给出了不同开口高度下网格区域内米粒流场 UI 值的变化。结果表明，米粒流场均匀性随开口高度的增加而变差。当开口高度超过 30mm（5 倍于米粒长轴）后，流场均匀性变化不明显。

图 5-8（c）给出了不同入料口形状下网格区域内米粒流场 UI 值的变化。图中 UI 值变化情况肯定了由图 5-7 得出的结论，即采取入料口 E 时，料斗内米粒流获得最好的均匀性。从量化角度讲，当 UI 值小于 0.06 后，料斗内米粒流均匀性达到较为理想的水平。

5.1.3　米粒螺旋输送过程

1. 米粒停留时间分布

米粒从料斗入料到脱离螺旋输送器的过程中，不可避免地会产生米粒输送时间的不一致，部分米粒会很快脱离螺旋输送器进入碾白区域，而部分米粒会在料斗或输送器内滞留一段时间。输送过程中，米粒群的随机运动形成较强扩散，引起各米粒输送时间的差异，而该差异也会影响后续米粒碾磨均匀性。就立式擦离式碾米机来说，期望实现在特定结构及操作条件下，米粒群同步进料及同步脱离螺旋输送器。

一般来说，停留时间分布广泛应用于定量比较不同流体单元间在系统内经历时间的差异。为此，本节选取料斗内顶层距底端 70mm 位置处一层 2mm 厚单元作为采样区（图 5-2（b）），选取螺旋输送器顶端距底端 130mm 处一层 2mm 厚单元作为检测区（图 5-2（b）），在米粒流稳定入料输送初始时刻，将采样区内米粒作为示踪米粒，记录示踪米粒 ID 号，并实时获取后续时间步长下监测区内米粒 ID 号的变化情况，以此统计监测区内示踪米粒浓度（即各时间步长下监测区内含示踪米粒的个数占监测区内总米粒数的百分比）变化。基于上述步骤，示踪米粒从入料到输送完毕过程中停留时间分布函数 $E(t)$ 的计算式为[4]

$$E(t) = \frac{C(t)}{\int_0^\infty C(t)\mathrm{d}t} \cong \frac{C(t_i)}{\sum_{i=1}^{N_s} C(t_i)\Delta t_i} \tag{5-7}$$

式中，$C(t)$ 表示示踪米粒在监测区内的浓度；N_s 为采样时间步长个数；Δt_i（$i = \{1, 2, 3, \cdots, N_s\}$）为采用时间间隔，在本书中所有采用时间间隔相等且均为 0.01s。

对于涉及示踪米粒输送的系统，矩分析是评价示踪米粒的停留时间分布的常用方法。根据 Bongo Njeng[4] 的方法，用停留时间分布的一阶矩表征平均停留时间 $\bar{t}$，即从料斗入料至螺旋输送器出料过程中示踪米粒群经历的平均输送时间，用式（5-8）计算：

$$\bar{t} = \frac{\int_0^\infty tC(t)\mathrm{d}t}{\int_0^\infty C(t)\mathrm{d}t} \cong \frac{\sum_{i=1}^{N_s} t_i C(t_i)\Delta t_i}{\sum_{i=1}^{N_s} C(t_i)\Delta t_i} \tag{5-8}$$

用停留时间分布的二阶矩表征示踪米粒停留时间分布方差 σ^2，即示踪米粒群停留时间围绕平均停留时间的分散度。σ^2 值越大，示踪米粒停留时间分散度越大[5]。一般 σ^2 采用无量纲停留时间分布方差 σ_θ^2 来表示，计算公式分别为

$$\sigma^2 = \frac{\int_0^\infty (t - \bar{t})^2 C(t)\mathrm{d}t}{\int_0^\infty C(t)\mathrm{d}t} \cong \frac{\sum_{i=1}^{N_s} t_i^2 C(t_i)\Delta t_i}{\sum_{i=1}^{N_s} C(t_i)\Delta t_i} - \bar{t}^2 \tag{5-9}$$

$$\sigma_\theta^2 = \frac{\sigma^2}{\bar{t}^2} \tag{5-10}$$

图 5-9（a）为不同螺旋输送器转速下示踪米粒平均停留时间和无量纲停留时间方差 σ^2 的曲线变化。由图看出，示踪米粒输送过程平均停留时间随螺旋输送器转速的增大而减小。当螺旋输送器转速超过 1000r/min 后，平均停留时间减小的幅度降低。一般而言，当入料口形状固定时，米粒停留时间与螺旋输送器转速成反比关系。而示踪米粒 σ^2 随螺旋输送器转速变化呈现出先增大后略微降低趋势。用示踪米粒的 σ^2 值表征螺旋输送器内实际米粒流与理想状态下螺旋内塞流的差异。米粒输送过程 σ^2 主要依赖于米粒流平均轴向速度和轴向混合度，无论是轴向速度增大还是轴向混合度增大，σ^2 值都随之增大 [6]。一般在螺旋输送过程中，螺旋输送器转速越大，米粒的平均轴向速度越大，但米粒轴向混合度与螺旋输送器转速间尚无确切关系，因而，目前螺旋输送器转速与 σ^2 间规律还不能确定。需要注意的是，图 5-8（a）中当螺旋输送器转速为 1000r/min 时料斗内米粒流场的均匀性最差、UI 值最大，而从图 5-9（a）中可以看出，该螺旋输送器转速下米粒停留时间分布的方差值也最大，两者都表明该螺旋输送器转速不利于实现米粒同步输送。

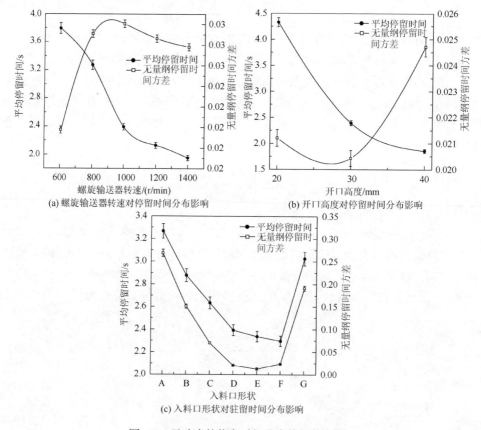

(a) 螺旋输送器转速对停留时间分布影响　　(b) 开口高度对停留时间分布影响

(c) 入料口形状对驻留时间分布影响

图 5-9　示踪米粒停留时间分布特征值变化

图 5-9(b)为不同开口高度下示踪米粒平均停留时间和无量纲停留时间方差 σ^2 曲线变化。结果表明，平均停留时间与开口高度呈反比关系，这主要是开口增大利于米粒快速开。而 σ^2 随开口高度的增加呈先减小后增大的趋势，就本书考虑的水平范围内，30mm（5 倍于米粒长轴）高的开口高度有利于米粒的同步输送，过小或过大的高度会增大米粒输送的分散度。

图 5-9（c）为不同入料口形状下示踪米粒平均停留时间和无量纲停留时间方差 σ^2 曲线变化。由图可以看出，入料口形状显著影响示踪米粒停留时间分布。当碾米机内螺旋输送装置采用入料口 E 时，σ^2 值最小，即米粒将被更集中地从入料口经螺旋输送器输送至碾白区域内。当入料口切边偏角由逆时针 54°变化至顺时针 34°（即由入料口 A 至入料口 F 时），示踪米粒的平均停留时间和 σ^2 值均逐渐减小。但入料口切边顺时针偏转值超过 34°（入料口 G）后，示踪米粒的平均停留时间和 σ^2 值将激增。因此，结合图 5-7 和图 5-9 中结果，可得出：当螺旋输送器顺时针转动时，若入料口切边在一定范围内顺时针偏转，将利于米粒更快、更集中输送。

2. 米粒输送性能定量评价

基于离散元法，可在螺旋输送米粒过程中获取表征输送性能的定量特征指标，而这些量化指标往往无法从试验中获得。输送效率和能源效率一直是螺旋输送性能评价的研究热点。

因此，本节将沿螺旋输送器方向的米粒质量流率和轴向速度作为螺旋输送效率指标，散体物料的质量流率 Q 计算公式为

$$Q = \varphi v_Z F \gamma \tag{5-11}$$

式中，φ 为米粒在螺旋输送器腔体内的填充因子；v_Z 为螺旋输送器腔体内米粒轴向速度；F 为螺旋输送器腔体的横截面面积；γ 为米粒的容积密度（约为 800kg/m³，见表 3-2）。

F 的计算公式为

$$F = \frac{\pi}{4}(D_c{}^2 - D_0{}^2) - \frac{L(D - D_0)}{2}\sqrt{1 + \frac{\pi D_0}{P}} \tag{5-12}$$

式中，D_c、D_0 和 D 分别为螺旋输送器筒壁直径、螺旋轴直径和螺旋叶片直径；L 为螺旋叶片厚度；P 为螺旋输送器螺距。

基于离散元模拟，可直接获取式（5-11）中质量流率 Q 和米粒轴向速度 v_Z；通过式（5-12）计算可获取式（5-11）中螺旋输送器腔体的横截面面积 F；通过试验测量，可获取式（5-11）中米粒的容积密度 γ。由此，式（5-11）中螺旋输送器腔体内的填充因子 φ 也可求取，它表征流动状态的米粒在螺旋输送器腔体内的密实度。

同时将输送能耗作为螺旋输送能效指标，输送能耗 P_A 定义为螺旋输送器单位时间能耗与螺旋输送器内平均质量流率 $\overline{Q}$ 的比值。计算公式为

$$P_A = \frac{1}{Q} \frac{\int_0^t \omega T \mathrm{d}t}{t} \qquad (5\text{-}13)$$

式中，ω 和 T 分别为螺旋输送器转速和扭矩。

立式螺旋输送器腔体内米粒质量流率沿螺旋轴向方向先逐渐增加，而后在一固定值范围内小幅度波动。因此，式（5-13）中平均质量流率为稳定波动范围内米粒质量流率的平均值，输送能耗 P_A 表示螺旋输送器输送单位质量物料下消耗的能量。

图 5-10（a）为不同螺旋输送器转速下螺旋输送器不同输送高度处质量流率变化。McBride 等曾证实，当采用合适的几何体及米粒模型时，离散元法能用于散粒体物料流量的定量预测研究[7]。从图中可以看出，在各螺旋输送器转速下，在输送高度达到开口高度（30mm）前，质量流率随输送高度的增大而呈线性增加，当输送高度超过开口高度后，质量流率不再继续增加，而是在一固定值范围内小幅度波动。这表明，开口高度值是立式螺旋输送器质量流率稳定的临界值。同时也可以看出，随着螺旋输送器转速的增加，质量流率也增大，但是当螺旋输送器转速超过 1000r/min 后质量流率增大的幅度降低。一般来说，螺旋输送存在限定转速，当螺旋输送器转速值超过限定值后，螺旋输送能力达到饱和状态。这主要是两方面原因造成的：一是饱和的入料速率，二是过大的米粒离心力。

图 5-10（b）为不同螺旋输送器转速下螺旋输送器不同输送高度处米粒平均轴向速度变化。整体上，各米粒轴向速度曲线变化趋势与质量流率变化趋势相同，但也存在两个差异。首先，当螺旋输送器转速较低（低于 1000r/min）时，在开口高度处的米粒轴向速度存在明显峰值，当输送高度超过入料口高度 30mm 后，米粒轴向速度才趋于稳定。其次，各螺旋输送器转速下米粒轴向速度曲线在螺旋输送器出口处均存在上升趋势，表明即将脱离螺旋输送器的米粒流速度将激增。

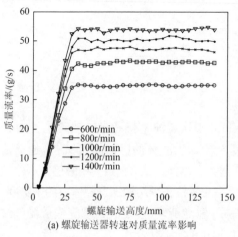

(a) 螺旋输送器转速对质量流率影响

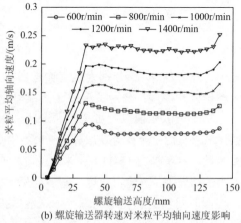

(b) 螺旋输送器转速对米粒平均轴向速度影响

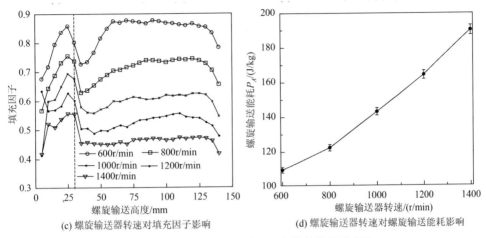

(c) 螺旋输送器转速对填充因子影响　　　　(d) 螺旋输送器转速对螺旋输送能耗影响

图 5-10　不同螺旋输送器转速下螺旋输送性能变化

如图 5-10（c）所示，由于上述两差异，米粒填充因子曲线在开口高度（图中虚线标示）和螺旋输送器出口处呈现下降趋势。这表明输送至入料口及出口处的米粒群具有更低的流体密度、更疏松的米粒流结构。同时从图中也可以看出，随着螺旋输送器转速的增加，米粒填充因子均呈下降趋势，这与碾白区域内米粒流填充率的变化趋势一致（图 4-27），同时该结论与 Roberts 等[8]的研究结果一致，他曾在谷物输送的研究中提出谷物输送体积效率随螺旋输送器转速增加而降低。实际上，螺旋输送器转速的增大可能会增强输送腔体内米粒流湍流作用，进而使输送器内米粒密实度下降。

图 5-10（d）为不同螺旋输送器转速下螺旋输送能耗指标 P_A 的变化。从图中可以看出，输送能耗值随螺旋输送器转速增加近似呈线性增大趋势。这表明立式螺旋输送器输送单位质量的米粒时，能耗随螺旋输送器转速的增加而增大。

图 5-11 为不同开口高度对螺旋输送器不同输送高度的输送性能影响。如图 5-10 所示，在输送高度超过开口高度后，质量流率不再增加，而是在一个固定值范围内波动，同时随着螺旋输送器转速的增加，质量流率同比增大。事实上，本节中立式碾米螺旋输送段采取侧方位喂料方式，当螺旋输送器转速较高时，螺旋输送器腔内入料口处米粒产生的离心力将阻碍料斗内米粒入料。Roberts 等[8]曾指出，粮食机械立式搅龙中，当开口高度为 3 倍螺距时，能获得较好的输送效率。在当前碾米机立式螺旋输送段研究中，在螺旋输送器转速为 1000r/min 时，当开口高度由 20mm（1 倍螺距）增加至 40mm（2 倍螺距）后，米粒质量流率增加约 160%，如图 5-11（a）所示，无论是米粒轴向速度还是填充因子，均随开口高度的增加而增大，如图 5-11（b）和（c）所示，并且开口高度处及螺旋出口处仍能观测到轴向速度曲线的上升或填充因子曲线的下降变化。由图 5-11（d）可以看出，螺旋输送

能耗随开口高度的增加呈先降低后增大的趋势。因此,过大或过小的开口高度均不利于螺旋输送能源的有效利用。

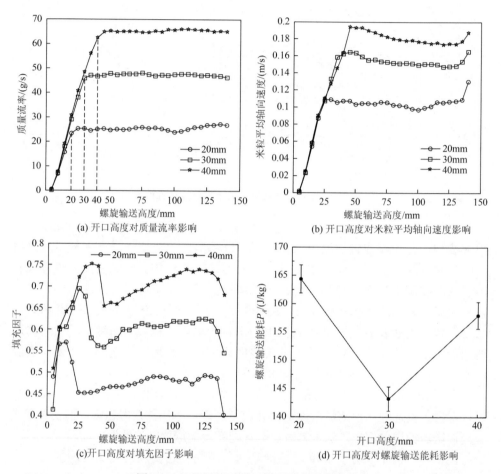

(a) 开口高度对质量流率影响

(b) 开口高度对米粒平均轴向速度影响

(c)开口高度对填充因子影响

(d) 开口高度对螺旋输送能耗影响

图 5-11　不同开口高度下螺旋输送性能变化

图 5-12 为不同入料口形状对螺旋输送器输送性能影响。区别于图 5-10 和图 5-11,图 5-12 中未采取沿螺旋输送高度分析各输送性能指标的方式来表征入料口形状的影响,而是通过分析各性能指标值在稳定输送阶段时的平均值来反映其影响。如图 5-12(a)所示,可能是相同螺旋输送器转速及相等入料口截面面积的缘故,入料口形状对平均质量流率的影响较小。Zhong 等[9]也曾在横式螺旋输送机研究中指出,对于散粒体物料,改变传统槽型入口形状并不能显著改善输送能力。在当前研究中,当螺旋输送器转速为 1000r/min 时,各入料口形状中平均质量流率最大差异约为 6g/s。值得注意的是,当入料口采用 E 形状时,可获取最大平均质量

流率、平均轴向速度和平均填充因子，如图 5-12（a）、（b）所示，而前面提及，在此入料口下，米粒流场均匀性指数（UI 值）及停留时间分布方差（σ^2 值）均最好。图 5-12（c）表明，当螺旋输送器顺时针旋转时，较传统方形槽型入料口（入料口 D），顺时针偏转入料口切边后将增大螺旋输送器输送单位质量物料的能耗（如从入料口 E 到入料口 G），而一定范围逆时针偏转入料口切边后将降低输送能耗（如从入料口 C 到入料口 B），但过大的逆时针偏角将显著增大输送能耗，如入料口 A。

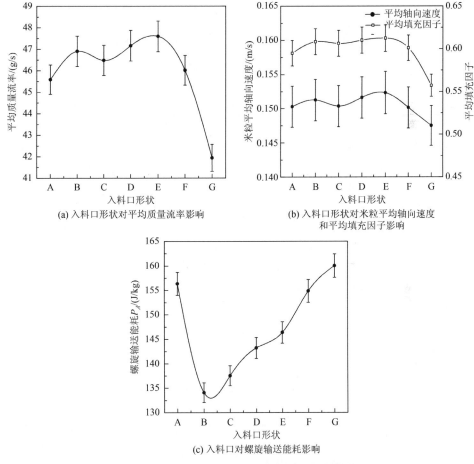

(a) 入料口形状对平均质量流率影响

(b) 入料口形状对米粒平均轴向速度
和平均填充因子影响

(c) 入料口对螺旋输送能耗影响

图 5-12　不同入料口形状下螺旋输送性能变化

5.1.4　米粒输送性能参数回归关系及讨论

为更清晰地呈现研究结论，表 5-2 列出米粒入料及螺旋输送过程的 13 组关键指标结果。结合表中结果，可构建立式擦离式碾米机螺旋输送段宏观与微观输送性能指标间的关系。

为此，本节将米粒平均质量流率（average mass flow rate，AM）和平均输送能耗（average transport power，AP）作为宏观输送性能指标，将米粒流场均匀指数（UI）、平均停留时间（MRT）和停留时间分布方差（VRT）作为微观输送性能指标，采用逐步回归法建立指标间二次多项式回归模型。回归模型为

$$AM(AP) = p_1 \times UI^2 + p_2 \times MRT^2 + p_3 \times VRT^2 + p_4 \times UI + p_5 \times MRT + p_6 \times VRT + p_7$$

（5-14）

式中，$p_1 \sim p_7$ 表示回归模型系数，其具体值如表 5-3 所示。

表 5-3　平均质量流率及平均输送能耗回归模型系数

	p_1	p_2	p_3	p_4	p_5	p_6	p_7	R^2
AM/(g/s)	−773.20	2.27	689.33	392.19	−24.27	−266.35	73.91	0.92
AP/(J/kg)	2213.60	32.47	−2681.44	−1386.62	−216.69	1371.65	537.83	0.92

式（5-14）以平均质量流率或平均输送能耗为因变量的回归模型拟合情况的方差分析如表 5-4 和表 5-5 所示，结果表明，无论是平均质量流率或是平均输送能耗，两者预测回归模型均显著相关，拟合情况良好（$R^2 = 0.92$）。这也表明米粒螺旋输送过程的宏观运动规律可由微观运动特征呈现。

表 5-4　平均质量流率回归模型拟合情况方差分析

	平方和	自由度	均方	F	P
模型	939.949	6	156.658	11.080	0.005
残差	84.830	6	14.138		
总变异	1024.779	12			

表 5-5　平均输送能耗回归模型拟合情况方差分析

	平方和	自由度	均方	F	P
模型	4680.094	6	780.016	10.812	0.005
残差	432.860	6	72.143		
总变异	5112.954	12			

基于离散元法，本节主要分析入料口及螺旋输送器转速对米粒螺旋输送性能的影响。整体分析，入料口对料斗内流场均匀性及输送过程分散程度的影响更大，而螺旋输送器转速则主要影响螺旋输送的效率及能耗。实际上，碾米机内采用螺旋输送米粒时，其他参数的影响也不可忽视，如螺旋输送器与筛筒壁间的间隙，

有研究曾指出[7]，具有 5%间隙值的螺旋输送器的输送效率能达到理想封闭螺旋输送器效率的 90%，而 10%间隙值的螺旋输送器输送效率仍能达到 85%。因此，碾米机内影响米粒螺旋输送性能的结构及操作参数仍有待持续研究。

5.2　单粒米破碎特性分析

5.2.1　分析方法

1. 离散元接触力学模型

颗粒黏结模型（bonded particle model）最初由 Potyondy 和 Cundall 提出[10]，后由 Cho 等[11]对其进行改进和发展，并广泛应用于模拟岩石颗粒破碎行为和分析其破碎机理[12-15]。该模型的依据为岩石内部实际包含大量介观颗粒物质，而各介观颗粒物质间因存在胶结物质，使得颗粒物质凝聚成一个整体。正因如此，该模型的基本思想是利用理想弹性黏结键将相邻基本颗粒（如二维圆盘或三维球形颗粒）进行黏结，从而使所有基本颗粒形成一个可破碎的聚合体[79]，如图 5-13 所示。颗粒间所引入的黏结键不仅能够传递基本颗粒的平移和旋转运动，还能在基本颗粒间进行力和力矩的传递。因此，黏结键可承受因基本颗粒受拉伸、剪切和压缩等外载荷作用而产生的力和形变。此外，弹性黏结键在基本颗粒受到拉伸、压缩、剪切 3 种不同载荷方式下发生断裂时的力和形变间的关系可参考文献[16]～[19]，如图 5-14 所示。需指出的是，黏结键实际上可看成一个弹性梁，故在承受拉伸、压缩、剪切载荷作用时，其力随变形的增加均呈现出线性增加的趋势。由图可知，当弹性黏结键受拉时，基本颗粒间的重叠量减小，一旦重叠量减至 0 或黏结键法向强度到达所设定的阈值，则认为黏结键发生断裂，基本颗粒发生分离；当弹性黏结键受压时，基本颗粒间重叠量增加，黏结键受力随时间进行叠加，直到满足断裂准则；当弹性黏结键受剪时，黏结键断裂方式按剪切强度进行计算。

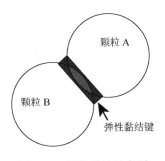

图 5-13　颗粒黏结示意图

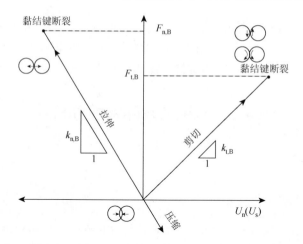

图 5-14　不同形式载荷下弹性黏结键力-位移关系

当基本颗粒受到外载荷时，每个时间步长内由弹性黏结键所传递的力和力矩的计算公式如下：

$$\Delta F_{n,B} = -v_n k_{n,B} A \Delta t \qquad (5\text{-}15)$$

$$\Delta F_{t,B} = -v_t k_{t,B} A \Delta t \qquad (5\text{-}16)$$

$$\Delta M_{n,B} = -\omega_n k_{t,B} J \Delta t \qquad (5\text{-}17)$$

$$\Delta M_{t,B} = -\omega_t k_{n,B} I \Delta t \qquad (5\text{-}18)$$

$$A = \pi R_B^2 \qquad (5\text{-}19)$$

$$J = \frac{1}{2} \pi R_B^4 \qquad (5\text{-}20)$$

$$I = \frac{1}{4} \pi R_B^4 \qquad (5\text{-}21)$$

$$R_B = \lambda \min(R_i, R_j) \qquad (5\text{-}22)$$

式中，$F_{n,B}$ 和 $F_{t,B}$ 分别为弹性黏结键所受法向力和切向力；v_n 和 v_t 分别为弹性黏结键所黏结的基本颗粒在接触点处的相对法向速度和相对切向速度；$k_{n,B}$ 和 $k_{t,B}$ 分别为弹性黏结键单位面积法向刚度和切向刚度；Δt 为仿真时间步长；$M_{n,B}$ 和 $M_{t,B}$ 分别为弹性黏结键所受的法向力矩和切向力矩；ω_n 和 ω_t 分别为弹性黏结键所黏结的基本颗粒的法向角速度和切向角速度；A、J 和 I 分别为弹性黏结键截面面积、截面极惯性矩和截面惯性矩；R_B 为弹性黏结键截面半径；λ 为比例因子，其经验值通常为 1~1.2；R_i 和 R_j 分别为弹性黏结键所黏结的基本颗粒 i 和 j 的半径。

在颗粒黏结模型中，采用法向和切向极限强度作为判断其是否发生断裂的判定准则，具体而言，当弹性黏结键所受法向或切向应力超过临界法向或切向应力时，则认为该弹性黏结键发生断裂。弹性黏结键临界法向应力 σ_c 和临界切向应力 τ_c 的计算公式分别为[10, 20]

$$\sigma_c < \frac{-F_{n,B}}{A} + \frac{2M_{t,B}}{I}R_B = \sigma_{max} \qquad (5\text{-}23)$$

$$\tau_c < \frac{-F_{t,B}}{A} + \frac{2M_{n,B}}{I}R_B = \tau_{max} \qquad (5\text{-}24)$$

式中，σ_{max} 和 τ_{max} 分别为弹性黏结键所受最大法向应力和最大切向应力。

在本书中，不同含水率下单粒米冲击破碎的数值模拟借助于商业软件 $\mathrm{EDEM^{TM}}$。该软件中，Hertz-Mindlin with bonding 接触模型（简称 bonding 模型）就是前面所提及的颗粒黏结模型，它同时结合了标准 Hertz-Mindlin 接触模型和颗粒黏结模型[21-24]。关于标准 Hertz-Mindlin 接触模型中力和力矩的计算可详见 4.1.2 节。bonding 模型的计算特点是，在基本颗粒发生黏结之前或黏结键断裂后，基本颗粒所受力和力矩的计算依据 Hertz 理论与 Mindlin 和 Deresiewic 理论，而 bonding 模型（颗粒黏结模型）不参与仿真计算；相反，当基本颗粒间引入弹性黏结键后，基本颗粒所受的力和力矩被重置为 0，且 Hertz-Mindlin 接触模型不再参与仿真计算，而 bonding 模型（颗粒黏结模型）用于计算施加于弹性黏结键上的力和力矩[25]。

2. 米粒离散元模型建立

利用雾化着水的方式对初始含水率为 10.2%±0.2%的米粒进行加湿调制处理，最终获得含水率分别为 10.6%、11.7%、13.9%和 15.4%的糙米样品。利用图像采集方法，测量不同含水率的 200 粒大小均匀的米粒的几何尺寸长度 L、宽度 W、厚度 T，并获得平均值和标准差，如表 5-6 所示。依据方差分析可知，就所选取的不同含水率米粒而言，其几何尺寸 L、W、T 并无显著差异，因此，本节最终采用长轴 D_L 为 6.6mm、短轴 D_S 为 2.2mm 的椭球体来近似不同含水率的真实米粒外形。

表 5-6 不同含水率米粒的几何尺寸

含水率/%	长度 L/mm	宽度 W/mm	厚度 T/mm
10.6	6.66±0.41a	2.67±0.23a	1.99±0.13a
11.7	6.70±0.39a	2.33±0.2a	1.84±0.11a
13.2	6.48±0.42a	2.58±0.24a	1.94±0.14a
15.4	6.54±0.39a	2.32±0.24a	1.96±0.09a
平均值	6.6	2.475	1.9325

注：表中的值为平均值±标准偏差；同一列不同字母表示差异显著（$P < 0.05$）。

为在离散元数值模拟中构建可破碎的米粒模型，本节采用挤压填充方式，具体是指采用椭球聚合体近似真实米粒。挤压填充所需的几何体模型如图 5-15（a）所示，米粒模型大致建模过程如下。

（1）在椭球几何体下半部分生成单分散球形颗粒（简称颗粒）209 个，其直径为 0.44mm，与之相应的堆积密度为 0.56，如图 5-15（a）所示；

（2）当颗粒生成结束后，椭球几何体上半部分以 0.1m/s 的速度向下匀速运动 10mm，如图 5-15（b）所示；

（3）当椭球上半部分和下半部分重合并组成一个完整椭球体，且椭球体内的颗粒平均动能低于 10^{-8}J 时，即可认为整个椭球聚合体内的颗粒达到平衡状态，如图 5-15（c）所示；

（4）利用 bonding 模型在椭球聚合体中的颗粒间引入平行黏结键，最终用于模拟可破碎米粒的椭球聚合体形成，椭球聚合体离散元模型如图 5-16 所示。

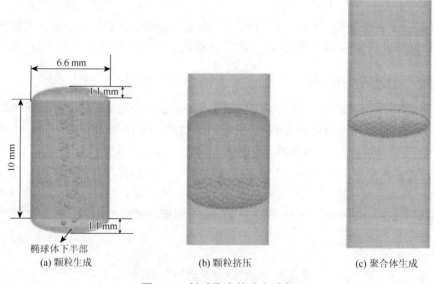

椭球体下半部
(a) 颗粒生成　　　　　　　　(b) 颗粒挤压　　　　　　　　(c) 聚合体生成

图 5-15　椭球聚合体建立过程

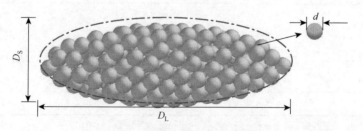

图 5-16　椭球聚合体离散元模型

需指出的是，为使颗粒在椭球体内能够快速达到平衡状态，将颗粒间及颗粒与几何体间的恢复系数、静摩擦系数及滚动摩擦系数均设定为 0.01，以期加速球颗粒总动能的耗散，待球颗粒达到稳定后，再将以上参数调至所需值。

研究表明，在由基本颗粒相互黏结而构成的聚合体内，采用多分散颗粒有助于提高其内部堆积密度，而较高的堆积密度有利于使聚合体更加接近真实颗粒材料[26, 27]。但本书基于以下两方面原因，采用单分散颗粒填充并黏结，以形成近似真实米粒的椭球聚合体。

（1）由于采用挤压填充方式构建椭球聚合体，其内部填充的球颗粒在挤压过程中会有重叠，且重叠量与堆积密度成正比。一旦引入黏结键，加之外部椭球几何体对内部球颗粒所施加的约束被解除，球颗粒因恢复形变而使得黏结键受到较大瞬时应力。当瞬时应力超过黏结键临界应力时，黏结键就会断裂，宏观上表现为椭球聚合体的"爆炸"，换言之，表征米粒的椭球聚合体离散元模型建立失败。此外，Potyondy 等[10]曾表明，在使用基本颗粒（二维圆盘或三维球形颗粒）构建聚合体模型时，需确保基本颗粒不能存在重叠。因此，经反复调试后发现，当采用单分散颗粒时，选取 0.56 的堆积密度所产生的颗粒间重叠在可接受的范围。为证实上述分析，给出在 0.76 的堆积密度下，采用单分散球颗粒构建椭球聚合体的过程如图 5-17 所示。

 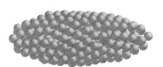 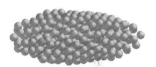

(a) 椭球聚合体中引入黏结键　　(b) 颗粒恢复重叠，伴随黏　　(c) 椭球聚合体"爆炸"
　　　　　　　　　　　　　　　结键的断裂

图 5-17　密实填充的椭球聚合体的建模过程

（2）由式（5-22）可知，在颗粒黏结模型中弹性黏结键截面半径的确定是依据所需相互黏结的球形颗粒中最小颗粒的半径[10, 20]。具体而言，当基本颗粒为单分散颗粒时，最小半径即为颗粒半径，而当基本颗粒为多分颗粒时，最小半径为相互黏结的两个颗粒中的最小颗粒半径。假设有三种不同粒径颗粒（即 $R_A > R_B > R_C$），则在使用弹性黏结模型时黏结键截面半径需设置两个，换言之，颗粒 A 与颗粒 B 间引入黏结键时，弹性黏结键截面半径的确定依赖于颗粒 B 的粒径；颗粒 A 与颗粒 C 和颗粒 B 与颗粒 C 间引入黏结键时，弹性黏结键截面半径的确定依赖于颗粒 C 的粒径。

3. 离散元仿真参数标定

依据颗粒黏结模型的力学特性，用 bonding 模型对不同含水率下单粒米冲击破碎过程进行模拟时，还需确定除基本颗粒物理属性参数（泊松比、剪切模量和密度）

和接触参数（恢复系数、静摩擦系数和滚动摩擦系数）以外的黏结参数，其包括弹性黏结键单位面积法向和切向刚度、临界法向和切向应力及黏结键截面半径等参数。需指出的是，目前没有通用的理论计算方法能够获得精确的黏结参数，通常是采用参数标定的方法获取，如单轴压缩试验、三轴压缩试验、巴西圆盘劈裂试验等常规力学试验。此外，研究表明，在应用 bonding 模型时，除了黏结参数以外，基本颗粒间的静摩擦系数亦会影响聚合体的力学行为[28-30]。因此，本书将对所需黏结参数及米粒间静摩擦系数进行参数标定，其他参数详见表5-7。

表 5-7　米粒物理属性参数和接触参数

参数	数值
米粒泊松比	0.25
不锈钢底板泊松比	0.3
米粒剪切模量/MPa	375
不锈钢底板弹性模量/MPa	75000
米粒密度/(kg/m³)	1350
不锈钢底板密度/(kg/m³)	8000
米粒间恢复系数	0.6
米粒间滚动摩擦系数	0.01
米粒与不锈钢底板间恢复系数	0.5
米粒与不锈钢底板间静摩擦系数	0
米粒与不锈钢底板的滚动摩擦系数	0.01

需指出的是，相较于其他接触模型，在 bonding 模型中，力与位移的关系通常更为敏感。具体而言，较大时间步长可能会引起一个较大瞬时应力作用于弹性黏结键并使其发生断裂。因此，在使用bonding 模型时需设置一个较小的计算时间步长，且 Rayleigh 时间步长不具有参考意义。依据 O'Sullivan 等[31]计算的临界时间步长 $t_{b,\text{critical}}$ 的公式为

$$t_{b,\text{critical}} = 2\sqrt{\frac{m_{p,\min}}{k_{B,\max}}} \qquad （5-25）$$

式中，$m_{p,\min}$ 为最小粒径的颗粒质量；$k_{B,\max}$ 为最大弹性黏结键刚度。

由式（5-25）可确定，本节所用临界时间步长为 5×10^{-10} s。

目前，单轴压缩试验广泛应用于颗粒材料微观参数的获取，如矿石、煤炭等颗粒[32,34]。因此，本书采用物理属性分析仪（英国 Stable Micro System 公司）对不

同含水率米粒进行准静态单轴压缩试验，以期利用试验所获得的力-位移曲线与仿真所获得的力-位移曲线进行比较，进而标定 bonding 模型中的相关黏结参数。该物理属性分析仪的测试速度为 0.01~40mm/s，测试距离精度为 0.001mm，测试力量精度为 0.0002%。在压缩试验进行前，将物理属性分析仪的运行程序设为压缩模式，选取直径为 50mm、高度为 50mm 圆柱形压头及方形底座，如图 5-18（a）所示。为确保压缩试验为准静态，选取压缩速度为 0.02mm/s，且触发力为 0.098N，在测试前将分析仪预热 20min。需要强调的是，在实际压缩试验中，米粒与铝合金压头及方形底座间的静摩擦系数为 0。参照实际压缩试验配置，建立物理属性分析仪在离散元仿真中的简化三维模型，即仅包含圆柱形压头和方形底座，如图 5-18（b）所示。

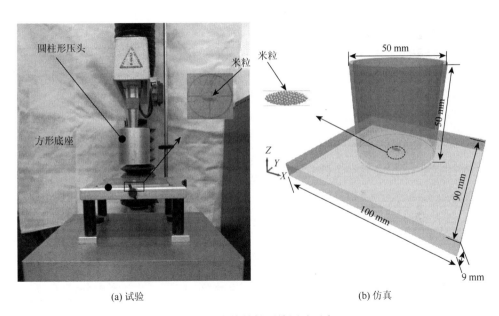

(a) 试验　　　　　　　　　　　　　　　　(b) 仿真

图 5-18　米粒单轴压缩测试平台

米粒样品提前取出，待恢复至室温后，从双层密封袋中任意取出一粒形状完整且无明显裂纹的米粒，用游标卡尺分别测量其长度、宽度、厚度。压缩试验进行前将单粒米平放于方形底座中心处，使其长轴沿水平方向，而受力沿其厚度方向。然后，运行物理属性分析仪压缩程序对米粒进行压缩试验，当力-位移曲线出现较大变化时，停止加载。为获得具有统计学意义的试验结果，各含水率的米粒重复试验 50 次。

依据米粒单轴压缩试验结果，并参照 ASAE S368.4 W/Corr.1 DEC2000（R2012）[35]，基于赫兹接触理论计算米粒表观弹性模量，有

$$E = \frac{0.338 K_U^{\frac{3}{2}} F(1-v^2)}{D^{\frac{3}{2}}} \left(\frac{1}{R_U} + \frac{1}{R_U'} \right)^{\frac{1}{2}} \tag{5-26}$$

$$R_U = \frac{W^2/4 + T^2}{2T} \tag{5-27}$$

$$R_U' = \frac{L^2/4 + T^2}{2} \tag{5-28}$$

式中，E 为米粒表观弹性模量；K_U 为由主曲率半径决定的常数，其值可依据主平面夹角余弦 $\cos\theta$ 确定，该值可从标准中查表获得[35]，θ 为米粒上表面与压头接触点处接触主平面间的夹角；F 为加载载荷；D 为米粒变形量；v 为米粒泊松比；R_U 和 R_U' 分别为米粒压缩时上表面接触点处的最小和最大主曲率半径。

依据上述式（5-26）～式（5-28）及力-位移曲线，即可计算不同含水率米粒的平均表观弹性模量及剪切模量，如表 5-8 所示。由表可知，与小麦、水稻、玉米等谷物力学特性相近[36-41]，米粒的表观弹性模量随含水率的增加而减少，表明含水率可用来间接表征米粒强度。

表 5-8　米粒单轴压缩试验结果

含水率/%	破碎力 F_b/N	变形量 D/mm	表观弹性模量 E/MPa
10.6	64.23±6.11	0.262±0.023	504±61.53
11.7	48.7±5.18	0.225±0.018	465±65.03
13.2	46.37±8.16	0.217±0.034	405±44.87
15.4	29.61±2.56	0.168±0.020	31.5±90.09

在仿真模拟压缩试验进行前，预先给定一组黏结参数、颗粒间静摩擦系数及已获取的颗粒物理属性参数和接触参数。需指出的是，黏结参数中弹性黏结键截面半径设置为经验值（1 倍的填充球颗粒半径）并保持不变。具体而言，本书实际上仅对单位面积法向和切向黏结刚度、临界法向和切向应力及颗粒间静摩擦系数这 5 个参数进行了标定。此外，为进一步减少所需标定参数的个数，通常将单位面积法向与切向黏结刚度及临界法向与切向应力间的比值设定为 1。在参数标定过程中，以上 5 个参数调整原则可分为以下四种情况，如图 5-19 所示。图中曲线 3 表示由试验所获得的力-位移曲线，而曲线 1、曲线 2、曲线 4、曲线 5 分别表示不同黏结参数组合下由数值模拟所获得的力-位移曲线。

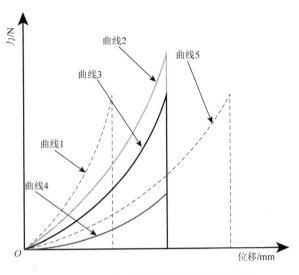

图 5-19　不同黏结参数组合下力-位移曲线

（1）当仿真模拟单轴压缩结束后所获力-位移曲线为曲线 1 时，则在下次仿真模拟开始前，应适当减小单位面积法向和切向黏结刚度，同时适当增加颗粒间静摩擦系数及临界法向和切向应力，以期下次仿真模拟结束后所获力-位移曲线接近曲线 3。

（2）当仿真模拟单轴压缩结束后所获力-位移曲线为曲线 5 时，则在下次仿真模拟开始前，应适当增加单位面积法向和切向黏结刚度，同时适当减小颗粒间静摩擦系数及临界法向和切向应力，以期下次仿真模拟结束后所获力-位移曲线接近曲线 3。

（3）当仿真模拟单轴压缩结束后所获力-位移曲线为曲线 2 时，则在下次仿真模拟开始前，应适当减小单位面积法向和切向黏结刚度、颗粒间静摩擦系数及临界法向和切向应力，以期下次仿真模拟结束后所获力-位移曲线接近曲线 3。

（4）当仿真模拟单轴压缩结束后所获力-位移曲线为曲线 4 时，则在下次仿真模拟开始前，应适当增加单位面积法向和切向黏结刚度、颗粒间静摩擦系数及临界法向和切向应力，以期下次仿真模拟结束后所获力-位移曲线接近曲线 3。

依据以上参数标定原则，对不同含水率下米粒所需黏结参数进行标定，最终标定结果如图 5-20 所示。由图可知，仿真和试验中力随位移的增加均以非线性方式增加，到达破裂点后迅速减小。但力的增长速率在试验和仿真中存在略微差异，而差异可能是由于椭球聚合体的力学特性与其结构组成、所填充的颗粒属性及压缩过程中颗粒的重新排布均密切相关[42, 43]。但总体而言，所获得的最大破坏力与相应的位移在仿真和试验中均相同，这也间接表明此条件下所设定的黏结参数可用于表征真实米粒力学特性。需指出的是，Gupta 等[33]同样采用基于最大破坏力和变形量的原则对煤炭颗粒所需黏结参数进行标定。然而，后续研究仍需采用黏弹性麦克斯韦速度分布模型和黏结模型的组合模型减小力-位移曲线的非线性[44]，以期更加真实地模拟米粒弹塑性力学行为。

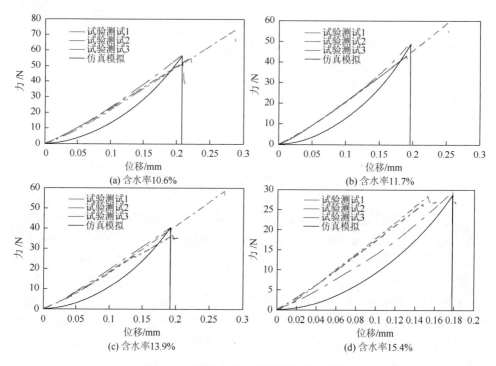

图 5-20　不同含水率下米粒力-位移曲线

依据单轴压缩试验所标定的黏结参数及颗粒静摩擦系数详见表 5-9。需强调的是，在弹性黏结键引入时，颗粒接触半径设置为 0.264mm（1.2 倍的颗粒半径），而当弹性黏结键引入后，颗粒接触半径应尽量调大，以避免因黏结键受拉伸应力而引起颗粒间距离超过接触半径，造成黏结键断裂。因为在 bonding 模型中，除两个黏结键断裂准则（临界法向和切向应力）外，接触半径也是一个黏结键断裂的判定准则[25]。

表 5-9　参数标定结果

名称	参数	数值			
弹性黏结键	含水率/%	10.6	11.7	13.9	15.4
	单位面积法向刚度 $\bar{k}_{n,B}$ /(N/m³)	1×10^{13}	1.33×10^{14}	2.5×10^{14}	2.5×10^{14}

续表

名称	参数	数值			
弹性黏结键	单位面积切向刚度 $\bar{k}_{t,B}$ /(N/m^3)	1×10^{13}	1.33×10^{14}	2.5×10^{14}	2.5×10^{14}
	临界法向强度 $\bar{\sigma}_n^{max}$ /(N/m^2)	2.3×10^7	2.17×10^7	1.7×10^7	1.4×10^7
	临界切向强度 $\bar{\sigma}_t^{max}$ /(N/m^2)	2.3×10^7	2.17×10^7	1.7×10^7	1.4×10^7
	截面半径 R_B/mm	0.22	0.22	0.22	0.22
填充球颗粒	颗粒间静摩擦系数 $\mu_{r,c}$	0.5	0.4	0.3	0.2
	剪切模量 G/Pa	2.02×10^8	1.86×10^8	1.62×10^8	1.36×10^8
	接触半径 R_C/mm	0.264	0.264	0.264	0.264

5.2.2　结果与分析

1. 冲击破碎过程离散元模型验证

利用前面所获的黏结参数，对不同含水率的米粒冲击破碎过程进行离散元数值模拟。图 5-21 给出了初始冲击速度为 38.3m/s 且含水率为 10.6%的米粒冲击不锈钢底板的过程。

首先，在仿真时间为 0ms 时，在距不锈钢底板 15mm 处生成由单分散球颗粒所构成的椭球聚合体，即米粒的冲击距离固定为 15mm，如图 5-21（a）所示。在仿真时间为 0.11ms 时，在由单分散颗粒所构成的椭球聚合体中引入黏结键用于表征真实米粒，且米粒以 38.3m/s 的初始速度冲击不锈钢底板，如图 5-21（b）所示。需指出的是，由于从米粒生成到冲击不锈钢底板的时间极短，加之其重量较小，故重力所做的功远小于米粒初始动能，因此忽略重力对数值模拟结果的影响。

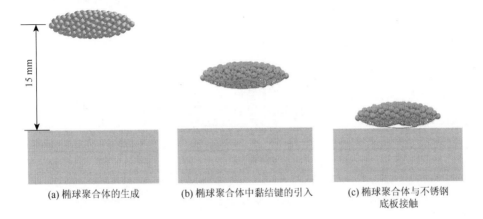

(a) 椭球聚合体的生成　　　　(b) 椭球聚合体中黏结键的引入　　　　(c) 椭球聚合体与不锈钢底板接触

(d) 椭球聚合体的断裂　　　　(e) 椭球聚合体的回弹

图 5-21　米粒冲击破碎离散元数值模拟过程（彩图见封底二维码）

在仿真时间为 0.186ms 时，米粒与不锈钢底板发生接触，并在接触点处形成明显的破碎区，即该处弹性黏结键断裂，如图 5-21（c）中红色线所示，这是由于因冲击而储存在黏结键上的弹性应变能超过其强度极限而引起的。随米粒继续向下运动，破碎区也在相应扩张，同时剩余米粒断裂为两个较大碎块，这与实际碾米过程中米粒的主要断裂形式相一致，如图 5-21（d）中红色线所示。经统计发现，碎块质量分数近似为 0.5，表明米粒在该冲击速度下断裂为两半且质量近似相等。因此，将该断裂方式定义为临界破碎状态，相应的冲击速度定义为仿真临界冲击速度。在仿真时间为 0.212ms 时，由于残余应变能转化为动能，米粒发生回弹，如图 5-21（e）所示。

为验证离散元数值模拟的可行性，本节采用所搭建的单粒米冲击破碎试验台开展米粒冲击破碎试验，如图 5-22 所示。该试验装置包括冲击速度获取装置（紫色虚线框）、冲击速度测量系统（蓝色虚线框）和图像获取系统（红色虚线框）。

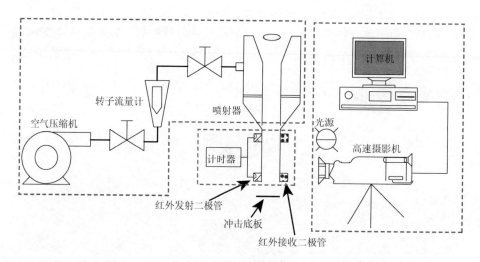

图 5-22　单粒米冲击破碎台架试验装置（彩图见封底二维码）

有关冲击速度获取装置的详细信息可参见文献[45]和 [46]。由高速电子计时器获取米粒通过安装在有机玻璃管上相距 50mm 的两组红外发光二极管所需时间,然后利用位移与时间的比值可得米粒冲击速度。为在相同条件下获得相同的米粒冲击速度,如果米粒在有机玻璃管内的加速过程中与其发生接触碰撞,则忽略本次单粒米冲击试验,直到 100 次重复试验完成。

图 5-23 给出含水率为 10.6%的米粒冲击破碎试验过程。由图可知,当米粒与底板冲击后,其发生破碎且断裂后的碎块近似为两个半椭球体,如图 5-23（e）所示。因此,通过试验和仿真所获得的定性结果可以证实采用离散元法模拟米粒冲击破碎是可行的。需指出的是,米粒在冲击速度为 25m/s≤v≤45m/s 的范围内均可出现临界破碎状态,但出现的概率(即临界破碎次数与总试验次数的比值)表现出显著差异。因此,本书定义在冲击破碎试验中,当米粒临界破碎概率大于 85%时,所对应的冲击速度即为试验临界冲击速度。

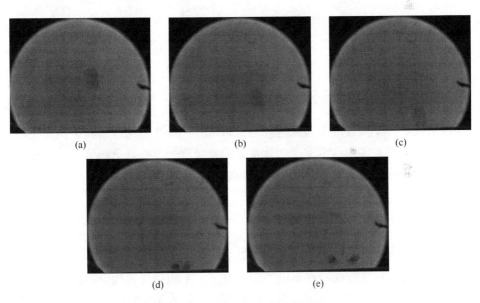

图 5-23　米粒冲击破碎试验过程

研究表明,静态失效可以用于预测脆性颗粒的动态冲击失效[47, 48]。具体而言,利用准静态压缩过程中的最大破坏力,可以确定颗粒在冲击过程中发生脆性破坏且无明显塑性变形时的冲击速度。因此,依据 2.4 节所推导出的米粒发生断裂时的临界冲击速度,并结合不同含水率下米粒单轴压缩试验所获得的最大破坏力,即可得到不同含水率的米粒临界破碎状态下的理论临界冲击速度。

图 5-24 给出不同含水率下米粒理论、试验和仿真临界冲击速度。由图可知,通过理论、试验和仿真所获得的米粒临界冲击速度均接近,再次从定量的角度证

实离散元模拟米粒冲击破碎是可行的。然而，理论与仿真间的误差略大于试验与仿真间的误差，但两者间差值均小于 5%，表明该误差在可接受的范围。引起差异的原因可能是相较于准静态压缩失效，米粒变形速率在动态冲击失效中对结果的影响较大[49, 50]。

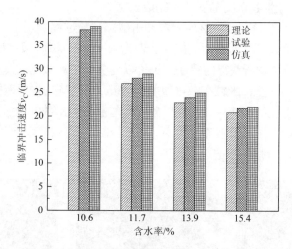

图 5-24　不同含水率下米粒理论、试验和仿真临界冲击速度

综合以上关于米粒冲击破碎过程的分析可知，由冲击速度所直接决定的冲击强度（初始动能）和由含水率所间接决定的黏结键强度均显著影响米粒的冲击断裂失效特征。因此，下面将重点分析冲击速度和含水率对米粒冲击破碎形态和破碎程度的影响规律。

2. 冲击速度的影响

在关于单颗粒冲击破碎试验和仿真的研究中，冲击速度是一个十分重要的因素。具体而言，研究表明，在不同冲击速度下，不同材料属性、形状和尺寸均会产生不同的破碎形式和造成不同的破碎程度[51-53]。为可视化冲击速度对米粒冲击破碎的影响，图 5-25 给出不同冲击速度下米粒的冲击破碎形态，黏结参数所对应的米粒含水率为 10.6%。由图可知，当冲击速度为 20m/s 时，米粒未发生变化，表明黏结键没有断裂，如图 5-25（a）所示。冲击速度增至 28m/s 时，米粒的破碎仅出现在与不锈钢底板间的接触点附近，而米粒的其余部分依旧没有变化，如图 5-25（b）所示。当冲击速度为 40m/s 时，米粒的破碎逐渐由接触点处不断扩展，且形成垂直于水平方向的子午线裂纹，如图 5-25（c）中红线所示。当冲击速度为 48m/s 时，较大米粒碎块破裂为一系列小的碎块，如图 5-25（d）所示。当冲击速度超过 66m/s 时，米粒因发生较大塑性形变而瓦解，且黏结键全部断裂，如图 5-25（e）所示。

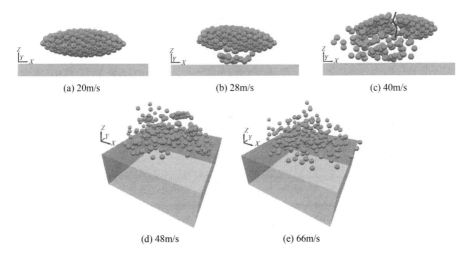

(a) 20m/s　　　　　　　　(b) 28m/s　　　　　　　　(c) 40m/s

(d) 48m/s　　　　　　(e) 66m/s

图 5-25　不同冲击速度下米粒的冲击破碎形态（彩图见封底二维码）

依据上述分析可知，从形态学角度，可将不同冲击速度下的米粒冲击破碎形态分为四类：未破碎、局部瓦解（表面磨损）、破裂、粉碎，分别对应于类型Ⅰ、Ⅱ、Ⅲ和Ⅳ。关于未破碎和粉碎的详细定义可参见文献[54]，而本书所定义的局部瓦解和破裂与 Subero 等[55]定义的聚合体破碎形态相同。需强调的是，本书所指的破裂实际包含接触点处的局部瓦解和残余聚合体的破碎，如图 5-25（c）所示。

为定量分析冲击速度对米粒破碎程度的影响，在模拟中采用碎米率和最大碎块尺寸率来量化评价米粒破碎程度[55]。具体而言，碎米率是指断裂的黏结键数量与总黏结键数量比值的百分率，用于表征米粒破碎程度；最大碎块尺寸率是指破碎后最大碎块中球颗粒的数量与初始椭球聚合体中球颗粒总数比值的百分率。

图 5-26 给出不同冲击速度下米粒碎米率及最大碎块尺寸率的变化，黏结参数所对应的是含水率为 10.6%的米粒。由图可知，四种破碎形态的分界线所对应的冲击速度依次为 21.5m/s、38.3m/s 和 66m/s。四种破碎形态依次转变时，米粒碎米率和最大碎块尺寸率均有显著差异。具体而言，当冲击速度小于 21.5m/s 时，破碎形态为类型Ⅰ，相应的碎米率为 0，最大碎块尺寸率为 1。当冲击速度大于 66m/s，破碎形态为类型Ⅳ，此时碎米率和最大碎块尺寸率与类型Ⅰ恰好相反。当冲击速度从 21.5m/s 增至 66m/s 时，米粒破碎形态由类型Ⅱ转变为类型Ⅲ，与之相应的是，碎米率和最大碎块尺寸率呈现出相反的变化趋势，表现为前者增加而后者减小，但两者均先呈线性变化然后呈指数变化。由此可知，破碎形态存在一个临界转变速度，换言之，38.3m/s 可视为类型Ⅱ和类型Ⅲ的转变速度。尽管转变速度的数值不同，但存在转变速度这一发现与 Samimi 等[56]和 Papadopoulos 等[57]的研究结果相一致。

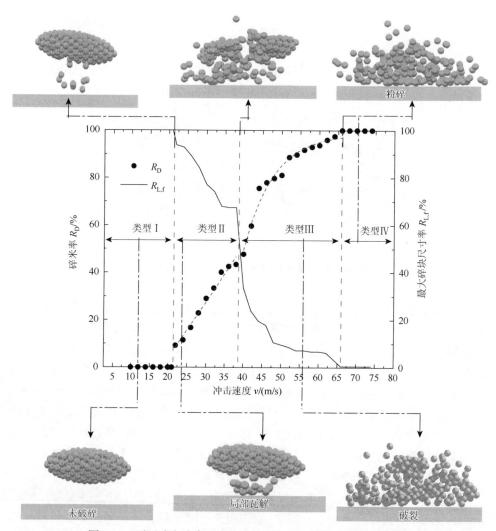

图 5-26　不同冲击速度下米粒碎米率及最大碎块尺寸率的变化

　　综合分析米粒碎米率和最大碎块尺寸率的变化可知,在米粒破碎形态由类型Ⅱ转变为类型Ⅲ的过程中,其宏观尺寸的减小和微观碎米率的增加均表现出先以恒定的速率变化然后以逐渐减小的速率变化的趋势,这可能是因为与不锈钢底板直接接触的颗粒间黏结键受到较大的冲击应力,应力是由接触点处逐渐传递而来的,而且应力在传递过程中因能量损失会逐渐减小。另外,颗粒间黏结键的断裂也会影响力的传递。加之,研究表明颗粒材料在接触点处的形变会显著影响其破碎行为[58, 59]。为证实以上推测,图 5-27 给出不同冲击速度下与不锈钢底板直接接触的颗粒数量。需强调的是,这里采用颗粒数量来间接表征米粒与不锈钢底板接触区面积,换言之,颗粒数越多表明接触区面积越大。由图可知,颗粒数随冲击速度的增加呈现出双线性变化，即两个增长速率，且其与碎米率的变化趋势相同。具体而言，类型Ⅲ所对应的颗粒数量增长速率小于类型Ⅱ所对应的颗粒数量增长速率。

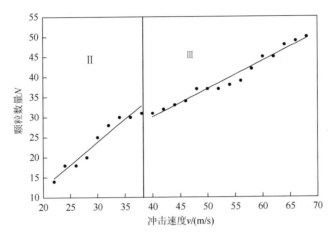

图 5-27　不同冲击速度下与不锈钢底板直接接触的颗粒数量的变化

3. 含水率的影响

事实上，米粒破碎程度及破碎形态不仅受外因（冲击强度）的影响，还受内因（自身强度）的影响[60]。在本书中不同黏结参数组合的黏结键用于间接表征米粒强度，故为明晰弹性黏结键强度对米粒冲击破碎的影响，图 5-28 给出不同含

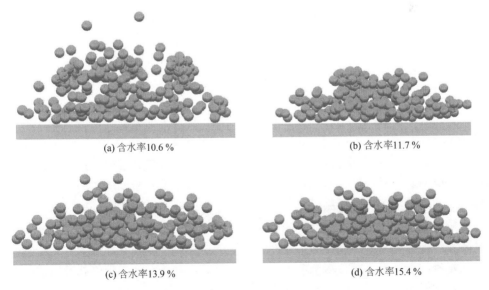

(a) 含水率10.6 %　　　　　　　　　　(b) 含水率11.7 %

(c) 含水率13.9 %　　　　　　　　　　(d) 含水率15.4 %

图 5-28　不同含水率下米粒破碎形态（彩图见封底二维码）

水率下冲击速度为 50m/s 时的米粒破碎形态。由图可知，米粒破碎程度随含水率的增加而逐渐加剧，这归因于弹性黏结键强度的降低，表明米粒破碎与其内部黏结键的强度密切相关，表现为黏结键强度越低则米粒越容易发生断裂。

为定量分析含水率对米粒冲击破碎的影响，图 5-29 给出不同含水率下米粒破碎评价指标（碎米率和最大碎块尺寸率）的变化。由图可知，在较低冲击速度（20m/s 和 24m/s）下，碎米率随含水率的增加呈线性增长趋势。当冲击速度大于 30m/s 时，碎米率随含水率的增加而呈指数增长趋势，表明米粒强度对其冲击破碎形态和破碎程度的影响依赖于冲击速度。该结果与打破颗粒间接触所需的力与聚合体强度间满足线性关系的结论不同[43]，最大碎块尺寸率的变化与碎米率的变化相反，表现为随含水率的增加呈减小趋势，如图 5-29（b）所示。

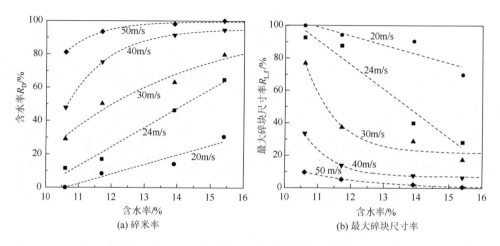

(a) 碎米率　　　　　　　　　　　　(b) 最大碎块尺寸率

图 5-29　不同含水率下米粒破碎评价指标的变化

4. 关系与讨论

为综合分析内因（自身强度）和外因（冲击速度）对米粒冲击破碎的影响，图 5-30 给出含水率、冲击速度和碎米率三者间的关系。图中区域 a、b、c 和 d 分别对应于破碎形态所划分的类型 Ⅰ（未破碎）、Ⅱ（局部瓦解）、Ⅲ（破裂）和 Ⅳ（粉碎）。显然，当含水率和冲击速度确定时，依据三者间的关系可对米粒破碎形态和破碎程度进行预测。

为对不同含水率下仿真临界冲击速度进行预测，图 5-31 给出仿真临界冲击速度随含水率的变化。由图可知，随着含水率的增加，仿真临界冲击速度呈指数减小的趋势，表明当米粒含水率增大到一定程度后，其达到临界破碎状态所需的冲击速度近似趋于不变，即仿真临界冲击速度不再增加。

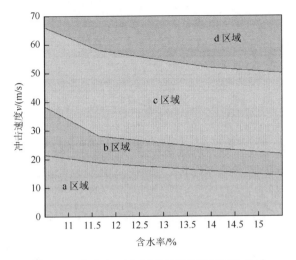

图 5-30　含水率、冲击速度和碎米率间的关系

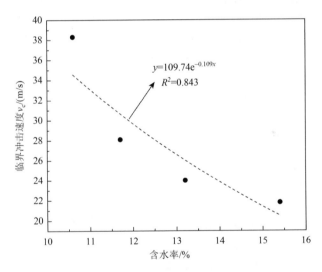

图 5-31　仿真临界冲击速度随含水率的变化

　　需说明的是，本节重点分析米粒单次法向冲击破碎形态及破碎程度。然而，研究表明，颗粒材料在多数碾磨设备中因反复受到低载荷冲击作用仍会发生破碎，且该破碎类型属于疲劳断裂，如矿石碾磨设备、谷物加工设备等[61, 62]。考虑到实际中利用横式碾米机对米粒进行擦离碾白时，碾白室内存在大量米粒间及米粒与碾米辊或米筛间的碰撞，且碰撞剧烈程度大小不一。加之，米粒在整个碾白过程均会出现不同程度的破碎。因此，米粒在横式碾米机内亦存在两种破碎机制，即因单次冲击所引起的脆性断裂和反复低载荷冲击所引起的疲劳断裂。显然，本节

仅初步明晰了米粒发生脆性断裂时的破碎特性，并给出了含水率与仿真临界冲击速度间的关系，而米粒因发生疲劳断裂所引起的破碎程度及破碎形态仍需持续深入研究。

5.3　米粒群破碎特性分析

5.3.1　分析方法

1. 离散元模型建立

依据 5.2.1 节中米粒模型的简化方法，将完整米粒简化为轴对称椭球体，并选取 13 个重叠球近似其外形轮廓，米粒三维模型如图 5-32 所示。研究表明，在离散元数值模拟中，重叠球的数量对仿真结果的准确性有显著影响，但当重叠球数量大于 13 时，增加重叠球数量对仿真结果精度无显著影响，但会显著增加仿真时间[63,64]。基于碾米试验所获得的碎米尺寸分布统计结果可知，在碾白过程中米粒以断裂成两半为主，同时考虑系统质量守恒，故在模拟中采用两个相等且具有等效体积的球颗粒替代断裂为两半的米粒，如图 5-33 所示。需指出的是，国内外学者已提出有多种方法可实现颗粒破碎过程中的质量守恒，如在大颗粒周边空隙添加小颗粒[65]、替换后增大破碎颗粒尺寸[66]、破碎颗粒的预先重叠[67]等。但相较于其他方法，替换后增大破碎颗粒尺寸的方法可有效避免因增加小颗粒数目而引起的额外接触检索工作，可以确保模拟计算效率。此外，Bennun 等[66]表明，在模拟中，颗粒尺寸增大仅发生在一瞬时，时间远小于颗粒碎块的重新排列时间，对整个模拟系统的影响可以忽略不计。

图 5-32　米粒三维模型

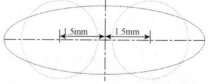

图 5-33　米粒破碎模拟方法示意图

基于以上分析，本节采用替换后增大破碎颗粒尺寸的方法实现破碎后米粒的质量守恒，替换后球颗粒等效半径 R_{broken} 的计算公式为

$$R_{\text{broken}} = \sqrt[3]{\frac{V_{\text{whole}}}{2} \cdot \frac{3}{4\pi}} \qquad (5\text{-}29)$$

式中，V_{whole} 为轴对称椭球体体积。

利用式（5-29）所计算出的球颗粒等效半径为 1.25mm。此外，为避免两个球颗粒替换椭球颗粒时，因球颗粒间重叠而使其具有较大初始动能，造成与实际情况相违背的情况，两个球颗粒质心距椭球颗粒质心的距离均为 1.5mm，详见图 5-33。

本节采用横式碾米机模型，对碾磨过程中米粒破碎进行模拟。考虑该碾米机实际碾米过程属于类批式碾磨（多级碾白），因此，为在离散元模拟中实现与之相同的类批式碾磨过程，同时考虑仿真效率，省略前面所建立的碾米机模型中的料斗，仅保留筛筒、螺旋输运器和碾米辊等关键部件，如图 5-34 所示。

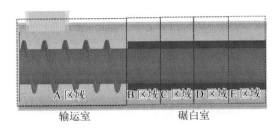

图 5-34　简化的实验室级横式碾米机结构图

本节采用在筛筒两侧添加周期性边界以期实现类批式碾磨的方法，碾磨破碎过程离散元模拟原理图可参照图 5-35。需指出的是，图中黑色虚线仅是为示意米粒从横式碾米机"碾白室"出口离开到重新进入"输运室"的模拟过程，而实际模拟中并不存在这一路径。此外，所提及的周期性边界是指在模拟中米粒由一侧离开仿真区域后，再由另一侧以完全相同的状态重新进入仿真区域。关于周期性边界的详细介绍可参见相关资料[25]，此处不再赘述。需强调的是，模型简化后的进料方式与实际碾米时存在略微差异，表现为米粒首次进入碾米机的方式与实际相同，但在第一批次碾磨后且开始第二批次碾磨前，米粒从碾白室出口离开，由于采用周期性边界，米粒不再从入料口进入输运室，而是直接从输运室左侧进入。然而，在前期离散元模拟的预试验中发现这种略微差异对即将进入碾白室内的米粒运动特性（速度、加速度）无显著影响。

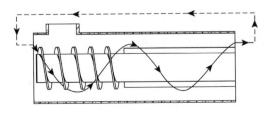

图 5-35　碾磨破碎过程离散元模拟原理图

2. 米粒冲击碰撞能量表征

米粒在碾白过程中，米粒间、米粒与碾米辊间及米粒与米筛间因冲击碰撞强度超过其自身极限强度而发生破碎。就大多数碾磨设备而言，冲击强度通常采用冲击能来进行量化表征。然而，研究表明，在离散元模拟中，可利用碰撞能或耗散能来量化颗粒间及颗粒与几何体间的冲击作用[68, 69]。通常，碰撞能的实质是相对动能 $E_{collision}$，而耗散能 $E_{dissipation}$ 依赖于阻尼力和相应的变形量，两者的计算公式分别为

$$E_{collision} = \frac{1}{2} m_R v_R^2 \tag{5-30}$$

$$v_R^2 = v_{R,n}^2 + v_{R,t}^2 \tag{5-31}$$

$$m_R = \frac{2 m_A m_B}{m_A + m_B} = \begin{cases} m_A, & m_A = m_B \\ 2 m_A, & m_A \ll m_B \end{cases} \tag{5-32}$$

$$E_{dissipation} = \int_0^{t_{contact}} (F_d^n v_{R,n} + F_d^t v_{R,t}) dt \tag{5-33}$$

式中，m_R 为相互碰撞的两米粒的相对质量；v_R 为两米粒相对速度；$v_{R,n}$ 和 $v_{R,t}$ 分别为两米粒法向和切向相对速度；m_A 和 m_B 分别为米粒 A 和米粒 B 的质量；$t_{contact}$ 为两米粒接触总时间；F_d^n 和 F_d^t 分别为法向和切向阻尼力，其计算公式可详见 4.1.2 节。

显然，由式（5-32）可知，当两个质量相同的米粒互相冲击碰撞时，则两者间相对质量为米粒质量；当米粒与几何体互相冲击，且几何体质量远大于米粒质量时，则两者间相对质量为 2 倍的米粒质量。尽管碰撞能和耗散能均可表征冲击强度，但 Capece 等[70]通过开展不同颗粒材料的冲击测试研究表明，相较于碰撞能，基于阻尼力和变形量所得到的耗散能更适于量化冲击强度。此外，Metta 等[71]证实耗散能亦可用于描述碾磨机内的能量分布。综上所述，本书应用耗散能来量化米粒与相邻米粒、碾米辊及米筛间的冲击强度。

3. 米粒最小有效断裂能

众所周知，就球磨机、半自磨机等矿石碾磨设备而言，矿石颗粒的物理力学特性（如尺寸、形状）、磨机配置（如磨机结构、磨机尺寸）及操作条件（如转速、填充量）均显著影响其碾磨品质[22]。为综合分析颗粒材料属性对碾磨性能的影响，Vogel 等[72]同时结合并改进 Rumpf[73]所提出的量纲分析法和由 Weichert[74]首次在粉碎领域引入的基于韦伯统计分布的断裂力学模型，提出一个理论模型，用于预测矿石颗粒的尺寸减小过程（颗粒破碎过程）。该模型结合强度最弱链断裂理论和相似性分析方法，其具体表达式如下：

$$P_B = 1 - \exp[-f_{Mat} x k (E_{col} - E_{col,min})] \tag{5-34}$$

式中，P_B 为颗粒受冲击后的破碎概率；f_{Mat} 为材料常数，其值的大小用于量化颗粒材料抵抗因外部载荷或应力所引起断裂的能力；x 为颗粒直径；k 为碰撞次数；E_{col} 为颗粒所受单位质量碰撞能；$E_{col,min}$ 为临界单位质量碰撞能，其值可作为颗粒发生断裂的判定条件。

具体而言，当因冲击碰撞而产生的单位质量碰撞能超过临界单位质量碰撞能时，颗粒发生断裂，而低于该值时，认为颗粒仅发生表面磨损。需指出的是，E_{col} 与 $E_{col,min}$ 的差值为颗粒断裂所需的单位质量净碰撞能，且 $xE_{col,min}$ 通常视为常数。显然，该模型本质上是用冲击能、颗粒尺寸、材料常数及不依赖于颗粒尺寸的能量阈值对与颗粒破碎行为相关的破碎概率和破碎函数的简化。研究表明，当因冲击而产生的单位质量碰撞能低于临界单位质量碰撞能时，可由于颗粒自身耗散冲击能量，无论该颗粒发生多少次冲击碰撞，均无法引起颗粒断裂，仅能引起颗粒表面磨损[69, 70, 75]。

显然，由前面 5.2.1 节分析可知，可对上述理论模型进行改进，以临界单位质量耗散能 $E_{dis,min}$ 替换式（5-34）中临界单位质量碰撞能 $E_{col,min}$，得到改进后的模型如下：

$$P_B = 1 - \exp[-f_{Mat}xk(E_{dis} - E_{dis,min})] \tag{5-35}$$

值得指出的是，仅当米粒间及米粒与碾米辊或米筛间因相互冲击碰撞而产生的单位质量耗散能大于临界单位质量耗散能时，才视作该次碰撞为有效碰撞，即有助于米粒破裂的碰撞。

颗粒材料特性参数的确定通常依据冲击试验所获得的冲击能与破碎概率间的关系。此外，传统冲击试验所选取的材料大都是玻璃、陶瓷、岩石等各向同性且形状规则的脆性材料。就真实米粒而言，其形状极不规则且力学特性符合各向异性[76]。加之，在冲击碰撞过程中因其质量较小而易受空气阻力影响，每次冲击位置无法统一。因此，基于以上考虑，为实现冲击速度可控及冲击位置确定，采用所研制的单米粒冲击裂碎检测装置开展米粒冲击试验，如图 5-36 所示。该检测装置是将五级电容（单级电容最大承压 450V）电磁线圈串联使用来加速直径为 6mm、长度为 25mm 的不锈钢圆柱冲击体，其结构和原理与电磁炮类似，可详见相关文献[77, 78]。由图 5-36（a）可知，该装置大致由电源、线圈、电容、冲击体、二极管等主要部件组成。由图 5-36（b）可知，当触点 AN_1 导通时，直流电源经升压整流、限压充电电路为电容 C 充电，充电结束后，触点 AN_1 导通，此时电容放电，电磁线圈 LS 内产生磁流，位于磁流中的冲击体与线圈之间互感产生电磁力，电磁力将加速冲击体，加速后的冲击体以确定速度冲击米粒，电容存储电能大小和冲击体材质直接决定了加速后的冲击体速度值。此外，本书是采用高速摄像机获取电容充电电压与冲击体速度间的对应关系，经反复测试后所获得的两者间关系可详见图 5-37。由图可知，随着电容充电电压的增加，冲击体冲击速度线性增大，表明充电电压越高，冲击速度越大。

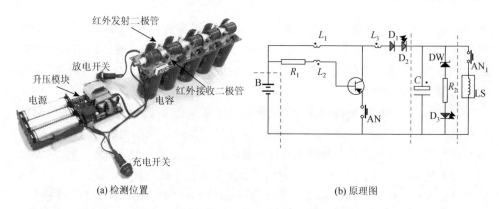

(a) 检测位置　　　　　　　　　　　　　　　　　(b) 原理图

图 5-36　单米粒冲击裂碎检测装置及其原理图

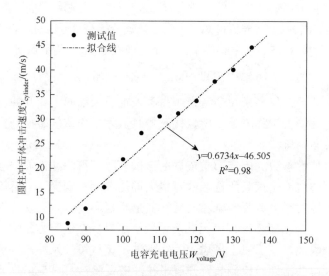

$$y=0.6734x-46.505$$
$$R^2=0.98$$

图 5-37　圆柱冲击体冲击速度随电容充电电压的变化

Volgel 等[75]曾表明,在确定材料特性参数时,应确保颗粒破碎概率处于10%～90%,且所包含的采样点至少应大于 4 个,最适为 8 个。因此,在前期预试验的基础上,为获取含水率为 15.4%的米粒特性参数(f_{Mat} 和 $E_{dis,min}$),选取充电电压为 85～115V,并以 5V 为间隔进行 7 组不同速度的冲击试验。依据图 5-37 可知,选取的充电电压范围所对应的速度为 9～32m/s。需强调的是,本书借助于高速摄像机对冲击过程进行监测,并判断米粒是否发生破碎,并在数值模拟中重现与实际试验相同的米粒冲击过程,如图 5-38 所示。以冲击速度为桥梁,建立单位质量耗散能与冲击破碎概率间的关系,如图 5-39 所示。这里数值模拟与试验中圆柱冲击体的速度均为 22m/s。还需指出的是,为保证所获米粒碎米概率的结果具有统计学意义,在试验和模拟中每个冲击速度均重复 100 次。

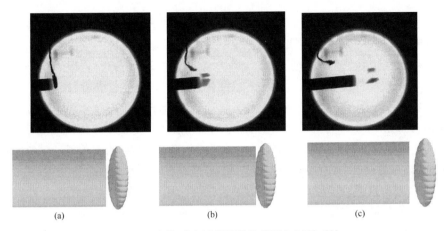

图 5-38　米粒冲击过程的数值模拟与试验对比

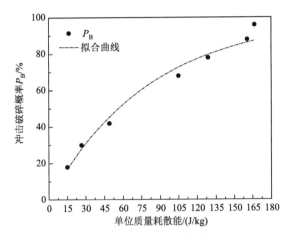

图 5-39　冲击破碎概率随单位质量耗散能的变化

图 5-39 给出米粒冲击破碎概率与单位质量耗散能间的关系。由图可知，随单位质量耗散能的增加，破碎概率以非线性方式增长。对图 5-39 中的数据点进行最小二乘法拟合，所得拟合度 R^2 为 0.98，表明模型拟合程度较高。米粒物理属性参数 f_{Mat} 和 $E_{dis,min}$ 分别为 5.62kg/(J·m) 和 0.105J/kg，表明当米粒在碾白过程中因冲击碰撞所产生的单位质量耗散能大于 0.105J/kg，则认为该次碰撞有助于米粒断裂，并称之为有效碰撞。

4. 米粒群破碎模拟方法

本书采用 Cleary[79]提出的颗粒快速替换模型（fast replacement model，FRM）并结合离散元法（discrete element method，DEM）得到的组合模型 DEM-FRM，对横式擦离式碾米机内米粒破碎现象（脆性断裂和疲劳断裂）进行数值模拟。该组合模型的大体思路是当大颗粒（完整米粒）以一定速度冲击相邻大颗粒、碾米辊或米筛时，同时其也受到来自碾米辊、壁面或相邻大颗粒的反向冲击作用。若冲击强度大于米粒自身极限强度时，则认为大颗粒发生破碎，表现为一个或多个小颗粒（碎米）替代原来的大颗粒，以此描述完整米粒的破碎过程。基于该模拟思路，编写了 EDEM API（高级编程）接口，并用于模拟碾白过程中米粒破碎现象，结合 DEM-FRM 的组合模型 EDEM API 接口的具体数值模拟流程如下。

（1）仿真开始前，分别预先设定椭球颗粒（整米）破碎所需总累计单位质量耗散能 $E_{dis,tol}$、最小有效单位质量耗散能 $E_{dis,min}$ 及临界单位质量耗散能 $E_{dis,critical}$；

（2）仿真开始后，监测所有椭球颗粒在碾米机内的接触碰撞情况，并统计每个椭球颗粒在每一次碰撞所产生的单位质量耗散能 E_{dis}；

（3）将单位质量耗散能 E_{dis} 与临界单位质量耗散能 $E_{dis, critical}$ 进行比较。如果 $E_{dis} > E_{dis, critical}$，则定义该椭球颗粒满足脆性断裂条件，故两个球颗粒（碎米）替换椭球颗粒；如果 $E_{dis,min} < E_{dis} < E_{dis, critical}$，则定义该椭球颗粒的该次碰撞属于有效碰撞，即该次碰撞有助于米粒破碎，并进行累计直到满足疲劳断裂条件；如果 $E_{dis,min} > E_{dis}$，则定义该椭球颗粒的该次碰撞属于无效碰撞，并忽略不计；

（4）累计每个时间步长下椭球颗粒发生有效碰撞时的单位质量耗散能 E_{dis}，当累计单位质量耗散能 $E_{dis, cum} > E_{dis, tol}$ 时，则定义该椭球颗粒满足疲劳断裂条件，故两个球颗粒替换椭球颗粒；否则继续累计每个椭球颗粒发生有效碰撞时的单位质量耗散能 E_{dis}；

（5）仿真至 150s 后，统计横式擦离式碾米机内的椭球颗粒碎米率 $R_{D,S}$（被替换的椭球颗粒数与初始状态时总椭球颗粒数的比值），并与试验所获的米粒碎米率 $R_{D,E}$（碎米质量与碾磨前整米质量的比值）进行对比。如果 $R_{D,S} = R_{D,E}$，则表明仿真与试验接近，可进行后续米粒破碎特性分析；否则回到步骤（1）重新设定总累计单位质量耗散能 $E_{dis, tol}$，然后采用迭代算法重复步骤（2）～步骤（5），直至满足 $R_{D,S} = R_{D,E}$。

以上所描述的横式擦离式碾米机内米粒破碎过程离散元数值模拟的流程可详见图 5-40。此处有以下三点需要进行说明：其一，考虑实际碾米过程中，当外荷载一定时，尽管米粒可能会发生二次及二次以上破碎（可由图 3-13 得到证实），但为提高数值模拟计算效率，定义不破碎颗粒的最小半径 d_{min} 为球颗粒半径，换言之，米粒仅发生单次破碎；其二，因目前缺少获取米粒疲劳断裂所需总累计单位质量耗散能 $E_{dis,tol}$ 的相关理论，故本书采用参数标定的方法获得总累计单位质量耗散能，即在仿真开始前不断调整总累计单位质量耗散能，直到仿真与试验所得碎米率趋近一致，则认为此时所设定的总累计单位质量耗散能可用于米粒疲劳断裂的描述；其三，考虑实际碾后米粒破碎形态以断裂为两半为主（可由图 3-13 得到证实），故利用 5.2.2 节所获得的仿真临界冲击速度所对应的临界单位质量耗散能来描述碾白过程中米粒的脆性断裂。

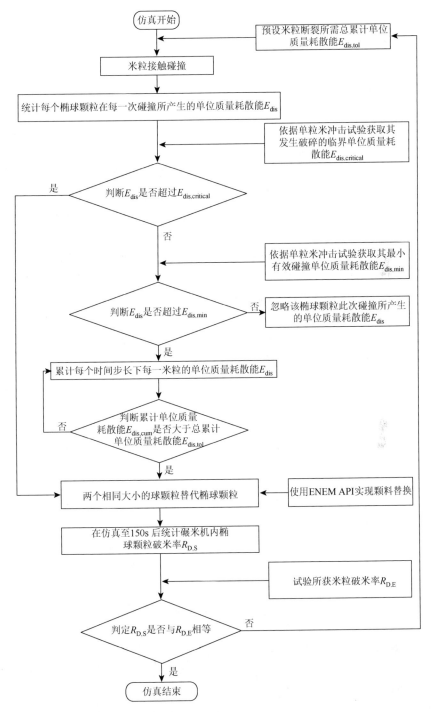

图 5-40　横式擦离式碾米机内米粒破碎过程离散元数值模拟流程

5.3.2 结果与分析

基于上述横式擦离式碾米机内米粒破碎模拟方法，首先，设定米粒临界单位质量耗散能为 0.19J/kg，然后不断调整总累积单位质量耗散能，进而对米粒破碎过程进行数值模拟。经研究发现，尽管米粒碎米率随碾磨时间的变化在仿真与试验中存在差异，但当米粒碾磨至 135s 左右后其碎米率与试验所获得的结果接近，如图 5-41 所示，故本书设定的 0.19kJ/kg 和 2.14kJ/kg 可分别近似为横式擦离式碾米机内米粒发生脆性断裂和疲劳断裂的判定条件。需指出的是，仿真与试验间的误差可能归因于两个方面：其一，实际碾米前米粒会带有部分初始裂纹，而裂纹的存在使得其受到冲击碰撞后更容易发生断裂，造成碾磨试验获得的碎米率均略高于仿真结果；其二，在实际碾磨后期，碾米机内米粒间碰撞搓擦所产生的能量大都以热能的形式耗散，而仿真中米粒碰撞过程所产生的有效能量却不断累计，使得多数米粒达到疲劳断裂条件，进而造成仿真所获碎米率略高于试验结果。此外，标定的总累积单位质量耗散能所对应的冲击速度为 70.8m/s，该值与由 2.4 节所推导出的米粒发生疲劳断裂时的理论临界冲击速度 67.6m/s 接近且误差小于5%，表明后续研究中可用理论临界冲击速度对米粒疲劳断裂进行预测。

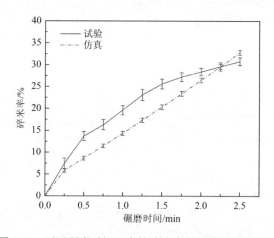

图 5-41　不同碾磨时间下米粒碎米率的仿真与试验对比

为明晰横式擦离式碾米机内米粒脆性断裂和疲劳断裂的分布规律，图 5-42 给出不同碾磨时刻下米粒脆性断裂和疲劳断裂的变化。由图可知，在米粒碾磨前期，其断裂形式主要以脆性断裂为主，相反，在米粒碾磨后期，其断裂形式主要以疲劳断裂为主。这是由于在米粒碾磨初期，米粒间具有较大碰撞强度。此外，米粒在完成第一次循环碾磨后，其脆性断裂近似保持不变，而疲劳断裂逐渐增加但变化幅度较小，表明每一次循环均有一定量的米粒发生脆性断裂，且碾磨前期米粒脆性断裂和疲劳断裂共存。这是因为在第一次循环开始时碾磨室内未充满米粒，米粒密集程度较低，米粒与碾米辊、米粒与米筛及米粒间的碰撞较为剧烈，易造成米粒脆性断裂，且可有效地积累碰撞所产生的能量来引起疲劳断裂。韩燕龙等[80]曾表明，在横式碾磨机内，颗粒沿轴向方向的密集程度存在显著差异，表现为由碾白室进口至出口逐渐降低，引起颗粒碰撞剧烈程度亦减弱。基于此，可推测出米粒出现脆性断裂的区域大都集中于碾米机出料口及在碾米辊附近，而米粒出现疲劳断裂的区域大都集中在碾米机进料口附近及米筛近壁处。

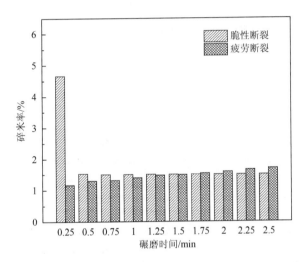

图 5-42　不同碾磨时间下米粒脆性断裂和疲劳断裂的变化

为证实上述推测，将简化后的横式擦离式碾米机沿轴向方向分为"输运室"（A 区域）和以间隔为 20mm 将"碾白室"划分为四部分（B 区域、C 区域、D 区域和 E 区域），可详见图 5-34，而沿径向方向分为"搅动区"（F 区域）和"近壁区"（G 区域）。图 5-43 给出不同区域内米粒发生脆性断裂和疲劳断裂的各自所占比例。由图 5-43（a）可知，相较于"输运室"，米粒脆性断裂和疲劳断裂主要出现在"碾白室"，且"碾白室"前半部分以疲劳断裂为主，而"碾白室"后半部分以脆性断裂为主，表明较小的米粒密集程度易引起其发生脆性断裂，而较大的米粒密集程度易引起其发生疲劳断裂。由图 5-43（b）可知，在碾米辊所能扫略到的区域内的米粒以脆性断裂为主，而在靠近米筛筒壁处的米粒以疲劳断裂为主，表明脆性断裂主要源于米粒与碾米辊间的冲击碰撞，而疲劳断裂主要归因于米粒间冲击碰撞所传递的能量。

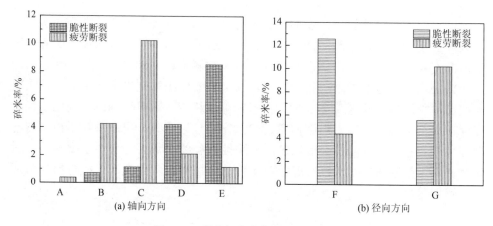

图 5-43　碾米机内米粒断裂位置分布

参 考 文 献

[1]　Olafsen J，Urbach S. Velocity distributions and density fluctuations in a granular gas[J]. Physical Review E，1999，60（3）：2468-2471.

[2]　盛骤，谢式千，潘承毅. 概率论与数理统计[M]. 北京：高等教育出版社，2008：45.

[3]　MiDi G D R. On dense granular flows[J]. The European Physical Journal E，2004，14（4）：341-365.

[4]　Bongo Njeng A S，Vitu S，Clausse M，et al. Effect of lifter shape and operating parameters on the flow of materials in a pilot rotary kiln：Part I. Experimental RTD and axial dispersion study[J]. Powder Technology，2015，269：554-565.

[5]　Deng X L，Scicolone J，Han X，et al. Discrete element method simulation of a conical screen mill：A continuous dry coating device[J]. Chemical Engineering Science，2015，125：58-74.

[6]　Xi Y T，Chen Q，You C F. Flow characteristics of biomass particles in a horizontal stirred bed reactor：Part I. Experimental measurements of residence time distribution[J]. Powder Technology，2015，269：577-584.

[7]　McBride W，Cleary P W. An investigation and optimization of the 'OLDS' elevator using Discrete Element Modeling[J]. Powder Technology，2009，193（3）：216-234.

[8]　Roberts A W，Willis A H. Performance of grain augers[J]. Proceedings of the Institution of Mechanical Engineers，1962，176：165-194.

[9]　Zhong Z J，O'Callaghan J R. The effect of the shape of the feed opening on the performance of a horizontal screw conveyor[J]. Journal of Agricultural Engineering Research，1990，46：125-128.

[10]　Potyondy D O，Cundall P A. A bonded-particle model for rock[J]. International Journal of Rock Mechanics and Mining Sciences，2004，41（8）：1329-1364.

[11]　Cho N，Martin C D，Sego D C. A clumped particle model for rock[J]. International Journal of Rock Mechanics and Mining Sciences，2007，44（7）：997-1010.

[12]　Wang J，Yan H. On the role of particle breakage in the shear failure behavior of granular soils by DEM[J]. International Journal for Numerical and Analytical Methods in Geomechanics，2013，37（8）：832-854.

[13]　Johansson M，Quist J，Evertsson M，et al. Cone crusher performance evaluation using DEM simulations and

laboratory experiments for model validation[J]. Mineral Engineering，2017，103-104：93-101.

[14]　BrownN J，Chen J F,Ooi J Y.A bond model for DEM simulation of cementitious materials and deformable structures[J]. Granular Matter，2014，16（3）：299-311.

[15]　徐琨，周伟，马刚，等. 基于离散元法的颗粒破碎模拟研究进展[J]. 岩土工程学报，2018，40（5）：880-889.

[16]　姜浩，徐明. 碎石料应力路径大型三轴试验的离散元模拟研究[J]. 工程力学，2014，31（10）：151-157.

[17]　Quist J.Cone Crusher Modeling and Simulation[D]. Göteborg：Chalmers University of Technology，2012.

[18]　Metzger M J，Glasse B J. Numerical investigation of the breakage of bonded agglomerates during impact[J]. Powder Technology，2012，217（2）：304-314.

[19]　Metzger M J,Glasser B J. Simulation of the breakage of boned agglomerates in a ball mill[J]. Powder Technology，2013，237（3）：286-302.

[20]　Quist J，Evertsson C M. Cone crusher modelling and simulation using DEM[J]. Minerals Engineering，2016，85：92-105.

[21]　Zhu H P，Zhou Z Y，Yang R Y，et al. Discrete particle simulation of particulate systems：A review of major applications and findings[J]. Chemical Engineering Science，2008，63（23）：5728-5770.

[22]　Weerasekara N S，Powell M S，Cleary P W,et al. The contribution of DEM to the science of comminution[J]. Powder Technology，2013，248：3-24.

[23]　胡国明. 颗粒系统的离散元素法分析仿真[M]. 武汉：武汉理工大学出版社，2010.

[24]　王国强，郝万军，王继新，等. 离散单元法及其在 EDEM 上的实践[M]. 西安：西北工业大学出版社，2010：4-5.

[25]　Zeng Y，Jia F G，Xiao Y W，et al. Discrete element method modelling of impact breakage of ellipsoidal agglomerate[J]. Powder Technology，2019，346：57-69.

[26]　Brouwers H J H. Particle-size distribution and packing fraction of geometric random packings[J]. Physical Review E，2006，74（3）：031309.

[27]　Groot R D，Stoyanov S D. Close packing density and fracture strength of adsorbed poly-disperse particle layers[J]. Soft Matter，2011，7（10）：4750-4761.

[28]　Chehreghani S，Noaparast M，Rezai B，et al. Bonded-particle model calibration using response surface methodology[J]. Particuology，2017，32（3）：141-152.

[29]　Hanley K J，O' Sullivan C，Oliveira J C，et al. Application of Taguchi methods to DEM calibration of bonded agglomerates[J]. Powder Technology，2011，210（3）：230-240.

[30]　Hsieh Y M，Li H H，Huang T H，et al. Interpretations on how the macroscopic mechanical behavior of sandstone affected by microscopic properties-revealed by bonded-particle model[J]. Engineering Geology，2008，99（1-2）：1-10.

[31]　O'Sullivan C，Bray J D. Selecting a suitable time step for discrete element simulations that use the central difference time integration scheme[J]. Engineering Computations，2004，21（2-4）：278-303.

[32]　Zhou J W，Liu Y，Du C L，et al. Effect of the particle shape and swirling intensity on the breakage of lump coal particle in pneumatic conveying[J]. Powder Technology，2017，317：438-448.

[33]　Gupta V，Sun X，Xu W，et al. A discrete element method-based approach to predict the breakage of coal[J]. Advanced Powder Technology，2017，28（10）：2665-2677.

[34]　Spettl A，Dosta M，Antonyuk S，et al. Statistical investigation of agglomerate breakage based on combined stochastic microstructure modeling and DEM simulations[J]. Advanced Powder Technology，2015，26（3）：1021-1030.

[35]　American Society of Agricultural and Biological Engineers. Compression test of food materials of convex shape[S]. American Society of Agricultural Engineers Standards 2002：Standards Engineering Practices 49，2002：592-599.

[36] 高连兴，焦维鹏，杨德旭，等. 含水率对大豆静压机械特性的影响[J]. 农业工程学报，2012，28（15）：40-44.

[37] 周显青，张玉荣，褚洪强，等. 糙米机械破碎力学特性试验与分析[J]. 农业工程学报，2012，28（18）：255-262.

[38] 张洪霞，马小愚，雷得天. 大米籽粒压缩特性的试验研究[J]. 黑龙江八一农垦大学学报，2004，16（1）：42-45.

[39] 杨作梅，孙静鑫，郭玉明. 不同含水率对谷子籽粒压缩力学性质与摩擦特性的影响[J]. 农业工程学报，2015，31（23）：253-260.

[40] Amin N，Hossain M A，Roy K C. Effects of moisture content on some physical properties of lentil grains[J]. Journal of Food Engineering，2004，65（1）：83-87.

[41] Al-Mahasneh M A，Rababah T M. Effect of moisture content on some physical properties of green wheat[J]. Journal of Food Engineering，2007，79（4）：1467-1473.

[42] Ge R H，Ghadiri M，Bonakdar T，et al. 3D printed agglomerates for granule breakage tests[J]. Powder Technology，2017，306：103-112.

[43] Schilde C，Burmeister C F，Kwade A. Measurement and simulation of micro-mechanical properties of nanostructured aggregates via nanoindentation and DEM-simulation[J]. Powder Technology，2014，259：1-13.

[44] Kozhar S，Dosta M，Antonyuk S，et al. DEM simulations of amorphous irregular shaped micrometer-sized titania agglomerates at compression[J]. Advanced Powder Technology，2015，26（3）：767-777.

[45] Gorham D A，Salman A D. The failure of spherical particles under impact[J]. Wear，2005，258（1）：580-587.

[46] Cheong Y S，Salman A D，Hounslow M J. Effect of impact angle and velocity on the fragment size distribution of glass spheres[J]. Powder Technology，2003，138（2-3）：189-200.

[47] Knight C，Swain M V，Chaudhri M M. Impact of small steel spheres on glass surfaces[J]. Journal of Materials Science，1977，12（8）：1573-1586.

[48] Maxim E，Salman A D，Hounslow M J. Predicting dynamic failure of dense granules from static compression tests[J]. International Journal of Mineral Processing，2006，79（3）：188-197.

[49] Saeidi F，Yahyaei M，Powell M，et al. Investigating the effect of applied strain rate in a single breakage event[J]. Minerals Engineering，2017，100：211-222.

[50] 沈位刚，赵涛，唐川，等. 落石冲击破碎特征的加载率相关性研究[J]. 工程科学与技术，2018，50（1）：43-50.

[51] 徐立章,李耀明. 水稻谷粒冲击损伤临界速度分析[J]. 农业机械学报，2009，40（8）：54-57.

[52] Nguyen D，Rasmuson A，Thalberg K，et al. Numerical modelling of breakage and adhesion of loose fine-particle agglomerates[J]. Chemical Engineering Science，2014，116：91-98.

[53] Salman A D，Fu J，Gorham D A，et al. Impact breakage of fertiliser granules[J]. Powder Technology，2003，130（1）：359-366.

[54] Thornton C，Liu L. How do agglomerate break？[J]. Powder Technology，2004，143（26）：110-116.

[55] Subero J，Ghadiri M. Breakage patterns of agglomerates[J]. Powder Technology，2001，120（3）：232-243.

[56] Samimi A，Moreno R，Ghadiri M，et al. Analysis of impact damage of agglomerates：Effect of impact angle[J]. Powder Technology，2004，143-144：97-109.

[57] Papadopoulos D G，Ghadiri M. Impact breakage of poly-methylmethacrylate（PMMA）extrudates：Ⅰ.Chipping mechanism[J]. Advanced Powder Technology，1996，7（3）：183-197.

[58] Liu L，Kafui K D，Thornton C. Impact breakage of spherical，cuboidal and cylindrical agglomerates[J]. Powder Technology，2010，199（2）：189-196.

[59] Zheng K H，Du CL，Li J P，et al. Numerical simulation of the impact-breakage behavior of non-spherical agglomerates[J]. Powder Technology，2015，286：582-591.

[60] 吴中华，王珊珊，董晓林，等. 不同温度及含水率加工过程稻米破裂载荷分析[J]. 农业工程学报，2018，35（2）：

278-283.

[61] Tavares L M. Analysis of particle fracture by repeated stressing as damage accumulation[J]. Powder Technology, 2009, 190 (3): 327-339.

[62] Esehaghbeygi A, Daeijavad M, Afkarisayyah A H. Breakage susceptibility of rice grains by impact loading[J]. Applied Engineering in Agriculture, 2009, 25 (6): 943-946.

[63] Khazeni A, Mansourpour Z. Influence of non-spherical shape approximation on DEM simulation accuracy by multi-sphere method[J]. Powder Technology, 2018, 332 (1): 265-278.

[64] Markauskas D, Kačianauskas R, Džiugys A, et al. Investigation of adequacy of multi-sphere approximation of elliptical particles for DEM simulations[J]. Granular Matter, 2010, 12 (1): 107-123.

[65] Tsoungui O, Vallet D, Charmet J C. Numerical model of crushing of grains inside two-dimensional granular materials[J]. Powder Technology, 1999, 105 (1): 190-198.

[66] Bennun O, Einav I. The role of self-organization during confined comminution of granular materials[J]. Philosophical Transactions of the Royal Society of London A: Mathematical, Physical and Engineering Sciences, 2010, 368 (1910): 231-247.

[67] Debono J P, Mcdowell G R. On the micro mechanics of one-dimensional normal compression[J]. Géotechnique, 2013, 63 (11): 895-908.

[68] Wang M H, Yang R Y, Yu A B. DEM investigation of energy distribution and particle breakage in tumbling ball mills[J]. Powder Technology, 2012, 223: 83-91.

[69] Capece M, Bilgili E, Davé R N. Formulation of a physically motivated specific breakage rate parameter for ball milling via the discrete element method[J]. AIChE Journal, 2014, 60 (7): 2404-2405.

[70] CapeceM, Bilgili E,Davé R. Insight into first-order breakage kinetics using a particle-scale breakage rate constant[J]. Chemical Engineering Science, 2014, 117: 318-330.

[71] Metta N, Ierapetritou M, Ramachandran R. A multiscale DEM-PBM approach for a continuous comilling process using a mechanistically developed breakage kernel[J]. Chemical Engineering Science, 2018, 178: 211-221.

[72] Vogel L, Peukert W. Breakage behaviour of different materials—construction of a mastercurve for the breakage probability[J]. Powder Technology, 2003, 129 (1-3): 101-110.

[73] Rumpf H. Physical aspects of comminution and a new formulation of a law of comminution[J]. Powder Technology, 1973, 7 (3): 145-159.

[74] Weichert R. Anwendung von fehlstellenstatistik und bruchmechanik zur beschreibung von zerkleinerungsvorgängen[J]. Zement-Kalk-Gips, 1992, 45: 1-8.

[75] Vogel L, Peukert W. From single particle impact behaviour to modelling of impact mills [J]. Chemical Engineering Science, 2005, 60 (18): 5164-5176.

[76] Li Y N, Li K, Ding W M, et al. Correlation between head rice yield and specific mechanical property differences between dorsal side and ventral side of rice kernels[J]. Journal of Food Engineering, 2014, 123: 60-66.

[77] Antonyuk S, Palis S, Heinrich S. Breakage behaviour of agglomerates and crystals by static loading and impact[J]. Powder Technology, 2011, 206 (1-2): 88-98.

[78] 全勇. 电磁线圈炮速度优化研究[D]. 哈尔滨: 哈尔滨工业大学, 2016.

[79] Cleary P W. Recent advances in DEM modelling of tumbling mills[J]. Minerals Engineering, 2001, 14 (10): 1295-1319.

[80] 韩燕龙, 贾富国, 曾勇, 等. 受碾区域内颗粒轴向流动特性的离散元模拟[J]. 物理学报, 2015, 64 (23): 176-184.

第6章 立式擦离式碾米机操作参数优化

本章主要以立式碾米机为例，对擦离式碾米机的操作参数开展优化试验研究。在立式擦离式碾米机内，以料斗内物料填充率、碾米时间、出料口阻力为试验参数，以整精米率、碾米能耗、碾后米粒白度为试验评价指标，并以碾磨度和碾后米粒温升为限定性指标，进行二次正交旋转组合试验，研究碾米机操作参数对碾米性能的影响规律，建立各因素对碾米性能指标影响的数学模型，并对试验结果进行优化及分析，得到Ⅲ级碾白加工精度及限定温升范围内米粒白度值和整精米率最高、碾米能耗最低的操作参数组合，为实际碾米加工业中碾米机设计提供参考。

6.1 立式擦离式碾米机优化试验材料与设备

碾米试验前米粒的制备方法同 3.1.1 节。优化试验所涉及的仪器设备如表 6-1 所示。

表 6-1 优化试验的仪器设备

仪器	生产厂家
实验室级立式擦离式碾米机	东北农业大学农产品加工实验室自制（图 6-1）
TES-1326S 型红外线测温仪（精度为 0.1℃）	台湾泰仕电子工业股份有限公司（图 6-2）
DC-P3 型全自动测色色差计	北京兴光测色仪器公司（图 6-3）
PM001 型功率计量仪（精度为±2%）	宁波华顶电子科技有限公司（图 6-4）
铝盒（直径为 35mm，高度约 30mm）	天津大茂化学试剂有限公司（用于配重）

以实验室级立式擦离式碾米机（图 3-2）为原型机，设置碾米机电机转速为 1400r/min，并以较优的碾米辊、入料口形状和出料口开度结构参数改进原型机。同时采用 Gujral 等[1]和 Pan 等[2]的方法，在碾米机出料口处安装悬挂架，通过在悬挂架下配置装填有不同质量物质的铝盒来控制一定开度下出料口阻力的大小，悬挂架端点距出料口中心点 10.5cm。改进后的立式擦离式碾米机如图 6-1 所示。需说明的是，为显示改进后的碾米辊，已将其从碾米腔内拆卸出，置于碾米机旁，见图中标示 3，试验开始前需将其装回。每次碾米试验后，需将碾米机恢复至室温，清除米机内残留糠粉，并关闭卸料口。

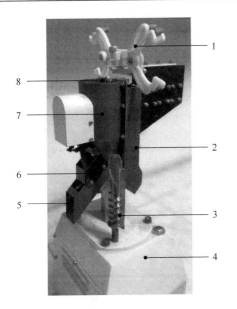

图 6-1　实验室级立式擦离式碾米机

1.悬挂架；2.排糠口；3.碾米辊；4.电机；
5.卸料口；6.入料口；7.料斗；8.出料口

图 6-2　红外线测温仪

图 6-3　全自动测色色差计

图 6-4　功率计量仪

6.2　立式擦离式碾米机优化试验方法

改进的立式擦离式碾米机亟待确定碾米时间、料斗填充率及出料口阻力值操作参数的优化组合，而这三个因素也常作为碾米机操作参数的研究对象[1, 3]。因此，用二次正交旋转组合试验确定碾米机最优操作参数。

结合前期碾米试验研究[4, 5]，组合试验中以碾米的质量性、经济性和商品性指标为试验评价指标，即整精米率、碾米能耗和碾后米粒白度。同时，将碾后米粒碾磨度和温升作为试验的限定性指标，即限定碾后米粒碾磨度需达到Ⅲ级碾白加工精度（碾磨度处于 7%～10%，见 3.2.5 节），同时碾后米粒温升不超过 20℃。碾磨度限定条件的依据是，Ⅲ级碾白加工精度的白米已达到较好的蒸煮特性，同时保留部分皮层营养物质[6]；温升限定条件的依据是，日本学者村田敏等[7]曾指出，碾后白米粒温升应处于 15～25℃，过高温升会加剧米表面氧化作用而使碾后白米品质变差。

6.2.1　试验指标测量方法

整精米率的测量方法：依据《稻谷整精米率检验法》（GB/T 21719—2008）[8]，将碾后米粒表面糠粉刷除，分拣出长度值为完整米 3/4 以上的米粒作为整精米，并称重。按式（6-1）计算整精米率：

$$y_1 = \frac{M_h}{M_k} \times 100\%$$ （6-1）

式中，y_1 为整精米率（%）；M_h 和 M_k 分别为整精米质量与碾后米粒质量（kg）。

碾米能耗的测量方法：首先采用功率计量仪（图 6-4）测量碾米机空载时的电机平均功率，然后测量碾米过程中碾米机消耗的实时功率，按式（6-2）计算碾米能耗：

$$y_2 = \int_0^t (P_t - P_0) dt$$ （6-2）

式中，y_2 为碾米能耗（kJ）；P_t 为碾米过程中实时功率（W）；P_0 为碾米机空载时消耗功率平均值（W）；t 为碾米时间。

碾后米粒白度的测量方法：采用 Prasert 等的方法[9]，以碾后米粒亨特色度中明度值 L、红绿色度值 a 和黄蓝色度值 b 的组合作为米粒白度的指标值。为此，采用 DC-P3 型全自动测色色差计（图 6-3）进行碾后米粒 L、a 和 b 值测定，则碾后米粒白度的计算公式如下：

$$y_3 = 100 - [(100 - L)^2 + a^2 + b^2]^{0.5}$$ （6-3）

式中，y_3 为碾后米粒白度，值越大表征碾后米粒越白。

碾磨度的测量方法同 3.2.1 节，指标记号为 y_4。

碾后米粒温升：采用红外线测温仪（图 6-2）分别测量碾米前后物料温度平均值，两者差值即为碾后米粒温升，指标记号为 y_5。

6.2.2　二次正交旋转组合试验方案

采用二次正交旋转组合试验方法设计试验，因素水平编码表如表 6-2 所示，试验方案及结果如表 6-3 所示。

表 6-2　因素水平编码表

编码	因素		
	出料口阻力 x_1/g	填充率 x_2/%	碾米时间 x_3/s
−1.682	10	25	6
−1	95	35	30
0	220	50	65
+1	345	65	100
+1.682	430	75	124

表 6-3　试验方案及结果

序号	x_1	x_2	x_3	评价指标			限定指标	
				y_1/%	y_2/kJ	y_3	y_4/%	y_5/℃
1	−1	−1	−1	79.35	7.60	48.73	6.30	17.50
2	1	−1	−1	75.55	8.00	52.29	9.13	22.90
3	−1	1	−1	80.05	7.84	46.66	5.19	16.10
4	1	1	−1	78.99	11.36	50.86	8.61	17.60
5	−1	−1	1	65.42	15.16	52.78	8.92	29.40
6	1	−1	1	60.74	16.35	53.57	11.00	30.20
7	−1	1	1	70.96	19.73	52.16	9.04	27.80
8	1	1	1	58.51	25.27	53.95	11.88	32.20
9	−1.682	0	0	75.96	11.80	50.88	7.65	21.80
10	1.682	0	0	67.31	12.90	52.39	10.30	22.60
11	0	−1.682	0	69.34	9.41	53.25	9.40	20.30
12	0	1.682	0	70.12	17.23	52.64	10.60	23.50
13	0	0	−1.682	84.12	2.48	45.07	2.95	8.50
14	0	0	1.682	58.67	22.83	53.82	11.10	34.50
15	0	0	0	71.37	14.20	52.71	9.80	25.40
16	0	0	0	69.79	14.77	53.04	10.00	25.20
17	0	0	0	72.61	16.35	51.81	10.45	23.60

续表

序号	x_1	x_2	x_3	评价指标			限定指标	
				y_1/%	y_2/kJ	y_3	y_4/%	y_5/℃
18	0	0	0	70.51	15.48	53.11	10.65	25.30
19	0	0	0	68.56	14.57	52.84	10.40	26.20
20	0	0	0	72.12	16.61	51.24	9.95	26.50
21	0	0	0	68.61	14.72	53.10	9.75	26.40
22	0	0	0	68.63	15.33	52.81	8.90	24.20
23	0	0	0	72.31	15.75	52.30	9.55	26.10

　　基于表 6-3 中试验结果进行碾米试验评价指标回归分析时，各指标均采用二阶多项式模型进行建模。模型表达式为

$$Y = \beta_0 + \sum_{i=1}^{3}\beta_i x_i + \sum_{i=1}^{3}\beta_{ii}x_i^2 + \sum_{i=1}^{2}\sum_{j=i+1}^{3}\beta_{ij}x_i x_j \tag{6-4}$$

式中，Y 为碾米评价指标；β_i、β_{ii} 和 β_{ij} 分别为一阶、二阶和交互项变量的拟合系数；x_i 和 x_j 为模型独立变量。

6.2.3　数据分析方法

　　采用 Design-Expert 软件响应面分析法进行碾米试验数据处理；采用 MATLAB 软件梯形法数值积分算法计算碾米能耗；采用 Pearson 相关系数，双侧检验（t）法进行碾米指标间相关性分析；采用 SPSS 软件进行双侧检验（t）法对碾米机操作参数优化中试验值与预测值的显著性进行分析。

6.3　立式擦离式碾米机优化试验结果与分析

6.3.1　碾米机操作参数对整精米率的影响

1. 回归模型建立

　　采用 Design-Expert 软件建立整精米率这一碾米质量性评价指标与碾米机填充率、碾米时间、出料口阻力间的二阶多项式回归模型，回归模型的方差分析如表 6-4 所示。

表 6-4　回归模型的方差分析（整精米率）

变异来源	平方和	自由度	均方	F	P
模型	880.23	9	97.8	33.08	<0.0001**
x_1	97.75	1	97.75	33.06	<0.0001**
x_2	5.62	1	5.62	1.9	0.1912
x_3	748.6	1	748.6	253.2	<0.0001**
x_1^2	3.26	1	3.26	1.1	0.3129
x_2^2	0.77	1	0.77	0.26	0.6176
x_3^2	2.15	1	2.15	0.73	0.409
x_1x_2	3.16	1	3.16	1.07	0.3199
x_1x_3	18.82	1	18.82	6.37	0.0255*
x_2x_3	0.086	1	0.086	0.03	0.8671
剩余	38.43	13	2.96		
失拟	15.99	5	3.2	1.14	0.413
误差	22.45	8	2.81		
总和	918.67	22			

**表示影响极显著（$P<0.01$）；*表示影响显著（$P<0.05$）。

由方差分析表可知，失拟项不显著（$P=0.413>0.05$），但模型显著（$P<0.0001$），表明采用二阶多项式模型建立整精米率与碾米机操作参数间的回归模型是合适的。

结合方差分析表，根据二次方程系数的检验结果，采用因子贡献理论[10]，分析碾米机操作参数各因素对整精米率因子贡献率的计算结果如表 6-5 所示。

表 6-5　各因素对指标的贡献率（整精米率）

评价指标	因子贡献率			因子贡献率排序
	x_1	x_2	x_3	
y_1	1.517	0.507	1.417	$x_1>x_3>x_2$

结果表明，碾米机操作参数各因素对碾米质量性评价指标整精米率的影响程度主次关系为：出料口阻力＞碾米时间＞填充率。

同时由整精米率方差分析表（表 6-4）还可看出，回归模型中仅有碾米时间（x_3）、出料口阻力（x_1）及两者间交互项对整精米率影响显著。为此，在 $\alpha=0.05$ 显著水平下，剔除模型中不显著项，并将不显著项的平方和及自由度并入误差（剩余）项，进行第二次方差分析，得到优化后的整精米率与碾米操作参数间的回归模型的实际值表达式如下：

$$y_1 = 84.297 + 0.00138x_1 - 0.134x_3 - 0.000351x_{13} \tag{6-5}$$

式中，y_1 为整精米率（%）；x_1 为出料口阻力，即悬挂物质量（g）；x_3 为碾米时间（s）。

模型中，拟合度 R^2 为 0.9418，表明该回归模型可解释 94.18% 的整精米率值变化，故整精米率模型的拟合程度较好。

2. 各因素对整精米率影响规律效应分析

在回归模型基础上，分析单因素对整精米率影响。当分析某一单因素影响时，将回归模型中其他因素水平固定在 0 水平。

由表 6-4 可知，料斗内米粒填充率对整精米率影响不显著，即碾米过程中，料斗内米粒重量不会对碾米腔内米粒碾白擦离作用产生影响，料斗内米粒的填充率与碾米机碾米质量无关。然而，Gujral 等采用 McGill 型擦离式碾米机进行碾米试验时却发现，料斗内米粒填充率会影响米粒碾磨度：在同一碾磨时间下，填充率越大，米粒碾磨度越高[1]。而碾磨度与整精米率呈负相关关系[11]，所以 Gujral 等的研究实际上表明，采用 McGill 型擦离式碾米机碾米后，整精米率会随料斗内米粒填充率的增大而减小。故推断料斗内米粒填充率对碾米质量的影响与所采用的碾米机类型及入料方式等有直接关系。就目前采用的侧方位入料形式的立式擦离式碾米机而言，料斗内米粒填充率与碾米质量无关。

因此，本节主要阐述碾米时间及出料口阻力（悬挂物质量）这两个单因素对整精米率影响的效应图，如图 6-5 所示。

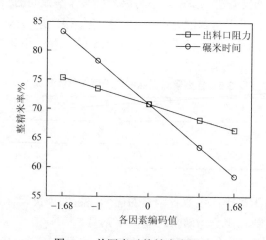

图 6-5　单因素对整精米率影响

由图 6-5 可见，整精米率随出料口阻力或碾米时间均呈现线性下降趋势。碾米时间延长时，碾米机内米粒循环碾白次数增多，米粒与碾米机部件间擦离碰撞次数及碰撞能累积均增多。当擦离强度超过米粒极限时，米粒会发生破碎，因而，碾米时间越长，碾米整精米率越低，这与相关碾米试验研究结果一致[12, 13]。而碾米机出料口阻力增大时，会引起碾米机内碾白压力增加。罗玉坤等曾指出，擦离式碾米机内碾白压力对整精米率影响极为显著，较大的碾白压力会使米粒在碾米过程中迅速产生高热或来不及产生应变而碎裂[14]。

3. 交互项对整精米率影响规律分析

由表 6-4 方差分析可知，建立的整精米率模型中，碾米时间与出料口阻力间存在显著交互作用（$P = 0.0255 < 0.05$）。碾米时间和出料口阻力对整精米率影响的响应面图及等值线图如图 6-6 所示。

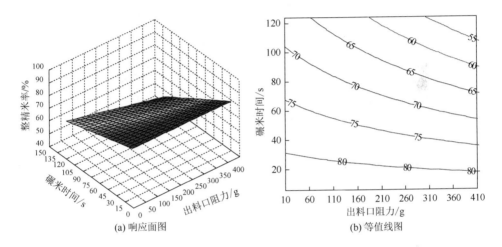

(a) 响应面图　　　　　　　　(b) 等值线图

图 6-6　碾米时间和出料口阻力对整精米率的影响

由图 6-6（a）可观察到，当出料口阻力较小时，整精米率随碾米时间的延长而小幅度降低。而当出料口阻力较大时，整精米率降低趋势随碾米时间的延长而迅速增大。图 6-6（b）更清晰地表明出料口阻力对整精米率的影响较碾米时间的影响大。Pan 等[2]曾指出，降低出料口阻力、延长碾米时间将利于碾米质量的控制。Roberts 等[15]也曾表明，降低出料口阻力在一定程度上能使米粒承受更长的碾米时间而不发生破碎。究其原因，增大出料口阻力犹如降低出料口开度，会使碾米机腔体内米粒流密度显著增大，碾米机内碾白压力显著增大，引起米粒间擦离碰撞作用程度增强，所以不合适的出料口阻力会显著增加米粒碎米率。而碾米时间增加时，碎米的增加主要源于碾米机擦离作用的累积效应。因而，实际碾米作业时，为控制碾米质量，在加工精度一致的条件下，可适当降低碾白压力而延长碾米时间。

6.3.2　碾米机操作参数对碾米能耗的影响

1. 回归模型建立

采用 Design-Expert 软件建立碾米能耗这一碾米经济性评价指标与碾米机填充率、碾米时间、出料口阻力间的二阶多项式回归模型，回归模型的方差分析如表 6-6 所示。

表 6-6　回归模型的方差分析（碾米能耗）

变异来源	平方和	自由度	均方	F	P
模型	540.32	9	60.04	46.68	<0.0001**
x_1	11.44	1	11.44	8.9	0.0106*
x_2	66.97	1	66.97	52.07	<0.0001**
x_3	422.21	1	422.21	328.29	<0.0001**
x_1^2	9.62	1	9.62	7.48	0.0170*
x_2^2	3.01	1	3.01	2.34	0.1501
x_3^2	7.14	1	7.14	5.55	0.0348*
x_1x_2	6.98	1	6.98	5.42	0.0366*
x_1x_3	0.99	1	0.99	0.77	0.3969
x_2x_3	12.23	1	12.23	9.51	0.0087**
剩余	16.72	13	1.29		
失拟	11.31	5	2.26	3.34	0.0634
误差	5.41	8	0.68		
总和	557.04	22			

**表示影响极显著（$P<0.01$）；*表示影响显著（$P<0.05$）。

由方差分析表可知，失拟项不显著（$P=0.0634>0.05$），但模型显著（$P<0.0001$），表明采用二阶多项式模型建立碾米能耗与碾米机操作参数间的回归模型是合适的。

碾米能耗的因子贡献率计算结果如表 6-7 所示。

表 6-7　各因素对指标的贡献率（碾米能耗）

评价指标	因子贡献率			因子贡献率排序
	x_1	x_2	x_3	
y_2	2.162	2.409	2.264	$x_2>x_3>x_1$

结果表明，碾米机操作参数各因素对碾米经济性指标碾米能耗影响程度的主次关系为：填充率>碾米时间>出料口阻力。

同时将碾米能耗回归模型中不显著项的平方和及自由度并入误差（剩余）项，进行第二次方差分析，得到优化后的碾米能耗与碾米操作参数间的回归模型的真实值表达式如下：

$$y_2 = 4.13 + 0.00425x_1 - 0.115x_2 + 0.112x_3 + 0.000498x_{12} + 0.00235x_{23}$$
$$- 0.0000496x_1^2 - 0.000545x_3^2 \qquad (6\text{-}6)$$

式中，y_2 为碾米能耗（kJ）；x_1 为出料口阻力，即悬挂物质量（g）；x_2 为填充率（%）；x_3 为碾米时间（s）。

模型中，拟合度 R^2 为 0.9628，表明回归模型可解释 96.28%的碾米能耗值变化，故碾米能耗模型拟合程度较好。

2. 各单因素对碾米能耗影响规律效应分析

图 6-7 为各碾米机操作参数单因素对碾米能耗影响的效应图。当分析某一单因素影响时，将回归模型中其他因素水平固定在 0 水平。

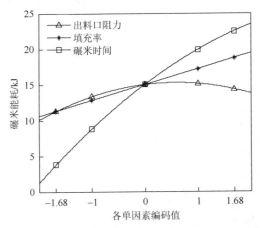

图 6-7 碾米机操作参数单因素对碾米能耗影响效应图

从图 6-7 中可看出，碾米能耗随料斗内米粒填充率增大而呈线性增加趋势；碾米能耗随碾米时间的延长而呈先快速增加后缓慢增加的趋势；碾米能耗随出料口阻力的增加呈先增加后略微下降的趋势。

料斗内米粒填充率越大，表示相同碾米时间和出料口阻力下，待碾的物料越多，碾米机作业负荷越大，因而，碾米能耗与料斗内米量呈线性正相关关系。

米粒硬度由皮层至胚乳内核逐渐降低[4]，这意味着碾米时碾磨速率随米粒碾磨度的增大而逐渐降低，具体来讲，当米粒碾磨度高于 5%后，碾磨速率增速变缓（详见图 3-6），这将造成碾米机擦离碾白强度降低，所以在相同的物料处理量及碾白压力下，碾米能耗必然会随碾米时间的延长而呈先快速增加后增加趋势变缓的趋势。这一结论与 **Mohapatra** 等[16]的研究结果一致。

对三个单因素比较可知，出料口阻力对碾米能耗影响最小，出料口阻力增大时，碾白强度会增大，因而碾米能耗增加。而当出料口阻力继续增大时，在相同碾米时间及物料处理量下，多数米粒已完成擦离碾白，进入擦离"抛光"阶段，碾米机碾磨负载降低、碾米能耗将略微下降。

3. 交互项对碾米能耗影响分析

由表 6-6 方差分析可知，建立的碾米能耗模型中，填充率与出料口阻力、填充率与碾米时间两组因素间存在显著交互作用。填充率与出料口阻力、填充率与碾米时间对碾米能耗影响的响应面图及等值线图分别如图 6-8 和图 6-9 所示。

由图 6-8（a）可观察到，当填充率较小时，碾米能耗随出料口阻力的增加而先小幅度增加后略微降低。而当填充率较大时，碾米能耗增加趋势随出料口阻力的增加而迅速增大。图 6-8（b）更清晰地表明填充率对碾米能耗的影响较出料口阻力的影响大。碾米能耗变化趋势不一致主要是因物料碾米期间的擦离碾白程度不同造成碾米机碾磨负载差异。因此，从节能角度考虑，在满足加工精度及碾米质量要求下，当物料处理量较大时，可适当降低出料口阻力，而当物料处理量较小时，适当增大出料口阻力将更利于实际碾米作业。

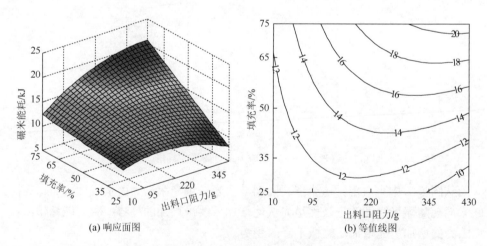

(a) 响应面图　　　　　　　　　　　　　　(b) 等值线图

图 6-8　填充率与出料口阻力对碾米能耗的影响

由图 6-9（a）可观察到，当碾米时间较短时，碾米能耗随填充率的增加而略微增加。而当碾米时间较长时，碾米能耗增加趋势随填充率的增加而迅速增大。图 6-9（b）更清晰地表明填充率对碾米能耗的影响较碾米时间的影响大。这主要

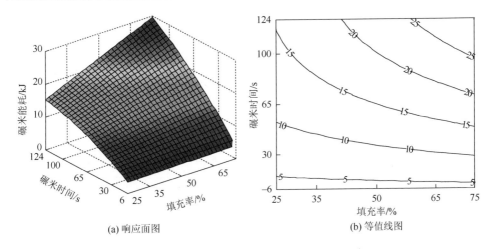

(a) 响应面图　　　　　　　　　　　(b) 等值线图

图 6-9　填充率与碾米时间对碾米能耗的影响

是由于碾米时间较短时，米粒在碾米机内未得到充分循环碾磨，因此，料斗内米量的差异未能转化为碾米机负荷的差异。而当碾米时间较长时，米粒得到充分循环碾白，料斗内物料处理量的差异完全体现为碾米机负荷的大小，因而碾米能耗随处理量的增大而接近呈线性增加。因此，在满足加工精度及碾米质量要求下，碾米时间应尽可能短。

6.3.3　碾米机操作参数对碾后米粒白度的影响

1. 回归模型建立

采用 Design-Expert 软件建立碾后米粒白度这一碾米商品性评价指标与填充率、碾米时间、出料口阻力间的二阶多项式回归模型，模型的方差分析如表 6-8 所示。

表 6-8　回归模型的方差分析（碾后米粒白度）

变异来源	平方和	自由度	均方	F	P
模型	99.11	9	11.01	16.84	<0.0001**
x_1	12.15	1	12.15	18.58	0.0008**
x_2	1.66	1	1.66	2.54	0.1348
x_3	60.04	1	60.04	91.83	<0.0001**
x_1^2	1.45	1	1.45	2.21	0.1607
x_2^2	0.41	1	0.41	0.63	0.4406
x_3^2	18.40	1	18.40	28.14	0.0001**

变异来源	平方和	自由度	均方	F	P
x_1x_2	0.34	1	0.34	0.51	0.4860
x_1x_3	3.35	1	3.35	5.13	0.0413*
x_2x_3	1.33	1	1.33	2.03	0.1776
剩余	8.50	13	0.65		
失拟	5.14	5	1.03	2.45	0.1249
误差	3.36	8	0.42		
总和	107.61	22			

**表示影响极显著，$P<0.01$；*表示影响显著，$P<0.05$。

由方差分析表可知，失拟项不显著（$P=0.1249>0.05$），但模型显著（$P<0.0001$），表明采用二阶多项式模型建立碾后米粒白度与碾米机操作参数间的回归模型是合适的。

米粒白度的因子贡献率计算结果如表 6-9 所示。

表 6-9　各因素对指标的贡献率（碾后米粒白度）

评价指标	因子贡献率			因子贡献率排序
	x_1	x_2	x_3	
y_3	1.897	0.861	2.610	$x_3>x_1>x_2$

结果表明，碾米机操作参数各因素对碾米商品性指标碾后米粒白度的影响程度主次关系为：碾米时间＞出料口阻力＞填充率。

同时依据碾后米粒白度方差分析表（表 6-8），将回归模型中不显著项的平方和及自由度并入误差（剩余）项，进行第二次方差分析，得到优化后的碾后米粒白度与碾米操作参数间的回归模型的真实值表达式如下：

$$y_3 = 41.09 + 0.0172x_1 + 0.207x_3 - 0.000148x_{13} - 0.000878x_3^2 \qquad (6-7)$$

式中，y_3 为碾后米粒白度；x_1 为出料口阻力，即悬挂物质量（g）；x_3 为碾米时间（s）。

模型中，拟合度 R^2 为 0.8727，表明该回归模型可解释 87.27% 的碾后米粒白度值变化，模型拟合程度可满足后续研究中各因素对碾后米粒白度的影响规律。

2. 各单因素对碾后米粒白度影响规律效应分析

在回归模型基础上，分析单因素对碾后米粒白度的影响。当分析某一单因素影响时，将回归模型中其他因素水平固定在 0 水平。

由方差分析表（表 6-8）可知，料斗内米粒填充率对碾后米粒白度影响不显著。与前面填充率对整精米率的影响分析一致，事实上，料斗内米粒填充率对碾后米粒白度的影响与所采用的碾米机类型及入料方式等有直接关系。因为一般而言，碾磨度与碾后米粒白度呈正相关关系[11, 17-19]。在 McGill 型擦离式碾米机料斗内，米粒填充率越大，米粒碾磨度越高[1]，即碾后米粒白度越高。但当前采用侧方位入料形式的立式擦离式碾米机，料斗内填充率与碾米商品性指标（碾后米粒白度）无关。故本节主要阐述碾米时间及出料口阻力这两个单因素对碾后米粒白度影响的效应，如图 6-10 所示。

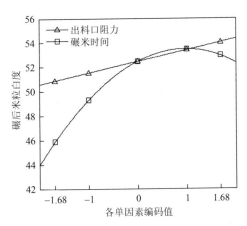

图 6-10　碾米机操作参数单因素对碾后米粒白度影响效应图

由图 6-10 可知，碾后米粒白度随出料口阻力的增加呈线性增大，造成该趋势的原因为在相同碾米时间及物料处理量下，当出料口阻力增大后，碾磨变得剧烈，米粒的糠层移除量增大，进而使米粒亨特色度中明度值逐渐增加，而红绿色度值和黄蓝色度值逐渐降低，最终米粒白度增大。

碾后米粒白度随碾米时间的延长在整体上呈增加趋势，但过长的碾米时间下，碾后米粒白度略有降低。碾米时间增长，米粒碾磨程度增加，碾后米粒白度必然增大，但较长碾米时间下碾后米粒白度下降可能主要源于过长的碾米时间增大了米粒温升，而过高的米粒温度会使米粒品质氧化劣变，同时使米粒在碾米期间水分蒸发量增加，也会降低碾后米粒白度[7]。

3. 交互项对碾后米粒白度影响分析

由表 6-8 方差分析可知，建立的碾后米粒白度模型中，出料口阻力与碾米时间因素间存在显著交互作用。两者间对碾后米粒白度影响的响应面图及等值线图如图 6-11 所示。

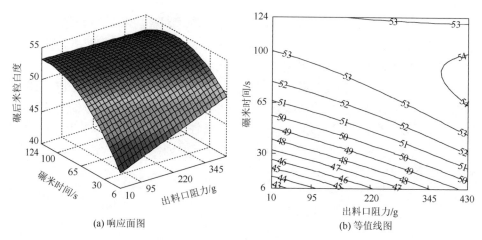

(a) 响应面图　　　　　　　　　　　(b) 等值线图

图 6-11　出料口阻力和碾米时间对碾后米粒白度的影响

由图 6-11（a）可观察到，当碾米时间较短时，碾后米粒白度随出料口阻力的增大而增加。而当碾米时间较大时，碾后米粒白度随出料口阻力的增大而变化不明显，此时米粒白度值接近试验中最大白度值（约为 54）。图 6-11（b）更清晰地表明碾米时间对碾后米粒白度的影响出料口阻力的影响大。由于碾米时间较短时，料斗内未被碾白的米粒持续进行擦离碾白过程，同时出料口阻力的增大提高了擦离碾白速率，碾后米粒白度随出料口阻力的增加而迅速增大。而当碾米时间较长时，料斗内米粒已得到充分循环碾白，出料口阻力的增大只是加剧了胚乳的碾磨，而 Lamberts[17]指出，相比糙米皮层的糠粉层，内部胚乳含较少的黄色和红色色素，且当碾磨度较大时，碾制米的黄色和红色色素值不再变化，胚乳的颜色分布也变得均匀。因此，当碾米时间较长时，碾后米粒白度将不会随出料口阻力的增加而变化。因此，从碾米商品性角度来说，碾米时间应达到胚乳级碾磨所需的碾米时间。

6.3.4　碾米指标间相关关系

米粒经碾磨后众多碾米指标发生显著变化，这些指标间常存在不同程度的相互关系。本节根据表 6-3 中组合试验结果，估算的碾米指标间的相关性系数如表 6-10所示。

表 6-10　碾米指标间相关性系数

	整精米率	碾米能耗	碾后米粒白度	碾磨度	碾后米粒温升
整精米率	1				
碾米能耗	−0.824**	1			

续表

	整精米率	碾米能耗	碾后米粒白度	碾磨度	碾后米粒温升
碾后米粒白度	-0.829^{**}	0.737^{**}	1		
碾磨度	-0.818^{**}	0.810^{**}	0.940^{**}	1	
碾后米粒温升	-0.900^{**}	0.896^{**}	0.849^{**}	0.846^{**}	1

**表示两变量间极显著相关（$P<0.01$）。

由表 6-10 可知，碾米指标间均呈极显著相关。其中，整精米率与其他碾米指标间呈极显著负相关，而其他指标间呈极显著正相关。在碾米指标间，碾磨度与碾后米粒白度的相关性最大，达到 0.940。在碾米三大评价指标中，整精米率与碾后米粒白度相关性最大，达到 0.829。

两个碾米限定性指标与三个碾米评价指标间的拟合模型如表 6-11 所示。

表 6-11　碾米指标间拟合模型

	碾磨度 $x_1/\%$	R^2	碾后米粒温升 $x_2/℃$	R^2
整精米率 $y_1/\%$	$y_1 = -0.278\,x_1^2 + 1.641x_1 + 80.510$	0.725	$y_1 = -0.019\,x_2^2 + 0.190x_2 + 87099$	0.831
碾米能耗 y_2/kJ	$y_2 = 0.151\,x_1^2 - 0.289x_1 + 3.445$	0.682	$y_2 = 0.007\,x_2^2 + 0.487x_2 - 1.932$	0.808
碾后米粒白度 y_3	$y_3 = -0.062\,x_1^2 + 1.964x_1 + 39.250$	0.907	$y_3 = -0.014\,x_2^2 + 0.939x_2 + 37.570$	0.814

由表 6-11 可知，可采用二次多项式较好拟合限定性指标与评价指标间的关系。其中，碾后米粒白度与碾磨度间的拟合模型拟合度最大，R^2 为 0.907。整体而言，建立的碾后米粒温升与三大碾米评价指标间的模型拟合度更佳。这表明，当前立式擦离式碾米机碾米过程中碾后米粒温升与碾米品质间联系更紧密，碾后米粒温升会显著影响其碾后品质。

6.3.5　立式擦离式碾米机最佳操作参数

随着现代生活水平的提升，人类对白米主食的依赖性降低，谷物深加工制品及稻米营养物质越发得到认可与重视。因而，综合分析，碾米加工首先需保证碾米质量性（整精米率），其次为碾米经济性（碾米能耗），最后应该为碾米商品性（碾后米粒白度）。

以碾后米粒碾磨度需达到Ⅲ级碾白加工精度（即碾磨度处于 7%～10%）、碾后米粒温升不超过 20℃为限定标准，同时以整精米率最高、碾米能耗最低和碾后米粒白度最大为目标，考量碾米机各操作参数对碾米评价指标的影响，优化标准如表 6-12 所示。

表 6-12　碾米评价指标的优化标准

项目	目标	下限	上限	重要度
y_1（整精米率）	最大化	58.51%	100.00%	5
y_2（碾米能耗）	最小值	0.00kJ	25.27kJ	4
y_3（碾后米粒白度）	最大值	45.07	100.00	3
y_4（碾磨度）	一定范围内	7.00%	10.00%	3
y_5（碾后米粒温升）	一定范围内	8.50℃	20.00℃	3

通过回归模型的预测得到碾米机操作优化参数组合：出料口阻力（悬挂物质量）为321.37g、料斗内米粒填充率为35%和碾米时间为30s。结合实际工况，取整后最优操作参数为：出料口阻力（悬挂物质量）为320g、料斗内米粒填充率为35%和碾米时间为30s。在此条件下预处理后进行碾米平行试验（3次），验证模型预测值。碾米评价指标的验证结果见表6-13。

表 6-13　碾米评价指标的验证结果

碾米评价指标	预测值	试验值
整精米率/%	75.44	74.83^{NS}±1.73
碾米能耗/kJ	6.83	6.92^{NS}±0.74
碾后米粒白度	51.22	51.34^{NS}±0.65

NS 表示在95%置信度下双侧 t 检验不显著。

由表 6-13 可看出，试验所得碾米三大评价指标与预测值接近，相对误差为0.23%～1.30%，验证碾米评价指标数学模型的适用性，可认为碾米机操作优化参数组合结果可信。

参 考 文 献

[1]　Gujral H S，Singh J，Sodhi N S，et al. Effect of milling variables on the degree of milling of unparboiled and parboiled rice[J]. International Journal of Food Properties，2002，5（1）：193-204.

[2]　Pan Z，Amaratunga K S P，Thompson J F. Relationship between rice sample milling conditions and milling quality[J]. American Society of Agricultural and Biological Engineers，2007，50（4）：1307-1313.

[3]　Srikham W，Noomhorm A. Milling quality assessment of *Khao Dok Mali 105* milled rice by near-infrared reflectance spectroscopy technique[J]. Journal of Food Science and Technology，2015，52（11）：7500-7506.

[4]　贾富国，邓华玲，郑先哲，等. 糙米加湿调质对其碾米性能影响的试验研究[J]. 农业工程学报，2006，22（5）：180-183.

[5]　史宇菲. 非浸泡复合酶法预处理工艺对糙米碾米性能的影响[D]. 哈尔滨：东北农业大学，2016.

[6]　Monks J L F，Vanier N L，Casaril J，et al. Effects of milling on proximate composition，folic acid，fatty acids and technological properties of rice[J]. Journal of Food Composition and Analysis，2013，30（2）：73-79.

[7]　村田敏，田川彰男，石桥贞人. 关于真空碾米的研究[J]. 粮食与饲料工业，1990，（3）：27-30.

[8]　中华人民共和国国家质量监督检验检疫总局，中国国家标准化管理委员会. 稻谷整精米率检验法（GB/T 21719—2008）[S]. 北京：中国标准出版社.

[9]　Prasert W，Suwannaporn P. Optimization of instant jasmine rice process and its physicochemical properties[J]. Journal of Food Engineering，2009，95（1）：54-61.

[10]　徐中儒. 回归分析与实验设计[M]. 北京：中国农业出版社，1998：156.

[11]　Roy P，Ijiri T，Okadome H，et al. Effect of processing conditions on overall energy consumption and quality of rice（*Oryza sativa* L.）[J]. Journal of Food Engineering，2008，89（3）：343-348.

[12]　Takai H，Barredo I R. Milling characteristics of a friction laboratory rice mill[J]. Journal of Agricultural Engineering Research，1981，26（5）：441-448.

[13]　姜松，田庆国，孙正和. 立式研削式碾米机降低籼稻碎米率的研究[J]. 粮食与饲料工业，1997，（6）：9-11.

[14]　罗玉坤，吴成君，闵捷，等. 碾米机机型和压力对整精米率、粒形和碾米时间的影响[J]. 浙江农业科学，1989，（6）：294-296.

[15]　Roberts R L，Wasserman T. Effect of milling conditions on yields，milling time and energy requirements in a pilot scale Engelberg rice mill[J]. Journal of Food Science，1977，42（3）：802-803，806.

[16]　Mohapatra D，Bal S. Optimization of polishing conditions for long grain *Basmati* rice in a laboratory abrasive mill[J]. Food and Bioprocess Technology，2010，3（3）：466-472.

[17]　Lamberts L，Bie E D，Vandeputte G E，et al. Effect of milling on colour and nutritional properties of rice[J]. Food Chemistry，2007，100（4）：1496-1503.

[18]　Yadav B K，Jindal V K. Changes in head rice yield and whiteness during milling of rough rice（*Oryza sativa* L.）[J]. Journal of Food Engineering，2008，86（1）：113-121.

[19]　Paiva F F，Vanier N L，Berrios J D J，et al. Physicochemical and nutritional properties of pigmented rice subjected to different degrees of milling[J]. Journal of Food Composition and Analysis，2014，35（1）：10-17.